国家出版基金项目
NATIONAL PUBLICATION FOUNDATION

网络靶场与攻防演练

文武 著

CYBERSPACE SECURITY
TECHNOLOGY

CYBER RANGE AND SECURITY EXERCISE

机械工业出版社
CHINA MACHINE PRESS

本书全面阐述了网络靶场与攻防演练的基础理论、重要技术与实施要点，梳理了网络靶场的演进脉络与发展趋势，总结了网络靶场的常见类型与应用模式，围绕实现主流网络靶场所需的关键技术地图、系统平台、核心能力、建设路径和运营模式，结合具体案例进行了深入浅出的分析讲解与详细指导。为了使读者能更准确地把握网络靶场的实际功能，本书以网络靶场运作的核心业务——攻防演练为主线，以点带面，从活动策划到组织实施，从平台构建到风险管控，从指挥调度到成果应用，提供了较为系统全面的操作说明。全书在内容排上充分考虑到既能让读者多了解网络靶场与攻防演练的相关背景知识，也能按图索骥，便捷地定位到自己感兴趣的部分进行阅读，尽快在与自己相关的网络安全工作里把网络靶场与攻防演练应用起来。

本书提供了高清学习视频，读者可以直接扫描二维码观看。本书的读者对象为网络安全治理与监管人员、网络安全相关专业院校师生与研究机构人员、关键信息基础设施行业信息安全从业人员，以及广大的网络安全技术爱好者。

图书在版编目（CIP）数据

网络靶场与攻防演练／文武著 . —北京：机械工业出版社，2023. 5
（网络空间安全技术丛书）
ISBN 978-7-111-73063-7

Ⅰ.①网… Ⅱ.①文… Ⅲ.①计算机网络-网络安全 Ⅳ.①TP393. 08

中国国家版本馆 CIP 数据核字（2023）第 071296 号

机械工业出版社（北京市百万庄大街 22 号 邮政编码 100037）
策划编辑：李培培 责任编辑：李培培 丁 伦 张淑谦
责任校对：李小宝 张 薇 责任印制：郜 敏
三河市宏达印刷有限公司印刷
2023 年 6 月第 1 版第 1 次印刷
184mm×260mm · 17. 75 印张 · 437 千字
标准书号：ISBN 978-7-111-73063-7
定价：129. 00 元

电话服务 网络服务
客服电话：010-88361066 机 工 官 网：www. cmpbook. com
010-88379833 机 工 官 博：weibo. com/cmp1952
010-68326294 金 书 网：www. golden-book. com
封底无防伪标均为盗版 机工教育服务网：www. cmpedu. com

出版说明

随着信息技术的快速发展，网络空间逐渐成为人类生活中一个不可或缺的新场域，并深入到了社会生活的方方面面，由此带来的网络空间安全问题也越来越受到重视。网络空间安全不仅关系到个体信息和资产安全，更关系到国家安全和社会稳定。一旦网络系统出现安全问题，那么将会造成难以估量的损失。从辩证角度来看，安全和发展是一体之两翼、驱动之双轮，安全是发展的前提，发展是安全的保障，安全和发展要同步推进，没有网络空间安全就没有国家安全。

为了维护我国网络空间的主权和利益，加快网络空间安全生态建设，促进网络空间安全技术发展，机械工业出版社邀请中国科学院、中国工程院、中国网络空间研究院、浙江大学、上海交通大学、华为及腾讯等全国网络空间安全领域具有雄厚技术力量的科研院所、高等院校、企事业单位的相关专家，成立了阵容强大的专家委员会，共同策划了这套"网络空间安全技术丛书"（以下简称"丛书"）。

本套丛书力求做到规划清晰、定位准确、内容精良、技术驱动，全面覆盖网络空间安全体系涉及的关键技术，包括网络空间安全、网络安全、系统安全、应用安全、业务安全和密码学等，以技术应用讲解为主，理论知识讲解为辅，做到"理实"结合。

与此同时，我们将持续关注网络空间安全前沿技术和最新成果，不断更新和拓展丛书选题，力争使该丛书能够及时反映网络空间安全领域的新方向、新发展、新技术和新应用，以提升我国网络空间的防护能力，助力我国实现网络强国的总体目标。

由于网络空间安全技术日新月异，而且涉及的领域非常广泛，本套丛书在选题遴选及优化和书稿创作及编审过程中难免存在疏漏和不足，诚恳希望各位读者提出宝贵意见，以利于丛书的不断精进。

机械工业出版社

　　网络靶场与攻防演练是最近几年国内兴起的网络空间安全的新设施与新方法，其最重要的作用是颠覆了传统的安全检查方式，紧紧抓住网络安全攻防对抗的实质，使用实网、实战、实兵和实训等务实模式，快速发现网络安全体系中存在的各种短板、漏洞与隐患，使原本不可见的安全问题暴露在人们面前，从而推动问题的解决，全面促进网络安全能力与水平的提升。

　　网络靶场泛指为支撑网络空间安全及相关领域的研究、训练、检验、竞赛和演习等任务目标，参照现实世界中各种网络设施与业务场景而构建的网络环境、配套资源、服务能力、标准规范与管理体系。事实上，由于目标定位、应用场景、建设方式与实现途径的不同，网络靶场的类型与形态存在很大的差别。譬如，大多数靶场业务都需要通过虚拟、仿真、模拟或"数字孪生"技术在实网场景与靶场环境之间建立起一种映射关系，但在网络靶场执行实网攻防这类实战业务时，在网络安全监管机构的授权下，又可以把城市网络空间中的真实信息系统作为靶标使用。网络靶场的内涵与形态还会不断发展变化，作者在本书中也只是基于实际应用场景，研究其各种可能性，设法总结出一些重要的框架、要点与建议。

　　全书各章内容按以下顺序组织。

　　第1章　网络即战场。本章从网络安全形势的严峻性出发，提出网络空间既是保护对象又是对抗环境，要从网络战场的角度强化安全意识，加强安全认知，深刻理解网络空间的特殊性、安全技术的复杂性与攻防格局的不对称性。网络战场颠覆了传统战场的对抗规则，但APT攻击并非无迹可寻，关键是需要革新安全思维。网络靶场就是驱动自我革新的强大工具。

　　第2章　深入理解网络靶场。本章回顾了网络靶场的起源与发展，对比国内外网络靶场现状，讨论了网络靶场的概念；结合军事学上的战略模型、战术决策与策略分析思想，探讨了网络靶场的一些高级主题，包括利用信息论、博弈论度量网络安全和研究体系对抗的可能性，如何利用网络对抗中的自动化与智能化技术，并将其应用于未来的无人战场与自动交战。

第3章 网络靶场的虚实之道。本章重点讨论了国家靶场、城市靶场、综合靶场、行业靶场、实网靶场、仿真靶场和特种靶场等不同类型网络靶场的功能应用，重点介绍了如何使用虚实结合的方式构建靶标场景。

第4章 网络靶场的实现途径。本章着重从网络靶场的需求出发，讨论其实现路径上的常见问题，包括规划建设、系统架构、关键技术和能力构建等，并审视了国家靶场、城市靶场与行业靶场的建设情况。

第5章 虚拟演兵。本章从兵棋角度看网络靶场中的对抗实验，梳理其模拟作战的要点，并基于兵演量化分析的可能性，提出了网络兵棋的设想。

第6章 愈演愈烈的攻防演练。本章重点从综合演练、行业演练和应急演练三种常见的演练类型中选取业内较具品牌影响力与技术代表性的演练活动，对其目标计划、演练科目、组织实施与活动得失进行了整理分析，以帮助读者从中获得启发。

第7章 攻防演练的想定与实施。本章详细介绍了想定设计的基本概念与常见运作方法，并结合实例展示了想定设计在攻防演练中的应用。之后进一步说明了攻防演练组织实施的要点，包含支撑平台、资源管控、态势感知、指挥调度、团队管理和成果研判等内容。

第8章 风险管控与安全保障。本章从攻防演练可能存在的安全风险与不可控因素出发，在网络靶场自身安全性、攻防演练全过程安全管控，以及安全保障与应急响应等方面，均给出了工作思路与具体方法。

第9章 靶场集群与靶场大数据。本章着眼于靶场的发展趋势，通过多靶场之间的互联互通，进一步提出靶场数据运营的课题，依托网络靶场，通过采集实战数据、实验数据形成网络靶场特有的安全大数据，利用知识图谱技术构建靶场核心能力的积累机制，并驱动攻防技术的智能化，从而实现可持续的能力输出与安全服务。

本书内容源于作者近年来的工作学习心得，更多的知识与经验则来自于相关领导专家的启发指导，以及同事、同行们的交流探讨。在此，衷心感谢多年来给予无数关心、支持与指导的领导、专家、老师和同事们。由于水平有限，书中不足之处在所难免，恳请广大读者批评指正。

编写本书的工作量远远超过最初的预期，幸亏得到策划编辑李培培老师的大力帮助与细心指导，还有北京与浙江两地家人们对我的无条件支持，是你们的包容鼓励与关心照顾，才让我得以完成这项极具挑战的任务。

谨以此书献给我所有挚爱的师友与亲人们。

作　者

目 录

第1章 网络即战场

> "兵者，国之大事，死生之地，存亡之道，不可不察也。"
>
> ——《孙子兵法》

如今，互联网早已渗透人类社会的每一个角落，承载着无穷无尽的数字资源，革新着信息交换共享和数据加工生产的方式与效率，已成为人们数字化生存的公共平台和推动全球数字经济发展的超级引擎。随着数字技术的进步，基于互联网发展起来的物联网、车联网、算力网络、工业互联网和卫星互联网等全新的应用场景使人们迅速进入"万物互联"的全联接时代，网络空间（Cyber Space）具有了前所未有的丰富内涵。

在很多人的观念里，网络资源就像身边的水和电，大家似乎可以随时随地"即需即用"，好像也没碰到过什么令人困扰的网络安全问题。其实，这只是网络空间表面上的一片祥和，在人们看不见的网络流量里，攻击行为触目惊心，比如，云端服务器上就有众多恶意代码想方设法尝试入侵。如果没有日益先进的安全技术与防护体系与之对抗，形形色色的黑客组织随时会导致网络瘫痪。2013年以来的一系列网络安全大事件表明，网络对抗早已上升到国与国之间的安全层面，这让全世界突然感到了前所未有的恐慌。网络战看似没有硝烟，但其实它一直在你我身边。

1.1 网络空间的变化

网络空间与物理空间的深度融合，使数字世界的安全威胁直接影响到人类社会的每一个角落，也深刻影响了人们对网络空间的看法。本节试图从高层级的对抗视角，通过多维度的分析去梳理洞察这种变化，帮助读者理解网络空间的复杂性。这与本书的主题——网络靶场息息相关。

1.1.1 网络边界与主权疆域

日新月异的信息技术，创造了互联网的奇迹，也创造了人类沟通、社交、生活与工作的新空间。随着网络空间的社会属性不断丰富、与物理空间的联系更加紧密，其安全隐患也得到了民众与国家层面的重点关注，因此，网络空间已成为继"陆、海、空、天"之后，人类生存的第五疆域，国家主权的相应职能和权力也随之投射在网络空间中。

从政治学的角度来看，所谓网络主权，就是指国家有权决定采取何种方式、以什么样的

1

秩序参与网络空间活动，并有权在网络空间利益受到侵犯时采取保护措施，决不允许外来干涉。通常，网络主权管辖权大致包含以下四种权利。

- 管辖权。是指主权国家对本国网络加以管理的权力，比如通过设置准入许可，限制未被授权的网站接入到网络中，对不服从管理的信息系统与网络设施立刻停止服务，以及对网络空间和网络生态加强整顿等。
- 独立权。是指本国的网络可以独立运行，不用受制于别国。
- 防卫权。是指主权国家具有对外来网络攻击和威胁进行防卫的权力。
- 平等权。是指各国网络之间可以平等地进行互联互通，达到共享共治。

对于任何国家主权实体来说，主权疆域永远是至高无上的利益诉求。既然是主权疆域，那么必然需要定义边界范围。众所周知，在物理空间中，可以通过界山、界河、界碑或者地理坐标数据来划定国与国之间的边界线，确定各自的主权范围。但网络空间中，问题突然变得复杂起来，虽然还可以沿用主体国籍或设备所在地的原则进行划分，但数字世界中的网络通信与数据传输具有一种几乎无限的连通性，并且这种连通性处于不断的动态变化中，这让网络边界变得异常模糊。宏观上，在全球化的大潮中，各国网络因为社会分工、公共事业、跨国公司、商业流通和政治合作等原因，无比复杂地交织在一起，早已是你中有我、我中有你、难分彼此了；微观上，云计算、人工智能、物联网、工业互联网和卫星互联网等新兴技术与数字经济不断推进大数据中心与算力网络的建设与发展，IaaS、PaaS、SaaS 各层的运营商、服务商、用户都有不确定性，往往会打破组织甚至国家的边界。因此，物理空间的边界难以直接置换给网络空间。

网络空间是由各式各样的计算机，光纤、电缆、交换机/路由器等通信设备，TCP/IP 等网络协议，操作系统、数据库、办公软件、业务软件、管理软件以及海量数据等庞杂的元素构成的，软硬件与管控政策共同决定了用户能够如何访问网络、传输数据和运行业务。在网络空间中，代码与法律、市场及准则共同规制着网络空间中的行为，也决定了网络空间中主权的行使方式会与物理空间存在很大的差异。

网络主权的概念是伴随着争议逐步发展起来的。争论的一方在网络空间中的各方面能力都占有绝对优势，因此大谈网络无国界，网络空间是全球公共领域，不应受任何单个国家所管辖与支配的观念；争论的另一方观点是，网络基础设施、网民、网络公司等实体都是有国籍的，并且都是所在国重要的战略资源，理所应当受到所在国的管辖，而不应该是法外之地。

中国是网络大国，捍卫网络主权非常重要。我国在 2015 年 7 月通过并实施的新《国家安全法》第一次从法理上明确了"网络空间主权"的概念。不难理解，中国境内的网络，当然属于国家主权管辖范围，我国有权对境内的互联网通过立法、司法进行管理。2015 年 12 月 16 日，在第二届世界互联网大会开幕式上，我国明确提出尊重网络主权，推动构建"网络空间命运共同体"，为全球互联网发展治理贡献了中国智慧、中国方案。

网络主权是当代世界和平与发展中的重大课题。网络空间已成为兵家必争之地。因此，我们要通过建设"网络边防"来保卫"网络领地"。而网络靶场是构建网络空间安全防线的重要基础设施。

1.1.2 空间与距离的转换

玩过围棋、象棋与军棋的朋友都对棋盘的"空间感"印象深刻,这种空间感大都由横平竖直的线条刻画出来,并以类似于"楚河汉界"的空间术语进行定义。

比上述棋类更具"战场"即视感的是兵棋(Wargame)。

据传,普鲁士的文职战争顾问冯·莱斯维茨男爵于 1811 年发明了一款战争游戏(德文名称为 Kriegsspiel)。这款游戏包括一张地图、推演棋子和一套规则,通过回合制进行一场真实或虚拟战争的模拟。1816 年,兵棋作为军官训练和计划作战的一种新手段在普鲁士步入正轨。

后来,科幻小说大师 H. G. Wells 推进了桌面战争游戏的发展。他于 1913 年成功发布了 Little Wars(见图 1-1),采取了 Kriegsspiel 模拟战争的核心概念,创造了更为完善的规则体系,玩家遇到的问题都可以在规则书上获得解答。

• 图 1-1　H. G. Wells 与他的战争游戏 Little Wars

H. G. Wells 认为,Little Wars 对战争冲突模拟的方法虽然是为每个人设计的,但它比更乏味、严肃、复杂并且缺乏现实主义的 Kriegsspiel 更准确地表达了战争,相信可以起到意想不到的效果。

兵棋推演采用的地图一般是真实地图的模拟(见图 1-2),有公路、沙漠、丛林和海洋等各种地形场景。推演棋子代表各个实际上真正参加了战斗的战斗单位,如连、营、团和各

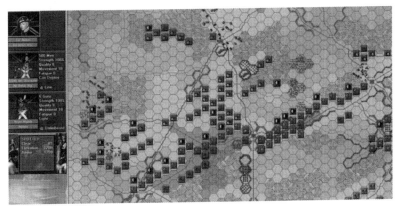

• 图 1-2　一种"策略型"兵棋的界面

兵种、相应战斗力等描述。规则是按照实战情况并结合概率原理设计出来的裁决方法，告诉你能干什么和不能干什么，以及行军、布阵、交战的限制条件和结果等。通常，兵棋被设计为一种"策略游戏"，通过对棋子时间和空间上的调动，与对手进行对抗。

可惜，迄今为止，还没见到适合"网络战"攻防推演的兵棋。不妨设想一下，网络战兵棋的"地图"应该怎么设计？网络战场的空间与距离应该如何表达？网络武器的类型与战斗力按照何种规范进行表示？

在网络上，由 A 到 B，不管多远，哪怕跨越七大洲四大洋，中间也不过几十个跃点，区区几十毫秒的时延而已，转瞬即至。地理学意义上的空间与距离突然消失了，棋盘上还需要画格子吗？

但网络空间依然有投射到地理空间上的价值。

传统地理学有一套"人地"关系的理论，在地理空间中描述社会关系。借鉴这一思想，国内安全专家提出，用地理、资产和事件三个维度来描述网络空间资源的分布和属性，从社会人、网络、地理空间与数字化信息数据间的关联关系建立"人–地–网"关系模型，并以事件为触发条件，通过图形快速串联事件、资产和地理要素，形成了动态、实时、可靠和有效的网络空间地图。这张地图，可以让网络空间的资产底数更清楚、事件发现更精确、威胁定位更准确、安全分析更智能、攻击溯源更自动、演习要素更可控。

网络空间地图的构建离不开以下两项核心工作。

1. 构建基于"人–地–网"关系模型的要素体系

传统的网络空间要素仅根据网络空间的物质属性和社会属性进行分类，忽视了网络空间要素的地理属性。根据网络空间要素自身的结构和特点，结合网络实战攻防演练的业务需求，将所有要素划分为地理环境、网络环境、行为主体和业务环境 4 个层次，如图 1-3 所示。

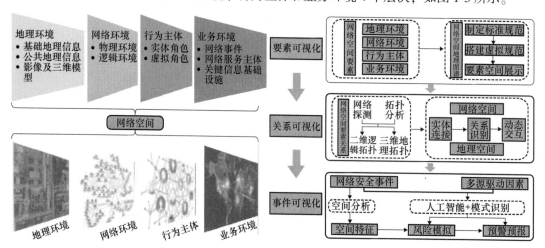

● 图 1-3　网络空间要素的构成

（1）地理环境层

该层是各类网络空间要素依附的载体，强调网络空间要素的地理属性，如网络基础设施和网络行为主体的地理位置、空间分布和区域特性，涉及距离、尺度、区域、边界和空间映射等概念。

（2）网络环境层

该层是各类网络空间要素形成的节点和链路，即逻辑拓扑关系，又可分为物理环境和逻辑环境，包含各种网络设备、网络应用、软件、数据、IP 和协议等。

（3）行为主体层

该层包含实体角色和虚拟角色，关注网络行为主体（即实体角色或虚拟角色）的交互行为及其社会关系，包括信息流动、虚拟社区和公共活动空间等。

（4）业务环境层

该层包括业务部门重点关注的各类网络安全事件（案件）、网络安全服务主体和网络安全保护对象等。

地理环境层、网络环境层、行为主体层和业务环境层 4 个层次的要素之间相互联系、相互影响，共同构成了网络空间要素体系。

网络空间要素可视化表达主要分析网络空间要素的类型、层次、时空基准、表达标准和尺度问题，并以网络空间地理图谱的形式进行展示。网络空间要素表达以网络空间地理测绘及地图构建为基础，将地理空间中网络地理实体抽象成为多尺度的空间对象，利用网络探测成果与网络拓扑结构数据，结合空间链接与实体映射来构建网络空间地图。

2. 网络空间地图构建技术

网络空间地图的目标是描述攻防演练中网络要素之间的动态关系，以及网络空间与地理空间之间的映射关系。为此，需要研究网络空间的结构特性，结合网络空间和地理空间要素的交互映射，研究网络空间和地理空间的多尺度拓扑关联，实现网络实体在网络空间、地理空间的结构投影。

网络要素之间的关系通过网络空间测绘技术（网络探测和拓扑分析），分析网络资源属性，形成内容丰富的网络实体连接拓扑结构，实现不同级别、不同颗粒度的网络拓扑可视化，展示各类范围的拓扑关系，包含全球、国家间、国家内、AS 域间、AS 域内的三维地理拓扑和二维逻辑拓扑等。地理空间和网络空间具有复杂的耦合关联关系，网络空间与地理空间之间的关系可视化重点是实现两个空间的动态交互。结合网络空间要素可视化，基于网络资产探测、网络拓扑空间化、二维和三维一体化网络地理数据关联等技术，研究多尺度地理空间和网络空间的实体连接和关系识别，探索空间、信息与人类行为之间的内在关联，实现地理空间与网络空间的多尺度、多维度和动态可视化。

如图 1-4 所示，以城市尺度综合展示网络空间地图为例，依据网络拓扑结构中的核心层、汇聚层和接入层各节点关系，结合城市二维与三维地理要素位置分层展示，每个节点都

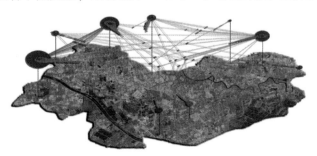

● 图 1-4　城市网络空间地图中网络地理数据的关联关系

与地图上的地理实体相关联。通过网络拓扑图的分层展示，既为网络空间关系提供了清晰的可视化效果，又与地理空间建立了充分的联系。

1.1.3　网络攻防的工具与手段

近年来，全球顶级网络攻击工具泄露事件时有发生，其中影响较大的事件如下。

2015 年 7 月，Hacking Team 攻击工具源代码泄露。

2016 年 8 月，"影子经纪人"（The Shadow Brokers）泄露"方程式"（Equation Group）组织的攻击工具，共 4000 多个文件，覆盖 UNIX 与 Windows 等平台（见图 1-5 和图 1-6），其中最早的黑客工具可以追溯到 2010 年。网上拍卖价高达 100 万个比特币，也就是相当于当时的 5.68 亿美元。

名称	类型	架构	平台	软件
catflap	未知	Intel/SPARC		
charms	后门植入	Intel/SPARC/PA-RISC	Linux RedHat 7.3, SunOS 5.8, Linux 2.6.5-7.97-SMP, Windows 2000, HP-UX 11.00	
common	未知	Intel/ SPARC/PA-RISC/MIPS/DEC AXP	Linux Solaris SunOS 4.1.1- 4.1.4 & 2.3-2.8, FreeBSD 4.0-4.9, IRIX 5.3-6.5, OSF4.0, OSF 5.1, HP-UX 10.20, HP-UX 11.00	
curses	后门植入	Intel/ SPARC/PA-RISC/PowerPC	Solaris 7/8/9/10, HP-UX 11.00 -11.11, RedHat 7.3, Win2k, AX 5.1, Linux 2.6.5-7.97	
dampcrowd	未知	Intel/PA-RISC/PowerPC/SPARC	Solaris 2.5-2.6, RedHat 5.0, AIX 3.4	
dewdrop	后门植入	Intel/PA-RISC/PowerPC/SPARC	Solaris 7/8/9/10, FreeBSD 4.7/6/6.2, Juniper JunOS 8.5,HP-UX 11.11-11.23	
dubmoat	木马	Intel/SPARC	Solaris	
earlyshovel	漏洞利用	Intel	RedHat 7.0, 7.1, 7.3	Sendmail 8.11.0/8.11.2/8.11.6
ebb	漏洞利用	SPARC	Solaris 2.6-2.10	RPC服务
elatedmonkey	漏洞利用	Multiple	CentOS 5.2	cPanel 11.23.3-11.24.4
elgingamble	漏洞利用	Intel	Linux 2.6.13 -2.6.17.4	操作系统内核
enemyrun	后门植入	Intel/SPARC/PA-RISC	RedHat 7.3, RedHat Enterprise 3.6, Solaris 8, HP-UX 11.00	
englandboggy	漏洞利用	Intel	Mandrake 10.2, Ubuntu 5.0.4, SuSE 10.0, RedHat Fedora Core 5, Mandrake 2006.0	Xorg X11R7 1.0.1, X11R7 1.0,X11R6 6.9
esna	漏洞利用	Intel/SPARC	Solaris 8/9/10	iPlanet 5.2 SMTP
forkpty	工具	Intel/SPARC	Solaris 6-10, FreeBSD 4.0-4.9 & 6.0, Linux Generic	
itime	未知	Intel/SPARC/PA-RISC/PowerPC	Solaris 2.4-2.9, AIX 4.3.2, HP-UX 10.20/11.00/11.11	
jackladder+inci	后门植入	Intel/SPARC/PA-RISC/PowerPC	AX 4.3/5.1, HP-UX 10.20/11.00, Debian/SuSE linux	
nopen	远控	Intel/SPARC/PA-RISC/DEC AXP/PPC/MIPS	JunOS 8.4/8.5, Darwin 9/10/11, FreeBSD 4.3/4.4/4.5/4.7/5.0/6.0/7.0/8.0, HP-UX 10.20, Solaris 7/8, Linux, RedHat ES, BSDi, OSF 4.0f, SCO 3.2, RedHat 5.0/6.0/6.2, Slackware 4.0, IRIX 5.3, Solars 2.3/2.4/2.5/2.6/2.7/2.8, AIX 5.1	
orleanstride	后门植入	Intel/SPARC/PowerPC	IBM AIX 5.1, SunOS 5.8/5.9	
pclean	工具	Intel/SPARC/PowerPC/MIPS/DEC AXP	IRIX 6.2/6.3/6.5, HP-UX 10.20/11, OSF 4.0f, BSDi 4.0.1, Solaris 2.4/2.5/2.6/2.7/2.8/2.9, Linux, FreeBSD 4.0/5.0/6.0	
seconddate	后门植入	Intel/SPARC/PowerPC	Linux, FreeBSD, Solaris, JunOS 8.5	
shentysdelight	工具	Intel	Linux	
sift	后门植入	Intel/SPARC	FreeBSD 5.0/6.0/7.0, Linux, Solaris 2.7/2.8	
skimcountry	后门植入	SPARC/RowerPC	Solaris 8/9, AIX 5.1	
slyheretic	工具	Intel/PowerPC	Linux/AIX 5.1/AIX 5.2	
stoicsurgoen_ctrl	工具	Intel/SPARC	Linux/FreeBSD/Solaris	
strifeworld	后门植入	Intel/SPARC	Linux/FreeBSD/Solaris/HP-UX	
suctionchar	后门植入	Intel/SPARC	Linux/Solaris/FreeBSD/CentOS	
toast	工具	Intel/PowerPC/MIPS/SPARC/DEC AXP	HP-UX 10.20/11.00, BSDi 4.0, SunOS 4.1x, Solaris 2.3-2.9, FreeBSD 4.0-7.0, IRIX 5.3-6.5, AIX 4.3-5.1, JunOS	
violetspirit	未知	Intel/SPARC	Solaris 2.6-2.9	ttsession v4/v5 CDE
watcher	工具	Intel/SPARC	Linux, Solaris, FreeBSD	

● 图 1-5　"影子经纪人"泄露的 UNIX 黑客工具（部分）

名称	类型	目标	备注	服务	版本	NT	XP	VISTA	7	8	10	2K	2K3	2K8	2012	2016
EARLYSHOVEL	漏洞利用	REDHAT7.0/7.1	SENDMAIL		8,11.x											
EASYBEE	漏洞利用	MDAEMON	WEBADMIN	HITP,HTIPS	9.5.2-10.1.2 (except 10.0.0)											
EASYPI	漏洞利用	LOTUS MAIL	LOTUS MAIL	(TCP) 3264		Y	Y					Y	Y			
EBASLAND/EBBSHAVE	漏洞利用	SOLARIS 6-10	RPC XDR		6-10											
ECHOWRECKER	漏洞利用	LINUX	SAMBA 3.0.x		3.0.x											
ECLIPSDWING	漏洞利用	SERVER SERVICE	MS08-067 (CVE-2008-4250)	(TCP 445) SMB/(TCP 139)NBT		Y	Y					Y	Y		Y	
EDUCATEDSCHOLAR	漏洞利用	SMBv2	MS09-050 (CVE-2009-3103)	(TCP 445) SMB									Y			Y
EMERALDTHREAD	漏洞利用	SMB	MS09-050 (CVE-2009-3103)	(TCP 445) SMB/(TCP 139) NBT						Y						
EMPHASISMINE	漏洞利用	LOTUS DOMINO	MS09-050 (CVE-2009-3103)	(TCP 143) IMAP	6.5.4-6.5.5FP1, 7.0-9.0.1FP8											
ENGLISHMANSDENTIST	漏洞利用	OUTLOOK EXCHANGE WEBACCESS	MS09-050 (CVE-2009-3103)	(TCP 80)HTTP/TCP 443)HTTPS	< Exchange 2010?											
EPICHERO	漏洞利用	AVAYA CALL SERVER	MS09-050 (CVE-2009-3103)													
ERRATICGOPHER	漏洞利用	SMBv1	MS09-050 (CVE-2009-3103)	(TCP 445)SMB						Y						
ESKIMOROLL	漏洞利用	KERBEROS	MS14-068	(TCP 88)										Y	Y	Y

● 图 1-6　"影子经纪人"泄露的 Windows 黑客工具（部分）

2017 年 4 月，"影子经纪人"泄露 NSA "永恒之蓝"等系列 0day 漏洞攻击工具。

2019 年 3 月，某位自称 Lab Dookhtegan 的个人（或组织）在社交软件 Telegram 上泄露了黑客组织 APT34 的攻击工具。其中包括远控工具 PoisonFrog、DNS 隧道工具 Webmask、Web Shell 工具 HyperShell 和 HighShell。

2020 年 10 月，在 GitHub 上有用户上传了名为 Cobalt Strike 的文件夹，是渗透测试工具 Cobalt Strike 4.0 通过逆向重新编译的源代码。该用户同时还上传了"冰蝎"动态二进制加密网站管理客户端和"哥斯拉"Shell 管理工具的源代码。

2020 年 12 月 8 日，美国火眼公司（FireEye）在其官方网站发布公告称，"高度复杂的威胁行动者"攻击了其内网并窃取了用于测试客户网络的红队（Red Team）工具，如图 1-7 所示。FireEye 是一家定位于高级网络威胁防护服务的美国企业，其为客户提供的红队工具可模拟多种威胁行为体的活动，从而模仿潜在的攻击者对企业网络进行渗透，以评估企业的安全防御体系和应急响应能力。

● 图 1-7　美国 FireEye 公司泄露红队工具事件

FireEye 声明，这是一起由具有一流网络攻击能力的国家发动的攻击事件。攻击实施者专门针对 FireEye 定制了高级攻击手段，使用了一些前所未见的新型技战术。攻击者在战术方面受过高度训练，执行时纪律严明且专注，并使用对抗安全工具和取证检查的方法执行隐蔽的攻击行动。此次事件中，被窃红队工具的范围覆盖了从简单自动化侦察脚本到类似于 Cobalt Strike 和 Metasploit 等公开可用技术的整个框架。

接二连三的网络武器的泄露事件为大家揭开了网络战场的"兵工厂"一角。那么，什么样的攻防工具才称得上"武器"？大体要具备以下三方面条件。

首先，要以计算机代码为基础技术载体。计算机代码通常是网络武器攻击中的核心组成部分，是网络特性的重要表现，也是区别网络武器与电磁武器（电磁干扰、电磁脉冲等）的重要因素。同样，对网络信息系统进行物理打击和破坏一般也不属于网络武器范畴。

其次，操作者是否具有使用网络武器的主观意图。网络武器是操作者用以实现特定政治、军事目的的网络军事工具，这是区别于单纯的网络安全事故或是群体性无意识失范行为的依据。

最后，是否对目标产生损伤效果。网络武器的目标可能是多样的，效果也包括从低烈度到高烈度的不同层级，但无论是数据层面、信息层面、物理层面甚至意识层面，网络武器必然会对某一类目标对象造成一定损伤。

随着网络安全攻防技术的不断发展，网络武器已逐步呈现出以下三个演进趋势。

一是网络武器攻防一体化。传统武器从设计、制造、系统构建和部署、操作者意图等多方面，可以大致判断其是属于进攻武器还是防御武器。但就网络武器而言，攻击与防御的界限日趋模糊。

例如，网络漏洞的自动检测分析，这类技术既可以被用于网络防御，检测判断算法、系统或者应用是否安全、是否存在漏洞，又可以用于网络攻击，搜索发现对方网络系统中可利用的安全缺口。2016 年，美国国防部高级研究计划局（DARPA）举办网络超级挑战赛（CGC，Cyber Grand Challenge⊖），目标是实现"全自动的网络安全攻防系统"，最终来自卡内基·梅隆大学的一支人工智能团队夺得冠军，并在之后的挑战赛中战胜了两支由人组成的黑客队伍。

这种全自动网络安全攻防意味着人工智能已经把网络攻防推向智能化时代，基于深度学习技术能够大幅减少传统网络攻防对抗的时间和人力成本。迈克菲实验室在《2017 年威胁预测报告》中曾发出警告："犯罪分子将使用机器学习技术进行自动化攻击并绕过检测，传统防御技术将难以抵挡智能化的渗透式网络入侵。"随着未来的网络技术突破，尤其是随着人工智能技术的不断发展和军事应用，网络武器的攻击性和防御性将不断交锋，技术进步和应用转化将同时在网络攻防两端产生作用。

二是网络武器效能实体化。早期的网络攻击往往针对虚拟目标，产生的损害主要在数据层、逻辑层和应用层。即使是一度肆虐的勒索软件病毒，其攻击方式也主要是对数据进行篡改、偷取和破坏，现实的损害往往是数据或功能的损伤。但是随着网络技术的不断发展，网络空间与现实空间融合交织的程度日益加深，网络武器对于物理系统的渗透性越来越强，可能造成的现实打击也越来越直接和深刻。IPv6 与 5G 时代的到来会使这一趋势变得更加紧迫，全球范围的物联网具备了更加现实的技术和硬件支持，接入网络空间的物理设备与网络资产将呈现爆炸式增长，这将使得网络武器能够更加容易地突破虚拟与现实的空间隔阂，直接对各种联网终端进行攻击，并带来直接的物理损失和连带性的现实影响，而不仅仅是传统

⊖ 本书 9.3.1 节对 CGC 做了更详细的介绍。

虚拟数据层的损害。有些国家正在开发可突破物理隔阻的各类网络攻击手段，这将成为网络武器发展的一个重要趋势。

三是网络武器平台体系化、集成化。这方面的例子也很多，如 2012 年美国军方开始资助所谓的"X 计划"。"X 计划"包含了网络态势感知等极其丰富的内容，但其中一个很重要的元素或者组成部分，就是试图把各种网络武器集成到同一个平台上。其设想是能够让每一个作战单位，甚至每一个具体执行任务的士兵，都能够从这个平台选择想要的网络武器发动攻击，因此这种平台体系化趋势越来越明显。再比如 2022 年披露的 Quantum（量子）攻击系统，是 APT⊖组织 APT-C-40 针对国家级互联网专门设计的一种先进的网络流量劫持攻击技术，具有"QUANTUMINSERT（量子注入）""QUANTUMBOT（量子傀儡）""QUAN-TUMBISCUIT（量子饼干）""QUANTUMDNS（量子 DNS）""QUANTUMHAND（量子掌握）""QUANTUMPHANTOM（量子幻影）""QUANTUMSKY（量子天空）""QUANTUM-COPPER（量子警察）""QUANTUMSMACKDOWN（量子下载）"九大功能模块，分为QUANTUM Capabilities 网络定位、QUANTUM SIGDEV 网络监控和 QUANTUMNATION 操作进入三个 QUANTUM（量子）攻击实施过程，已完全实现了工程化、自动化（见图 1-8）。据NSA（National Seacrity Agency，美国国家安全局）官方机密文档 *Quantum Insert Diagrams* 内容显示，QUANTUM（量子）攻击可以劫持全世界任意地区、任意网络上用户的正常网页浏览流量，实施漏洞利用、通信操控和情报窃取等一系列复杂网络攻击。

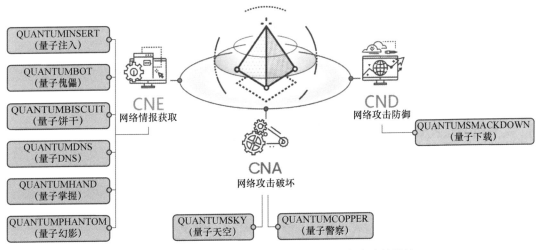

● 图 1-8　量子攻击系统的三大应用场景与九大功能模块

注意，平台体系化的趋势不只是体现在网络攻击技术的整合上，还极大地扩展到了其他层面：一是跨组织的横向整合，主要体现在国际间的网络空间联盟化，如美国提出云驱动下的国际协同防御概念，即所谓的"伙伴国家"的安全人员，可以通过智能技术对共有的情报数据进行提取、分析和共享，从而制定相应的战略战术；二是纵向的体系化，主要是对多维度信息资源进行整合应用，形成全域型的作战空间。伴随着军事空间网络化，网络空间已经成为陆、海、空、天等实体战场的支撑，信息化军队是建立在网络基础之上的，谁控制了

⊖　APT：Advanced Persistent Threat，高级持续威胁，一般指顶级黑客组织实施的高级别网络攻击行为。

网络，谁就拥有了现代战场上的制信息权，赢得了主动。与此同时，陆、海、空、天等实体战场也扩展了网络信息资源来源的维度，构建了一个纵向立体的信息化战场。

网络武器是攻防手段的核心能力支撑。如果深入研究高级网络攻防手段，会发现其复杂度非常高。为了方便大家建立概念框架，这里引进 MITRE 公司提出的"ATT&CK 技战术模型"（Adversarial Tactics Techniques and Common Knowledge）。

MITRE 认为，网络安全模型可以分为如图 1-9 所示的三个层级。

- 高层级模型：如 Kill Chain、STRIDE。
- 中层级模型：如 MITRE ATT&CK。
- 低层级模型：如 Exploit、Database、Vulnerability、Models。

其中，高层级模型普遍对网络攻击的抽象程度较高，无法在操作面上形成针对性的指导。以网络安全 KillChain 模型为例，它将攻击行为分解为多个阶段：侦查（Reconnaissance）→武器化（Weaponization）→传输（Delivery）→挖掘（Exploitation）→植入（Installation）→

高层级模型 (Kill Chain、STRIDE)
中层级模型 (MITRE ATT&CK)
低层级模型 (Exploit、Vulnerability、Database、Models)

● 图 1-9　网络安全模型的层级划分

命令和控制（C2）→操作目标（Actions on Objectives）。这个模型框架对于深入理解网络攻击有一定意义，但由于高度概括抽象，所以很难对具体问题提供指导。低层级模型又过度注重技术细节，如安全漏洞库、恶意代码特征等，让人们无法把控攻击者的目的和整体攻击过程。

因此，MITRE 提出了一个中层级安全模型，即 ATT&CK，以便刻画网络攻击中的以下要素。

- 每次攻击行为之间的联系。
- 连续的攻击行为背后的攻击目标。
- 每次攻击行为如何与数据源、防御、配置和其他被用在一个平台/技术域之间的措施相联系。

TTP（Tactics Techniques Procedure）是 ATT&CK 模型的核心内容，如图 1-10 所示。

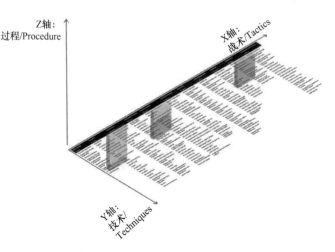

● 图 1-10　ATT&CK 模型中的 TTP 概念

X 轴是战术（Tactics），描述攻击行为的目标（WHY），如持久化、提权等作战意图。战术之间可能没有严格的时序关系，需要在实战对抗中灵活运用。此外，并非所有归纳出来的战术都一定会应用在现实中。

Y 轴是技术（Techniques），说明达成战术目标所使用的手法（WHAT）。根据统计，在检测逃逸（TA0005，Defense Evasion）、持久化（TA0003，Persistence）和荷载执行（TA0002，Execution）三类战术中包含了最多数量的技术手法。例如，为了在 Windows 操作系统环境中实现攻击持久化的目标，可以使用系统定期任务（T1053，Scheduled Task），或者利用注册表启动项/系统启动目标（T1060，Registry Run Keys / Startup Folder）等多种技术。

ATT&CK 矩阵的 Z 轴指 TTP 的最后一环——过程（Procedure），用于说明成功执行技术手法应该如何操作实施（HOW）。攻击过程包括了丰富的技术细节，万千变化皆在于此。

ATT&CK 模型将网络安全事件划分为 12 个阶段（或者说是 12 种技战术指导策略）进行描述：初始访问→执行→持久化→提升权限（提权）→防御绕过→凭据访问→探索发现→横向移动→收集→命令与控制→数据泄露→影响。

（1）初始访问

"初始访问"是攻击的起点，也是攻击者在目标环境中的立足点。攻击者会使用不同技术来实现初始访问技术。

（2）执行

"执行"战术是所有攻击者必然会采用的一个战术，因为无论攻击者通过恶意程序、勒索软件还是 APT 攻击等手段，为了能成功攻入主机，最终都会选择"执行"战术。但换个角度想，如果恶意程序必须运行，安全防御人员将有机会阻止或者检测它，无论是主动出击还是守株待兔，都有可能成功防御。但是需要注意，并非所有的恶意程序都是可以用杀毒软件检测到的，高级的恶意程序会被攻击者精心包装，做了免杀加壳甚至自动备份隐藏，在面对这种机器无法扫描到的情况时，就需要专业人员来进行调查研究了。

（3）持久化

"持久化"战术是所有攻击者追求实现的技术之一，除勒索软件外，大部分攻击者的存活时间取决于何时被检测系统发现。试想一下，一个攻击者花了很大的攻击成本攻入了某台主机后，必然不愿意再花同样的时间成本在下次登录（攻击）的过程中，所以最简便最能减少工作量的方法就是"留后门"或者叫"持久化"。在攻击者成功执行完"持久化"之后，即便运维人员采取重启、更改凭据等措施，持久化依然可以让计算机再次感染病毒或维护其现有连接。例如，"更改注册表、启动文件夹和镜像劫持（IFEO[⊖]）"等。

（4）提升权限

"提升权限"战术也是攻击者比较追捧的技术之一，毕竟不是每位攻击者都能够使用管理员账号进行攻击，谁都希望自己能获得最大的权限，利用系统漏洞达到 root 级访问权限可以说是攻击者的核心目标之一。

⊖ IFEO（Image File Execution Options）是 Windows 操作系统的一个注册表项，该表项用于调试软件，可以由某程序运行另一个程序，该功能经常被恶意利用，成为进程注入的工具。

（5）防御绕过

"防御绕过"战术极为重要，据统计，目前其包含的技术约 69 项。而防御绕过中有一些技术可以让一些恶意软件骗过防病毒产品，让这些防病毒产品根本无法对其进行检查，又或者绕过白名单技术。例如，修改注册表键值、删除核心文件和禁用安全工具等。当然作为防御者，在应对此类战术时可以通过监视终端上的更改并收集关键系统的日志来让入侵无处遁形。

（6）凭据访问

"凭据访问"也是对攻击者极具吸引力的战术。毫无疑问，它是攻击者最想要的东西之一，因为有了凭据访问，不仅能省下来大量的攻击成本，而且减少了攻击被发现的风险。试想一下，如果攻击者可以堂而皇之地进行登录，怎么会花费大量的攻击成本冒险使用 0day 漏洞入侵？

（7）探索发现

"探索发现"战术是所有攻击手段中最难以防御的策略，可以说是"防不胜防"。其实该战术与网络安全"杀伤链"（Kill Chain）的侦查阶段有很多相似之处。组织机构要正常运营业务，肯定会暴露某些特定方面的信息，而这些信息可能恰好被攻击方所利用。

（8）横向移动

"横向移动"战术是攻击者常用战术之一，在攻击者利用某个漏洞进入系统后，无论是为了收集信息还是为了下一步攻击寻找突破点，通常都会尝试在网络内横向移动。哪怕是勒索软件，甚至是只针对单个系统的勒索软件，通常也会试图在网络中移动寻找其攻击目标。攻击者一般都会先寻找一个落脚点，然后开始在各个系统中移动，寻找更好的访问权限，最终控制目标网络。

（9）收集

"收集"战术是一种攻击者为了发现和收集实现目标所需的数据而采取的技术。但是该战术中列出的许多技术都没有关于如何减轻这些技术的实际指导。实际上，大多数都是含糊其辞，声称使用白名单，或者建议在生命周期的早期阶段阻止攻击者。

（10）命令与控制

现在大多数恶意软件都有一定程度的命令和控制权。黑客可以通过命令和控制权来渗透数据、告诉恶意软件下一步执行什么指令。对于每种命令和控制，攻击者都是从远程位置访问网络。因此了解网络上发生的事情对于解决这些技术至关重要。

（11）数据泄露

攻击者获得访问权限后，会四处搜寻相关数据，然后开始着手数据渗透。但并不是所有恶意软件都能到达这个阶段。例如，勒索软件通常对数据逐渐渗出没有兴趣。与"收集"战术一样，该战术对于如何缓解攻击者获取公司数据，几乎没有提供指导意见。

（12）影响

"影响"是攻击过程中的最后一项战术，攻击者试图操纵、中断或破坏企业的系统和数据。用于影响的技术包括破坏或篡改数据。在某些情况下，业务流程可能看起来很好，但实际已经更改为有利于对手的目标。这些技术可能被对手用来完成最终目标，或者为机密泄露提供掩护。

1.1.4 主动与被动

随着现代科技的不断发展，先进武器得到广泛运用，大国对抗已经演变为高技术条件下的信息战、精确战和智能战，由先前的三位一体发展成为四维空间作战。对抗双方战场的透明化不断扩大，如何能够有效地隐蔽自身进攻目的是对抗双方都希望拥有的能力。

而网络战场的特点，恰恰提供了"主动-被动"关系的转变。在传统对抗领域，防守方拥有更多优势，如防御工事、有利于防守者的信息不对称性等。但在网络空间领域，上述理论已被颠覆，相对于防守方来说，攻击者具有以下优势。

- 成本可控：网络武器的成本比常规武器要低得多，真实部署时可以大量使用无需定制的现成技术或免费工具。
- 资源可控：不需要大量的部队和武器。
- 即时效应：可用于实现"即时"效应，并可消除部署常规武器时常见的拖延现象。
- 层级可控：可以减少或避免卷入火力打击作战行动的需要。
- 匿名性：攻击者可躲藏在跨越国家主权和司法管辖边界的全球网络中，使攻击归因变得更为复杂。
- 主动性：对手可以选择发起攻击的时间、地点和工具，更为主动。
- 漏洞利用：攻击者能够在全球范围进行探测，并触及网络空间防御薄弱环节。
- 人性弱点：社会工程学攻击，证明了存在于人身上的弱点与漏洞极易被利用。
- 取证难度：证据的易变性和瞬时性特点使对攻击的分析变得复杂化，相当棘手。

以目前的态势来看，要想在网络对抗中占据优势，需要学会如何提升"机动"能力。

几乎所有的军事家都需要探索一个永恒不变军事课题，那就是如何快速有效地集中自己的力量，并凝聚利用这些力量，以将其投入在最优的攻击任务上。队伍集结需要机动能力，队伍的运动需要机动能力，队伍的后勤保障也需要机动能力。可以这样说，一支队伍要想在其军事任务中取得胜利，其机动能力将起到至关重要的地位。

在网络空间的 APT 攻击中，可以更深刻地理解这种主被动关系。在高级持续威胁攻击中，攻击事件的发生和发展完全处于动态发展之中，而当前的防护体系更多强调的是静态特征异常检测，这种方式不可能对抗长期的动态变化的持续性攻击。因此，防护者或许能挡住一时的攻击，但是随着时间的推移，系统不断有新的漏洞被发现，防御体系也存在一定的空窗期，如设备升级、应用需要的兼容性测试环境等，遇到这种机会攻击者就会果断进行入侵，持续性、渐进性入侵，直到达到入侵目标并提升权限。在定向入侵成功以后，攻击者会长期控制目标，获取更大的利益，同时在特定时期下也会突然破坏性爆发，最终导致系统失守。

1.1.5 资源的调集

网络对抗中，最重要的资源就是人，尤其是具备网络攻防实战能力的人。

攻击战队一般会采用针对目标单位的从业人员，以及目标系统所在网络内的软件、硬件设备同时执行多角度、全方位、对抗性的混合式模拟攻击手段。通过技术手段实现系统提权、控制业务和获取数据等渗透目标，来发现系统、技术、人员、管理和基础架构等方面中存在的网络安全隐患或薄弱环节。

攻击战队并不只是一般意义上的黑客。一般黑客以攻破系统、获取利益为目标。攻击战队也有可能以发现系统薄弱环节、提升系统安全性为目标。此外，对于一般的黑客来说，只要发现一种攻击方法可以有效地达成目标，通常就不会再去尝试其他的攻击方法和途径。但攻击战队的目标则是要尽可能地找出系统中存在的所有安全问题，因此往往会穷尽已知的"所有"方法来完成攻击。换句话说，攻击战队人员需要的是全面的攻防能力，而不仅仅是"三板斧"式的几个绝招。

攻击战队的工作也与业界熟知的渗透测试有所区别。渗透测试通常是按照规范技术流程对目标系统进行的安全性测试。而攻击战队一般只限定攻击范围和攻击时段，对具体的攻击方法则没有太多限制。渗透测试过程只要验证漏洞的存在即可，而攻击战队则要求实际获取系统权限或系统数据。此外，渗透测试一般都会明确要求禁止使用社会工程学手段（通过对人的诱导、欺骗等方法完成攻击），而攻击战队则可以在确保自身安全的情况下使用社会工程学手段。

攻击战队的资源可以通过定向邀请、竞赛选拔、公开招募和社会动员等方式调集。

从网络靶场的资源要素来看，除战队资源外，支撑网络对抗活动的工具库、安全知识库、其他知识库与支撑资源库也需要积累。其内容分列如下。

（1）工具库

工具库是网络靶场系统的重要组成部分，用于支撑靶场的攻防对抗实训、竞赛演练、人才培养、认证与检测、研究与实验等各类业务或功能。工具库分为攻击工具库、防御工具库和测试工具库三大类，其中攻击工具库与防御工具库尤为重要。

- 攻击工具库：包含端口扫描工具、漏洞验证工具、提权工具、SQL注入工具和DDoS类工具等，它们可以由平台管理方所提供，也可以由平台使用者提供，还可以由其他方式提供，但是，都必须经过平台管理者进行验证和授权使用。
- 防御工具库：包括防火墙、WAF、病毒查杀、恶意代码专杀、漏洞防护、IDS、IPS和SOC等，它们也由平台管理方所提供，还可以由使用者提供，但是，都必须经过平台管理者进行验证和授权使用。
- 测试工具库：较为重要的测试工具有4类。第一类是流量生成型仿真工具，用于实现向所定义的路由和节点发送包含特定内容的特定数据流。所送的数据流可能是真实网络环境下采集的数据流量的回放，也可以是基于特定规测而实时生成的数据流量；第二类是传感器/探针型数据采集工具，用于放置在特定节点，或者是用来采集某特定数据或特定行为，以便触发下一步仿真测试动作，或者是作为仿真测试结果记录器，在特定节点记录全部或指定的协议和内容的数据；第三类是基于模型的网络应用仿真器，按照从特定实际环境中，针对特定的网络应用所建立的网络行为模型，在该仿真环境中反向实现该项网络应用；第四类是各种测试仪表，如Avalanche、IXIA、BreakingPoint、Core Impact和Codenomicon等。

（2）安全知识库

安全知识库为网络靶场环境构建、攻防对抗演训、安全检测评估与信息安全新技术研究等提供重要能力支持，主要有安全漏洞库、威胁情报库，以及相关的专家系统。

其中安全漏洞库与业界重要的漏洞平台（CNVD、CNNVD、CVE 等）对接，面向社会收集大数据安全漏洞，收纳靶场举办各类实战活动挖掘发现的漏洞，持续积累"漏洞银行"。威胁情报⊖是指网络空间中一种基于证据的知识，包括情境（Context）、机制（Mechanisms）、指标（Indicators）、隐含（Implications）和实际可行的建议（Actionable Advice）。威胁情报描述了现存的，或者是即将出现针对资产的威胁或危险，并可以用于通知主体针对相关威胁或危险采取某种响应。广义的威胁情报库可以包含以下安全数据：恶意代码样本与安全漏洞技术信息；IP 信誉、DNS 信誉、Web 信誉、文件信誉和邮件信誉等安全信誉数据；恶意代码的静态特征码、IPS 特征规则；恶意软件行为数据、网络攻击行为数据；高级威胁检测模型；攻击工具 Profile；黑客画像与 APT 组织 Profile（见图 1-11）。

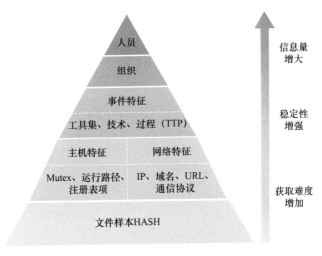

● 图 1-11　威胁情报包含的内容

（3）其他知识库

其他知识库包括样本数据库、社工知识库、想定生成库、安全模型库、演练脚本库、安全基线库和应急预案库等。

（4）支撑资源库

支撑资源库包括基础镜像资源库、行业应用场景资源库、私有镜像资源库、私有场景资源库和试验结果库等。

- 基础镜像资源库中汇总了各种标准的操作系统库、中间件库、数据库和虚拟化资源等常见的应用环境，并已经制作成了虚拟机镜像，可以供所有的试验者调用。
- 行业应用场景资源库中包括具有行业背景的业务系统应用场景库，由"网络拓扑+虚拟机镜像+相关安全设备硬件+安全配置"组成，并且由系统管理员根据业务需求设定访问策略决定用户的使用权限。
- 私有镜像资源库中包括各个试验者自己制作，并仅应用在自己所从事的试验中的专用镜像资源，这些资源要提交给系统管理员管理，但是按照提交者的要求分配应用

⊖　参见 Gartner 的威胁情报定义：威胁情报是一种基于证据的知识，包括上下文、机制、指标、含义以及可执行建议。威胁情报描述了对资产已有或将出现的威胁或危害，并可用于通知决策者对该威胁或危害做出的相应响应。

权限。

- 私有场景资源库中包括由各个试验者自己制作，并仅应用在自己所从事的试验中的专用场景资源，这些资源要提交给系统管理员管理，但是按照提交者的要求分配应用权限。
- 试验结果库中提供一定的文件空间给各个试验者，由他们存放试验过程中所产生的试验数据，这个空间是有权限的，建议由申请人自行管理。

1.2　网络战场

本节将比较传统战场与网络战场，分析两者存在的重大差异，并进一步指出形成这些差异的主要原因。由于网络靶场的一项重要任务就是研究如何模拟"网络战场"，因此，需要深入理解、刻画"网络战场"的独特性与复杂性。

1.2.1　传统战场的无限延伸

随着互联网、物联网的发展，网络战场先是作为传统战场的延伸，之后又从数字世界延伸到了现实世界（见图1-12）。譬如，物联网小设备受制于软件漏洞，一旦联网会被黑客所利用，形成受控制的"僵尸"网络。对联网智能设备的攻击不仅局限于虚拟世界，也会直接危害到物理世界，甚至危及生命安全。工业物联网的安全漏洞一旦被恶意利用，有可能会导致关键基础设施无法正常运行，对社会生产造成严重影响。

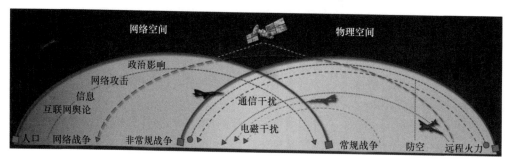

● 图 1-12　物理空间与网络空间的融合

在这个全新的战场上，呈现出了以下与传统战争截然不同的特点。

（1）作战力量多元

由于信息技术的军民通用性和计算机网络的相互关联性，使得网络战力量与传统战争作战力量不同，呈现多元化的趋势。只要掌握了信息系统的专门知识，并能够有效地"闯入"重要的计算机网络，都可以作为网络战力量的一员。网络战力量通常以军队计算机网络战力量为主体，国家和民间计算机网络战力量为支撑，计算机"黑客"力量为补充，将这些力量有机结合起来，就可以实施有效的网络战。

（2）作战空间广阔

网络空间的互联互通、多路由和多节点的特性，导致网络边界被不断延伸，作战空间已超出传统的作战思维模式，呈现出与传统陆战、海战、空战不同的特点。同时，网络攻击武器的不断发展，使得战场不断扩大，消除了地理空间的限制，难以进行前线和后方区分，只要是信息网络能够达到和存在的空间，都可能是作战空间，使得传统的战争空间概念变得模糊。

（3）作战行动隐蔽

与真正战争不同，网络战是隐形的，在发觉之前，敌人可能就已经渗透到当前的网络，以大家看不到的某种方式悄然发动攻击，对网络系统实施破坏，攻击实力被大大隐藏。同时，一国可以通过第三方的网络攻击别国，隐藏其攻击痕迹，就算对方发现了攻击行动，也很难在短时间内查明攻击来源、攻击目的，确定攻击者身份。再者，还有一些网络攻击平时没有被激发，如某国允许将计算机代码植入其他国家的计算机网络，这些代码平时不会损害别国网络，一旦该国与他国发生冲突，这些代码将被激活，实施隐蔽攻击。

（4）作战双方不对称

网络空间过度依赖使得攻击者很容易找到攻击目标，而且攻击不受时间、地理的限制，给防御一方带来很大压力。攻击者只要成功一次就可起到一定的效果。对防御方而言，不能容忍一次失败，一次失败可能改变一场战争的走向。力量弱小的一方可以通过网络攻击获得非对称优势，一个开发成本不高的工具软件就可以实施攻击，但是防御一方则需要消耗大量的投资，才能进行有效的防御。

（5）作战效果显著

网络战充分利用光速的高质量信息移动速度，瞬时产生倍增的作战效力和速率，具有牵一发而动全身的特性。尤其是当一方成功地对另一方的网络系统实施攻击后，就会由个体向全体蔓延，对对方军事、政治和经济等领域的重点专用信息网络，特别是部队的指挥控制等系统造成极大的破坏，大幅度削弱对方战争潜力，使整个作战态势发生急剧变化，作战效果十分显著。例如 2010 年，伊朗核设施遭受"震网"病毒攻击，导致其核设施大部分损坏，破坏力甚至超过了常规军事行动的预期。

表 1-1 从总体特点、攻击特点、防御特点和资源特点 4 个方面进一步对比了传统战争与网络战争之间存在的极为明显的差异。

表 1-1　传统战争与网络战争的区别对比

比　较　项		传　统　战　争	网　络　战　争
总体 特点	覆盖领域	相对稳定的物理世界	可被高度塑造且易于进行欺骗的虚拟世界
	对抗格局	防御者具有优势	攻击者具有优势
	数学定义	兰彻斯特方程定义的实兵对抗	不易度量的网空对抗
攻击 特点	威胁特点	可物理观察	不受约束，几乎无法提前告警
	攻击特点	在空间和时间维度内展开	瞬时发生，可大量并发
	欺骗特点	主要体现在战略层面，需要大量的计划，并且是资源密集型的	主要体现在战术层面，需要很少的计划，且是非资源密集型的
防御 特点	检测机制	分布式监测可能"命中"从传感器、ISR（情报、监视与侦察）资产到巡逻队等多个点上	依赖于自动化机制和基于规则的入侵检测系统，分析人员梳理大量日志文件并创建新的攻击检测特征
	大数据挑战	对数据收集的管理和情报分析	检测发现（攻击的相互关联）与取证分析

（续）

比 较 项		传 统 战 争	网 络 战 争
防御特点	分析挑战	在平民中寻找敌对分子的网络	发现新的威胁/开发检测特征
	可视化	通用作战态势图，反叛行动需要网络分析和依赖图	攻击图、依赖图和网空地形
资源特点	所需资源	资源密集型，组织需要具有整合能力	非资源密集型，要求可降低到个人

1.2.2　无法独善其身的全联接世界

当前，一个全联接的世界正在逐渐形成。

在联接已经成为继土地、劳动力和资本等之后新的生产要素的今天，信息与通信技术也已经由过去以提高效率为特征的支撑系统，向驱动价值创造的生产系统转变。

基于信息与通信技术的云计算、大数据、物联网与移动宽带，正在重构全新的工业文明和商业文明。在金融服务业领域，伴随互联网金融模式的兴起，让传统金融服务业更加关注如何以全联接的思考方式，为客户提供随时、随地可以获取金融服务的新型金融业务模式；在工业制造领域，传统制造工业正在进行重构，信息化与工业化产生了高度的融合，从而形成第四次工业革命的浪潮；在医疗卫生领域，全联接医疗的广泛应用，将助力传统医疗模式的转变和创新，提升医疗服务的水平和效率，优化和改变医疗资源的分布。

全联接的使命就是利用信息与通信技术实现"万物互联"。这种联接除了实现人和人之间的通信、沟通以外，还将物和物、人和物也进行了全方位的联接。

毋庸置疑，全联接必将给全社会各个行业带来巨大的商业机会与社会效益。与此同时，也需要充分认识到，当数字世界连成一片时，大家是真正的网络安全命运共同体，再也无法独善其身。

全联接世界中，个人、组织、国家的网络安全问题息息相关。个人的隐私数据泄露了，会给他所在组织带来威胁。同理，某个组织的网络出现安全隐患了，不但会给自己带来伤害，可能还会影响到邻站以及未隔离的其他网络，甚至影响到国家安全。

因此，每个人、每个单位的信息系统都是网络空间中的一个细胞，只有所有的细胞都安全了，国家的整体网络空间才真正安全。

1.2.3　千疮百孔的代码世界

杰弗雷·詹姆斯在《编程之道》（Geoffrey James，1999）中有一段富有禅意的对话。

编程大师说："任何一个程序，无论它多么小，总存在着错误。"

初学者不相信大师的话，他问："如果一个程序小得只执行一个简单的功能，那会怎样？"

"这样的一个程序没有意义，"大师说，"但如果这样的程序存在的话，操作系统最后将失效，产生一个错误。"

但初学者不满足，他问："如果操作系统不失效，那么会怎样？"

"没有不失效的操作系统，"大师说："但如果这样的操作系统存在的话，硬件最后将失效，产生一个错误。"

初学者仍不满足，再问："如果硬件不失效，那么会怎样？"

大师长叹一声道："没有不失效的硬件。但如果这样的硬件存在的话，用户就会想让那个程序做一件不同的事，这件事也是一个错误。"

可见，没有错误的程序世间难求。

数字世界如此美妙、重要，但其核心构件不可避免地存在着软硬件缺陷问题，其中不少是严重的安全漏洞，一旦被恶意利用，有时就会形成难以想象的杀伤力。缺陷系统部署得越多，安全隐患就越大，它们是指向个人、组织、国家的无数可被随时引爆的数字炸弹。

现代计算机是构建在逻辑电路基础之上的。那么，逻辑电路是什么？简单地讲，逻辑电路是一种离散信号的传递和处理，以二进制为原理、实现数字信号逻辑运算和操作的电路，广泛应用在计算机与通信领域。

CPU 作为最重要的计算机硬件组件，因设计问题导致的安全问题不断浮现。

1994 年，出现在 Pentium 处理器上的 FDIV bug 会导致浮点数除法出现错误，该错误的原因是处理器内置的乘法表中存在输入错误。

1997 年，Pentium 处理器上的 F00F 异常指令可导致 CPU 宕机。

2011 年，Intel 处理器可信执行技术（Trusted Execution Technology）存在缓冲区溢出问题，可被攻击者用于权限提升。

2017 年，Intel 管理引擎（Management Engine）组件中的漏洞可导致远程非授权的任意代码执行。

2018 年，"熔断"（Meltdown）和"幽灵"（Spectre）两个 Intel CPU 漏洞几乎影响到过去约 20 年制造的每一种计算设备，使得存储在数十亿设备上的隐私信息存在被泄露的风险。

这些安全问题严重危害着国家网络安全、关键基础设施安全及重要行业的信息安全，已经或者将要造成巨大损失。

再通过 CVE 漏洞的统计数据看看 2010—2020 年间软件安全漏洞数的变化趋势，如图 1-13 所示。

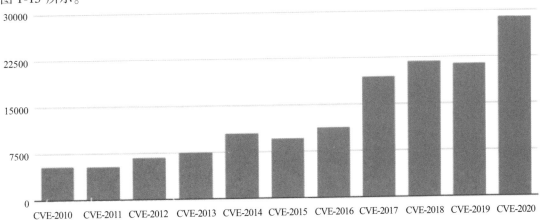

● 图 1-13　2010—2020 年间的软件安全漏洞数量变化趋势

总体上看，历年漏洞数量整体还在持续增长，并且在 10 多年中最明显的变化是 2020 年，CVE 漏洞数量已经超过 2010 年数量的 5 倍多。

以互联网中 2020 年 10~11 月监测到的全网资产数量（不包含历史数据和重复数据）对比监测到的漏洞数量计算整体互联网的漏洞比例约为 15%。

根据美国国家标准与技术研究所（NIST）国家漏洞数据库（NVD）的报告，2021 年 CVE 漏洞数量高达 18378 个，创下历史新高，是 NVD 连续第五年打破这一新纪录。其中，约 90% 的漏洞都可以被技术能力有限的攻击者利用，而约 61% 的漏洞不需要用户交互，如单击链接、下载文件或共享凭据。

从漏洞的产生机理来说，可以将软件漏洞分为如下几类。

（1）输入验证漏洞

一般系统都会对用户输入的数据进行合法性检查，当系统未实行合法性检查的时候就会产生输入验证漏洞。据权威部门统计，目前发现的大多数漏洞都是由于系统缺少输入合法性检查而导致的。避免这种漏洞的主要方法是从根本上提升软件开发者的安全意识，使他们在编码阶段就注重代码的安全性检查。

（2）访问验证漏洞

软件系统的访问验证漏洞是由于在验证环节存在错误导致的。这种漏洞会使得非授权用户绕过系统的访问控制从而能够非法访问系统，这种漏洞的产生会造成系统数据的泄露，这会对系统安全性和公司的保密数据带来很大的威胁。

（3）竞争条件漏洞

竞争条件漏洞是由于软件系统的时序或者同步机制出现问题，导致程序在处理文件等实体时出现问题，对这种漏洞开发者需要注意优化系统的时序或同步机制。

（4）意外情况处置漏洞

若设计者在设计软件的实现逻辑中没有考虑一些意外情况时，就会产生此种类型漏洞。如打开文件与用户选择文件不一致等意外情况。

（5）运行环境错误

不同的软件需要不同的运行环境，某些软件系统需要设置特定的环境变量，如果由于环境变量的设置错误而引发漏洞，会导致某些有问题的特权程序去攻击执行代码。

（6）设计错误

系统总体设计者在系统设计上造成的错误，或者后期开发人员在具体设计实现过程中留下的错误都属于设计错误。

可以说，网络安全的"原罪"就是人类在设计、开发、使用和运维网络信息系统过程中不断产生的大量安全漏洞与脆弱性问题，这几乎是无法完全避免的。

1.2.4 防不胜防的社会工程学

网络安全领域的社会工程学概念是凯文·米特尼克（Kevin David Mitnick）于 2002 年在《反欺骗的艺术》一书中提出来的，有学者将其总结为"社会工程学是通过自然的、社会的和制度上的途径，利用人的心理弱点以及规则制度上的漏洞，在攻击者和被攻击者之间建立起信任关系，获得有价值的信息，最终可以通过未授权的路径访问某些重要数据。"通俗地理解，社会工程学攻击就是设计各种"套路"，利用人性弱点，让人上当受骗的方法与技术。

网络安全的木桶原理告诉我们：一个组织的网络安全水平由与网络安全有关的所有环节中最薄弱的环节所决定。其实网络安全系统中最薄弱的环节就是人，而社会工程学就是攻击人的弱点，其相对于其他网络攻击，成本最低且常奏奇效。

社会工程学攻击具备三个要素：收集信息、取得信任和实施攻击。

（1）收集信息

攻击者实施社会工程学攻击之前，必须先收集信息。信息是关键，获取信息越多，攻击方法越有针对性，攻击成功率就越高。信息来源可以来自：1）网络收集（如搜索引擎、域名信息查询、公共服务期和各网络社交媒体）；2）政府企业的公开信息（如公报）；3）通过简单对话交流获取的信息；4）运用观察获得的信息；5）通过垃圾堆资料还原的信息；6）购买的信息泄露数据；7）利用先进的分析机制、分析软件获取的信息。收集有效的信息用于日后社会工程学攻击，更是体现信息的价值。收集信息有时也是社会工程学的目的，所以收集信息既是手段又是目的。

（2）取得信任

信任是一切安全的基础，社会工程学正是利用诱导和伪装来重构信任，突破安全防线。攻击者通过表现自然、知识渊博或植入个人爱好等诱导技巧，极易使被攻击者产生"信任"的逻辑推论。伪装则是通过虚构的场景，伪装成虚构的身份。人们往往通过视觉和听觉来识别身份，通过"易容"来伪装身份难度很大，因此攻击者常使用电话来提高伪装可信度，也有利用人工智能等科技合成被伪装身份的声音取得信任，还有利用心理战术、使用语言的技巧设法与被攻击者达成"共识"而取得信任。一旦取得信任，安全的大门将为攻击者敞开。

（3）实施攻击

在实际的社会工程学中收集信息、取得信任和实施攻击没有严格的界限，甚至收集信息、取得信任也是一次社会工程学攻击。

每一次攻击都会有明确的目标，都会构建共识、洞悉环境和随机应变，都会使用不同的交流模型，通过语言或者非语言的交流式，去影响、说服被攻击者无意识地泄露信息、执行看似合规或符合逻辑的操作。攻击者的成功率和时间成本有时很大程度上取决于交流模型、语言和非语言的交流艺术。

常见的社会工程学攻击方式有以下几种。

（1）使用电话攻击

使用电话攻击是主流和常见的方式之一，电信诈骗就是典型案例。一个成功的"社交工程师"要具备这些素质：博学的知识、语言的艺术、自然的交流、角色瞬间转换的心理素养、洞察他人的心理学和强的逻辑思维能力等。但是，一旦使用电话，就会降低这些要求。以电信诈骗为例，它充分应用了社会工程学原理，诈骗类型分组实施，不同类型有不同脚本，人员职责分工明确，流程按脚本逻辑严格实施，甚至可以使用技术手段修改声音及来电显示，这就大大降低了攻击者所需要的"技术门槛"。

（2）垃圾搜寻攻击

很多单位对于丢弃、销毁的资料缺少有效的管理。攻击者通过搜索目标单位丢弃的垃圾，收集还原没有完全被销毁的企事业单位及个人的信息。垃圾堆的电话本、姓名、号码、机构表格（备忘录、内部公示材料）、系统手册和废旧硬盘都可以用来帮助攻击者设计攻击目标和冒充对象。

（3）在线社会工程学攻击

在万物互联的今天，在线攻击更是攻击者的重要手段之一，给网络安全带来了重大风险。在线攻击需要有一定的网络技术，往往攻击者就是黑客。黑客利用技术通过各种欺骗手段攻击服务器和网络用户，窃取目标用户的数据、网银账号密码和网络虚拟财产等。

（4）说服类攻击

说服类攻击主要是通过语言的艺术和非语言的表现技巧，友善地说服、引诱、恭维或不友善地恐吓威逼目标，令其泄露敏感信息或执行某种职权（责）内可执行的操作。常见的案例有不良公司向老年人推销虚假功能的保健品、军工单位人员被策反泄密。

（5）反向社会工程学攻击

反向社会工程学攻击是获得非法信息更为高级的手段。攻击者会扮演一位不存在但又很权威的人物，并人为制造一个问题，诱导被攻击者向攻击者咨询、求助，从而使攻击者获得有价值的信息或执行某操作。

1.2.5　悄无声息的战争

克劳塞维茨认为，军事对抗的双方都有将对抗推至"顶点"的趋势。在很长一段时间内，这一趋势一直在增加破坏力的道路上狂奔。但是，原子弹、氢弹等核武器出现后，这一发展失去了进步空间。电子战的出现，使得军事技术先进和优势的一方，可以率先占领电磁空间这个新的领域或空间，向对方实行"降维打击"，即在高维空间打击处于低维空间的对手。计算机网络的出现和广泛应用，使电子战与网络战之间不再有绝对的界限，网电一体打击成为崭新的方式。近年来频繁发生的网络攻击事件说明，网络战已经成为战争的首选方式和重要内容。

1.3　高端对抗与 APT

APT（Advanced Persistent Threat，高级持续性威胁）一般特指网络空间安全事件中组织性好、隐蔽性高、针对性强、危害性大和技术复杂的高端攻击形式。本节将对其模型、要素和特点进行分析，并讨论可能的追踪方式。

1.3.1　高端对抗

网络空间安全史上，发生过多起 APT 攻击的典型案例。纵观这些案例的分析结果，虽然它们利用的手段和工具不尽相同，但都有着明确的攻击目标。根据对大量 APT 攻击事件的跟踪和分析可以发现：虽然 APT 攻击具有明显的定制化特征，但是一般来说，所使用技术和方法的差异主要发生在"突破防线"和"完成任务"两个阶段。许多 APT 攻击在被发现之前已经潜伏攻击多年，其开始时间往往无法考证。虽然现在对于很多 APT 攻击的完整细节了解还不够充分，但从已知的 APT 攻击案例可以清晰地发现，APT 攻击具有以下重要特征。

（1）采用社交欺骗

社会工程学是 APT 攻击的一个关键元素，也是该攻击和其他黑客技术的不同之处。攻击者首先利用社会工程学进行信息的收集，然后使用收集的信息通过社会工程操纵攻击目标下载恶意软件或在一个虚假网站上提供用于身份认证的凭证。APT 不是试图去入侵或者击败一个网络安全产品，而是充分地利用了人的因素避免被发现。这也是 APT 如此难以防范和检测的原因之一。

采用不同形式的社交网络欺骗是攻击者经常发动攻击的突破口。由于 APT 攻击在实施初期大多利用社会工程学手段，具有很强的迷惑性和欺骗性，利用人们心理上容易受欺骗的弱点。目标人群的社会关系、工作背景、上网行为习惯、邮箱地址和兴趣爱好等是攻击者主要收集的信息，在得到目标攻击者详细信息之后他们会精心设置专门的社交攻击圈套，利用多种形式诱骗目标人员访问恶意网站，下载并安装带有攻击代码的文件和程序。

分析许多 APT 攻击案例会发现，社交网站、网络聊天室、博客、微信朋友圈、论坛和搜索引擎是 APT 攻击收集信息时利用的主要网络资源。例如，利用被攻击者发表的论文、出版的著作、社交网络的动态、微博的粉丝种类、使用搜索引擎的习惯和搜索的关键字等调查目标人员的专业背景和整体社会关系。这种行为有效地突破了网络的物理隔离，避免了防病毒查杀，顺利通过身份认证等安全防护，最终成功实现了攻击代码的渗透和利用。

（2）利用零日漏洞

APT 攻击经常利用零日漏洞进行进一步攻陷系统。攻击者希望寻找到确定的零日漏洞，用来在目标组织的 IT 系统其他部分中传播恶意软件。攻击者经常大量利用已知或未知的系统漏洞、应用漏洞，实现代码的运行和权限的提升，达到在网络内部的隐蔽传播和获得系统控制权。实际上，对于 APT 攻击者而言，通过对系统安装应用程序的版本和系统升级安装补丁的探测，常常会发现许多已经公布但还没有安装补丁的漏洞，这在某种意义上也属于实施攻击利用的零日漏洞。攻击者依据找到的针对性的安全漏洞，特别是零日漏洞，根据应用本身特征编制专门的触发攻击代码，并编写既符合自己攻击目标又能够绕过现有防护者检测体系的特种木马。这些零日漏洞和特种木马，都是防护者或防护体系所不知道的。例如，"震网"病毒主要利用网络共享和 SQL 注入两种类型共 6 个漏洞，其中两个为零日漏洞。Zero Access 利用浏览器或 Adobe Reader 中的漏洞触发攻击。Duqu 病毒利用 Windows 内核漏洞，触发漏洞的病毒载体为嵌入恶意字体文件的 Word 文档，一旦目标用户打开 Word 文档，恶意代码就会自动以系统最高权限运行。

（3）开发高级恶意软件

普通恶意软件有各种攻击特性和功能，以及感染用户端点和服务器系统的能力。至于那些能够综合实现基于主机的检测系统隐藏、浏览网络、捕捉和窃取关键数据，并利用隐蔽通道进行远程控制等功能复杂的高级恶意软件，APT 组织会按需定制开发。定制开发的恶意软件工具经常利用已有的恶意软件的代码进行不同程度的改造，实现从非标准系统中接近特定的目标并收获信息。高级恶意软件的布放方法有很多种，如恶意无线网络、P2P 种子陷阱和特制的高级鱼叉式网络钓鱼等。图 1-14 所示的"震网"病毒具有极为复杂的结构与无比

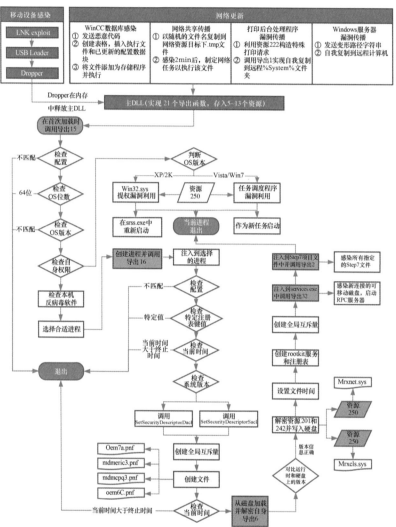

上图引用的"主DLL导出"与"主DLL包含资源"相关编号含义说明如下。

主DLL导出表				主DLL包含资源	
序号	描述	序号	描述	资源ID	功能
1	感染连接的可移动磁盘，启动RPC服务	24	检查互联网连接	201	MrxNet.sys加载驱动文件，由Realtek公司签名
2	钩挂API以感染Step7工程文件	27	RPC服务器	202	感染Step7的DLL
4	调用清除例程（导出18）	28	命令与控制例程	203	感染WinCC的CAB文件
5	验证Stuxnet是否正确安装	29	命令与控制例程	205	资源201的数据文件
6	验证版本信息	31	在被感染的Step7工程文件中升级	207	Stuxnet的Autorun版本
7	调用导出6	32	与导出1功能相同	208	Step7的替代DLL
9	在被感染的Step7工程文件中升级			209	数据文件
10	在被感染的Step7工程文件中升级			210	用于注入的模板PE文件
14	Step7工程文件感染例程			221	利用MS08-067，通过SMB传播
15	初始入口点			222	利用MS10-061打印机后台处理程序漏洞
16	主安装			231	检查互联网连接
17	替换Step7 DLL			240	LNK模板文件，用于创建LNK漏洞利用
18	卸载Stuxnet			241	USB Loader ~WTR4141.tmp
19	感染可移动硬盘			242	MRxcls.sys rootkit
22	网络传播例程			250	利用Windows Win32k.sys本地提权漏洞（MS10-073）

● 图1-14　复杂的"震网"病毒（来自安天实验室）

精密的设计，它利用了操作系统的多个漏洞，可以自动传播、感染和隐身，比此前的恶意软件复杂 20 多倍，这标志着网络武器已完成由构造简单的低端工具向结构复杂的高端进攻型武器的转变。

（4）善于逃避检测

攻击者在综合利用多种情报手段感知攻击目标的网络环境状况的基础上，有针对地选择逃避检测的方式。例如，为了准确和详细获取目标人员或系统的信息，APT 攻击者会通过寻找目标所在的公有 IP 地址段、内部 IP 网段扫描、系统特征分析、系统漏洞扫描、应用软件安装探测、防病毒软件版本和升级情况探测、网络流量特征分析等详细探知攻击目标的网络环境状况。利用探知的信息有针对性地制定攻击策略，将恶意攻击行为伪装成正常网络或系统行为，达到逃避检测的目的。同时，综合运用多种先进技术，如病毒程序压缩、定制化编译、加密核心代码、变体加壳和代码注入等降低攻击代码被检测出的概率，如火焰病毒会根据不同目标系统中的硬件和软件环境特点，选择不同的病毒攻击模块实施注入攻击，可以最大限度地逃避检测。

（5）利用授权用户和可信链接

APT 通常利用 IT 环境中的授权用户和目标进入受保护系统并获取有价值的信息。攻克用户和系统之间的可信连接是 APT 攻击的一种常见的策略。恶意软件有能力去分解一个克隆证书所生成的密钥，制造一个可信任的证书。攻击者分解并利用弱密钥的示例已经很多了，早在 2011 年，Fox-IT、Microsoft、Mozilla 和 Entrust 就已经发出过警告。许多 APT 组织都采取盗用第三方证书来签名其恶意程序的方法，获得用户的信任。

（6）隐蔽的 C&C 通信

APT 利用恶意软件和零日漏洞可以打开后门与远程指挥控制中心通信，从而获取攻击者端的具体指令和传回获取的敏感数据。

APT 十分注重隐藏，一般采用动态域名解析的方式实现命令和控制（C&C）隐蔽通信。加密通信通道和信息隐藏技术被用来实现 C&C 数据的隐蔽通信。攻击者在使用命令和控制 C&C 通信时利用命令行界面工具，能够建立到 Hotmail 的 HTTPS 连接来传输窃取的数据，并且伪装成合法流量的样子，通过合法的加密通道外流，同时运用代理和多跳传输的方式使得审核异常检测防护系统很难发觉。例如，高斯病毒的病毒模块采用了压缩核心入侵代码和加密控制通信信道的方式实现隐蔽的 C&C 通信。Cybercraft 能够根据 C&C 通信的流量和信息传输载体的类型等要素综合考量，自适应选择传输路径与隐蔽通信方法，尽可能降低攻击被发现的概率。火焰病毒在窃取和回传信息时采用多种加密手段，使得回传的核心数据不易被截获或追查。同时，为了进一步确保通信的隐蔽性，用于指挥 C&C 通信的服务器和 IP 地址频繁更换，很难被追踪。

同时，隐蔽的通信模式也是 APT 检测和取证利用的重要一环。因为 C&C 通信方式的选取和 C&C 服务器的配置也是鉴别攻击来源的一种方式，有些 APT 所采用的 C&C 方法通常更具有一致性，所以 C&C 通信方式和流量可以是 APT 的有效识别点。例如，Onion Duke 与 Mini Duke 是看似完全不同的软件，但是研究人员通过查看其配置发现了一些端倪。研究人员在配置信息中，发现它的某些 C&C 服务器的注册者与 Mini Duke 的 C&C 服务器大致上相同。这样可以推断出最新出现的 Onion Duke 攻击和之前发现的 Mini Duke 有着某种联系，从而为下一步取证和防御提供参考。

（7）组织化、模块化和智能化

在充分利用现有的攻击方式的基础上，APT 不断地改进和组合，针对不同的目标定制不同的攻击模块，形成自己一套完整的智能化攻击武器库。那些看似普通的常见手段通过利用复杂系统的关联性和智能决策技术的支持，就可以发动巧妙、复杂的攻击。这些特征充分体现出 APT 攻击的组织化、模块化和智能化。例如，Koobface 攻击的变种目前发现有几十种，分别能够根据目标环境的安全防护特性选择使用不同的变种；Cybercraft 攻击的显著特点是能够实现智能化感知，模块化适应，以及有组织地自我防护、自我恢复和自我反击；火焰病毒具有多达 20 几个恶意代码模块，可以根据需要进行入侵和卸载。

1.3.2　APT 四要素

APT 作为网络空间对抗的高级手段，具有以下四方面的特性要素。

（1）针对性

APT 攻击者针对特定的攻击目标，广泛收集情报，充分利用黑客软件和黑客技术，综合多种攻击方法，专注于目标系统的漏洞利用，通过一系列长期准备为攻击提供新的、强大的方式，一旦实施攻击必定会给目标造成严重影响。

APT 攻击有针对地攻击目标有很多种类，其中微软和 Adobe 的办公软件产品安全漏洞是经常被利用的。在很多情形下，这些软件的使用范围较广，因此存在的很多漏洞没有及时升级且未安装补丁，针对这些漏洞编写符合既定攻击策略的代码，能够顺利地绕过防护检测体系实施有针对的攻击。攻击者会针对收集到的常用软件、常用防御策略与产品和内部网络部署等信息，搭建专门的环境，用于有针对性地寻找安全漏洞，测试特定的木马是否能绕过检测。

有迹象表明，APT 攻击利用酒店的无线网络有针对性地瞄准生产制造、国防、投资资本、私人股权投资和汽车等行业的精英管理者，从这些企业高管商业访问时所住豪华酒店的网络中窃取重要信息。

（2）持续性

APT 攻击者很有耐心，为了重要的目标长时间持续性地渗透寻求核心敏感数据，等待发动攻击的时机。目前发现的 APT 攻击为取得成功用一年到三年进行谋划和渗透，攻击成功后仍持续潜伏五年到十年的案例都有。具体是通过修改系统程序、隐藏病毒进程（Rootkit）、隐藏关键文件和隐藏目录等方式实现有目的的长期潜伏。例如，攻击者如果试图获取重要的商业信息，会持续一段时间集中分析研究目标对象的特征习惯和社会关系，其中包括对目标个人情报的采集和技术细节的分析。他们也会花费很长时间研究与目标有关的通信协议，获取目标的系统版本，利用已经掌握的相同系统的漏洞进行试探，从而获取目标系统存在的漏洞，同时在系统内部不断挖掘找出应用程序的弱点和所要获取的文件位置。他们还会长期地将程序隐藏在被攻击系统中，慢慢收集敏感信息，不断提升自己的权限，十分注重自己的隐蔽。同时，攻击者会将收集到的信息首先存储在本地的隐蔽文件或服务器中，然后陆续发送到远程攻击者的服务器中。

在这种持续性的攻击中，攻击事件的发生和发展完全处于动态之中，而当前的防护体系更多强调的是静态特征异常检测，这种方式不可能对抗长期的动态变化的持续性攻击。因此，防护者或许能挡住一时的攻击，但是随着时间的推移，系统不断有新的漏洞被发现，防御体系也会存在一定的空窗期：比如设备升级、应用需要的兼容性测试环境等，遇到这种机会攻击者就会果断进行入侵，持续性、渐进性入侵，直到达到入侵目标并提升权限。在定向入侵成功以后，攻击者会长期控制目标，获取更大的利益，同时在特定时期也会突然破坏性的爆发，最终导致系统的失守。

（3）阶段性

APT 攻击行动大致分为 7 个阶段：利用社会工程学长期情报收集，利用鱼叉式网络钓鱼实施定向入侵，触发零日漏洞安装恶意代码，在系统中通过不断映射横向扩展搜索和挖掘关键资产和核心数据，利用特殊工具不断提升权限注重隐蔽，建立 C&C 通信以便部署实施长期潜伏控制，执行命令利用机密数据传输通道窃取信息或者在必要时间对系统实施破坏并清除自身痕迹。

APT 攻击的生命周期通常是 5 个阶段：情报收集、突破防线、建立据点、隐秘横向渗透和完成任务。情报收集阶段主要是对目标攻击者的信息收集分析的过程，找到目标系统的薄弱点；突破防线阶段是利用诸如零日漏洞、鱼叉式钓鱼和水坑攻击等手段试图入侵目标系统或者与目标系统相关的设备中；建立据点和隐秘横向渗透阶段主要是在目标系统中发掘信息横向扩展，尽可能地提升自己的权限，找到敏感信息的位置，同时与攻击者保持通信将收集到的情报上传到指定的服务器中；完成任务阶段主要是完成攻击者下达的指令获得机密信息，在必要时间使关键系统瘫痪，同时实施痕迹清理和误导，不仅能让自己的入侵不被发现，同时还可以对系统做一些适当的处理从而误导被攻击者，使得攻击更加没有踪迹可寻。

（4）间接性

任何人都有可能是 APT 攻击的目标，因为 APT 可以通过被攻击者作为跳板去入侵与之有联系的机构或者机构成员。同样，任何网站或者机构都有可能是 APT 攻击的目标，通过攻击一个安全防护相对薄弱的网站，就能很容易入侵浏览该网站的人员。通过入侵安全防范相对薄弱的机构，可以获得攻击与之有合作关系的最终目标机构的机会。例如，攻击者通过 SQL 注入攻击了 Web 服务器，一般也是希望利用这台被攻陷的 Web 服务器感染使用这台服务器的终端用户，从而利用这些终端用户作为跳板渗透进他们组织的内网。利用间接性攻击的特征不但丰富了 APT 攻击的路径，还增加了 APT 攻击的成功概率，而且使得发动 APT 攻击的组织不易被取证追查到。

1.3.3　杀伤链理论

对网络安全专家来说，用网络杀伤链（Kill Chain，也称网络攻击生命周期）来识别、分析并防止入侵的方法可能并不陌生。然而，攻击者始终在改进入侵手段，这可能要求我们重新审视网络杀伤链。

什么是网络杀伤链？"杀伤链"这个概念源自军事领域，它是一个描述攻击环节的六阶段模型，该理论也可以用来反制此类攻击（即反杀伤链）。杀伤链共有"发现→定位→跟踪→瞄准→打击→达成目标"六个环节。

在越早的杀伤链环节阻止攻击，防护效果就越好。例如，攻击者取得的信息越少，这些信息被第三人利用来发起进攻的可能性也会越小。

网络空间的杀伤链与此类似，本质是一种针对性的分阶段攻击。同样，这一理论可以用于网络防护，网络杀伤链的具体阶段如图1-15所示。

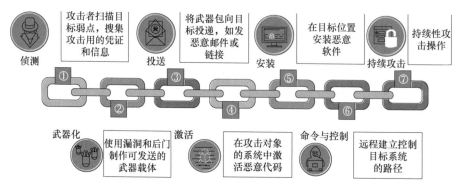

● 图1-15　网络杀伤链具体阶段

要利用网络杀伤链来防止攻击者潜入网络环境，需要足够的情报和可见性来"看见"网络的"风吹草动"。当网络流量或主机终端上出现异常后，企业需要第一时间获悉并进行研判，同时为安全事件设置警报。理论上，越在杀伤链的早期环节发现或阻止攻击，越能争取到更多防守的时间，也越能减少损失的最终发生。

（1）侦测阶段：从外部观察目标网络

在本阶段，攻击者试图确定目标的价值。他们从外部了解企业的资源和网络环境，并确定是否值得攻击。攻击者希望的理想情况是，目标防线薄弱、存在高价值数据。攻击者可以找到他们所需的信息门类，至于这些信息可能被使用的方式，那更会让企业始料未及。

目标单位的信息价值往往超出他们的想象。人员姓名等敏感信息（不仅是单位网站，而且包括社交网站的信息）是否在云端存储？这些信息可以用来实施社会工程学攻击，让相关人员透露密码。企业的网站服务器是托管给数据中心还是自主维护？这些也是攻击者关心的情报，这可以帮助攻击者缩小发现企业网络环境攻击面的工作范围。

情报层面上的问题很难处理，社交网络的普及让它变得尤为棘手。将敏感信息隐藏起来可能是一个好办法，但显然也会增加数据使用的成本，甚至影响业务。

（2）武器化、投送、激活与安装阶段：试图进入

本阶段是攻击者用工具攻击被选目标的具体过程。他们在上一阶段收集的情报数据将被用于恶意行为的实施。获得的情报越具体，社会工程学攻击就越天衣无缝。例如，通过员工信息，可以进一步设计鱼叉式钓鱼获得公司内部通讯录。或者把远程访问木马提前植入某个写有"重要内容"的文件里，诱使接收者运行它。如果知道用户服务器运行的软件信息，如操作系统版本号和应用软件类型，攻击者在企业网络里渗透和布局的把握将会大大增加。

针对本阶段的防御工作，应当参照安全标准与安全专家的建议去落实。

● 基础软件与应用程序是否在持续保持更新？这要具体到每台主机每个终端上的每个应用系统。很多单位在某个小角落还用着老式台式机，系统可能还是停服的Windows XP/7。如果这类系统接入网络，无异于对攻击者"拱手相迎"。

● 电子邮件和Web网页的过滤功能是否已经部署？电子邮件过滤可以有效阻止攻击中常用的钓鱼附件；网页过滤则可以防止用户访问已知的不良网站或域名。

- USB 设备是否已得到严格管控？从安全的角度来看，自动运行 USB 中的可执行文件是安全大忌。任何自动执行的操作，最好在运行前都提示用户确认授权，让用户有时间进行风险判断。
- 终端防护软件的检测能力是否已实时更新？虽然终端防护软件不一定能应对新型攻击，但是它们常常可以根据已知的可疑行为或软件漏洞来捕捉威胁。

（3）命令与控制阶段（C&C）：威胁已经变成现实

一旦威胁植入目标网络，它的下一个任务是给总部打电话并等待指示。恶意驻留的程序可能秘密下载额外组件，并伺机建立 C&C 通道与"僵尸"网络主控机通信。无论恶意软件采取何种躲避手段，在网络层，尤其防火墙与 IPS 安全网关位置必须建立起相应的流量检测能力。

如果最终的威胁已经发生，受害单位也应该抓紧止损补救：一是调查事件，评估损失，分析受影响的系统范围，确认被窃取或篡改的数据资产；二是对受影响的系统进行清除或重置，恢复业务；三是利用备份的数据或系统快照，快速还原到最优的运行状态，降低修复工作的时间成本。

为了规避检测，很多攻击会另辟蹊径。现实中的大量攻击事件已经充分证明了一点：攻击者不会严格按照杀伤链的预定流程来——他们可能跳过步骤、添加步骤，甚至出人预料地重复之前的步骤。种种攻击之所以经常绕过安全团队精心打造的防御体系，就是因为它们太了解防御体系的各种机制了。

另外，攻击者也可以添加步骤到杀伤链流程里，如清理痕迹、设置中断、传播虚假数据，或者安装未来用得上的后门。攻击者还可以打乱各个攻击步骤的顺序，或者重复之前的步骤。总之，杀伤链绝不是一个简单的线性过程，而更像树状、图状或根系的分支和蔓延，其过程复杂多变。

（4）持续攻击阶段：不达目标，攻击不会停止

在拒绝服务攻击案例中，服务中断不一定是攻击的最后一步。攻击者成功破坏、瘫痪或渗入系统后，还可以重复这一过程，也可以转移到另一个阶段。Preempt Security 的首席执行官 Ajit Sancheti 认为，攻击者可能采取任意形式的组合。比如，他们可以通过破坏基础设施来进行广告欺诈或发送垃圾邮件、向企业勒索赎金等，攻击者的盈利模式在不断增加。

比特币的使用让攻击者能更简便、安全地得到回报，这导致了攻击动机的变化。以被盗的支付卡信息为例，一旦信用卡数据被盗，这些数据会被测试、出售，用于获取商品或服务，然后再用商品或服务转换为现金。

1.3.4　对抗的痕迹

现代法证学的开山大师艾德蒙·罗卡（Edmond Locard，1877—1966）曾提出了一个用他名字命名的定律，简单来说就是八个字：凡有接触，必留痕迹（Every contact leaves a trace）。

网络攻击极具匿名性与隐蔽性，那么网络对抗的过程是否遵守罗卡定律，一定能留下痕迹？

答案是一定的。经过多年发展，网络攻击追踪溯源已形成以下 8 类技术。

1）基于日志存储查询的追踪溯源技术：通过使用路由器、主机等设备对网络中传播的数据流进行存储记录，存储记录不必记录完整的数据包信息，可以只记录一些关键信息，并通过事后对这些日志信息进行查询与分析恢复出攻击路径的一类技术。

2）基于路由器输入调试的追踪溯源技术：利用路由器的调试功能进行特征匹配，如果匹配成功则该路由器在攻击路径上，一般通过从被攻击端开始回溯。

3）基于数据包标识的追踪溯源技术：将路径信息进行编码后填充在网络数据包的特定字段，跟随网络数据包在网络中传播，最后在被攻击端收集这些信息通过特定的算法恢复出攻击路径。

4）基于单独发送溯源信息的追踪溯源技术：路由器主动向转发的数据包目的地址发送ICMP 报文，用于告知该路由器在该数据包的传播路径之上。

5）基于SDN 的日志追踪溯源技术：将 SDN 网络中的流相关信息以日志或者中间文件的形式记录在控制层或者单独的溯源取证服务器，并根据日志或者中间文件重构攻击路径的技术。

6）基于SDN 的路由器输入调试追踪溯源技术：通过灵活控制 SDN 路由器调试功能进行特征匹配恢复攻击路径的技术。

7）基于威胁情报的追踪溯源技术：通过对威胁情报信息中的"僵尸"网络、网络跳板、匿名网络和隐蔽信道等信息进行关联，实现控制主机追踪溯源，并可通过威胁情报中黑客及其组织的特征信息进行关联实现攻击者识别的技术。

8）混合追踪溯源技术：多种技术结合的追踪溯源技术，常结合采用存储查询的追踪溯源和基于数据包标记的追踪溯源这两种技术达到取长补短的目的。

1.4 决胜之道

前述内容从多方面讲述了网络空间安全的严峻形势与攻防对抗的复杂特点。构建网络靶场的目标是"让错误发生在实验室""把败仗打在网络靶场"。本节将继续探讨网络空间中的决胜因素。

1.4.1 人与人的对抗

安全的本质是对抗，对抗两端是人与人的较量，这可以被视为网络安全的"第一性原理"。

前文说过，网络安全的"原罪"就是人类在设计、开发、使用和运维过程中产生的大量安全漏洞与脆弱性问题。而"人与人的对抗"集中体现在以下 6 个方面。

- 意识与思维能力的对抗。
- 情报与知识的对抗。
- 工具与武器的对抗。
- 技术与战术的对抗。
- 人员与组织的对抗。

- 体系的对抗。

按照网络空间对抗的效果，站在攻击发起方的角度，可以将网络空间对抗划分为以下 5 个层次。

- 第一个层次：获取数据、情报和知识。指通过各种手段，从网络空间中或通过网络空间获取数据、情报和知识。包括开源情报获取与分析、信号情报截取与处理、入侵目标网络信息系统以获取情报数据、入侵目标网络角色以获取情报数据，以及多源情报融合分析等。
- 第二个层次：中断、破坏网络空间运行。指阻止对手在指定时间内访问、操作或使用特定功能。包括对物理设备或基础设施实施限制、破坏或摧毁，对逻辑网络组件实施拒绝服务攻击，以及删除数据、修改配置、重置系统以使其无法正常运行等。
- 第三个层次：影响、改变网络空间运行。指使用欺骗、诱骗、伪造和其他类似的技术，以控制或改变对方网络空间或公共网络空间中的信息、信息系统或网络。被攻击的网络似乎仍可正常运行，但原有信息流程已被改变。包括孤立目标通信信号并伪造假信号，劫持系统、服务在不破坏功能的同时实现特定目标等。
- 第四个层次：造成网络空间之外的物理破坏。指利用网络空间内部组件对外部物理实体的控制，改变控制信息从而破坏受控实体及其功能。攻击者必须掌握对物理实体控制过程的数据和情报，并能准确运用相关知识，方可实现攻击目标。
- 第五个层次：影响特定个体/群体认知。指通过对网络空间内部各类元素的操作，影响网络拥有者、运维者和使用者的心理认知。包括通过宣示攻击实施心理威慑，通过口令攻击假借身份，利用网络角色散布舆论、实施欺骗等。

1.4.2 筑牢网络护城河

网络靶场中举行过的无数次攻防演练，都以真实对抗的结果表明，攻防是不对称的。

通常情况下，攻击战队只需要撕开一个点，就会有所"收获"，甚至可以通过攻击一个点，拿下一座"城池"。但对于防守工作来说，考虑的却是安全工作的方方面面，仅关注某个或某些防护点，已经满足不了防护需求。实战攻防演练过程中，攻击战队或多或少还有些攻击约束要求，但真实的网络攻击则完全"无拘无束"，与实战攻防演练相比较，真实的网络攻击更加隐蔽而且强大。

为应对真实网络攻击行为，仅仅建立合规型的安全体系是远远不够的。随着云计算、大数据和人工智能等新型技术的广泛应用，信息基础架构层面变得更加复杂，传统的安全思路已越来越难以适应安全保障能力的要求。必须通过新思路、新技术、新方法，从体系化的规划和建设角度，建立纵深防御体系架构，整体提升面向实战的防护能力。

从应对实战角度出发，对现有安全架构进行梳理，以安全能力建设为核心思路，在识别内外攻击面的基础上，分析风险根因，重新设计安全治理体系与安全实施方案，通过多种安全能力的组合和结构性设计形成真正的纵深防御体系，并努力将安全工作前移，确保安全与信息化"三同步"（同步规划、同步建设、同步运行），建立起能够具备实战防护能力、有效应对高级威胁、持续迭代演进提升的安全防御体系。

纵深防御之所以重要，是因为它包含了边界、隐藏、延缓、冗余和入侵容忍等很多安全机制与防护思想，为各种检测、响应和反制手段争取了宝贵的时间。我们可以利用"塔防"游戏来加强对纵深防御体系的理解。

在塔防游戏里，玩家需要建立自己的防御线，搭建各种防御塔，动用各种作战策略，不断升级，抵御对方一次又一次的攻击。在游戏中，对手可能会从无防区长驱直入，或者动用后推土机绕过我方防线，或者调用飞机攻击者穿透我方防御力量（见图1-16）。

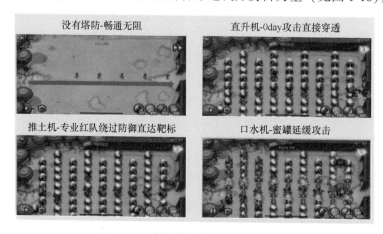

没有塔防-畅通无阻　　直升机-0day攻击直接穿透

推土机-专业红队绕过防御直达靶标　　口水机-蜜罐延缓攻击

● 图1-16　"塔防"防御体系概念图之一

如果玩家需要保护的阵地是一个网络空间，那他就需要避免简单的"马奇诺"式边界防护，而应该考虑如何从网络拓扑层面利用自己的先发优势排兵布阵，善用"迷宫"设施干扰、控制攻击者的攻击路径；基于Design of failure原则布控多道防线，每一道防线都针对能通过前一道防线进攻者的特点，精心设计防御手段；在重要路线上部署雷区，作为安全响应的"后手"；并针对从"迷宫"路径"逃逸"的飞机进攻者部署有效的防御机制（见图1-17）。

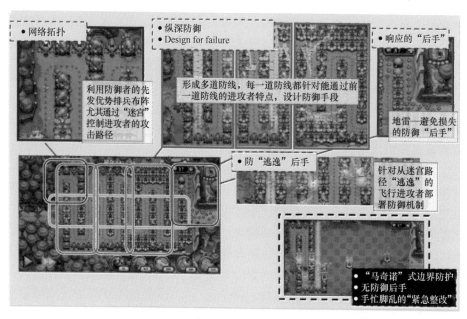

● 网络拓扑

● 纵深防御
● Design for failure

● 响应的"后手"

利用防御者的先发优势排兵布阵尤其通过"迷宫"控制进攻者的攻击路径

形成多道防线，每一道防线都针对能通过前一道防线的进攻者特点，设计防御手段

地雷—避免损失的防御"后手"

● 防"逃逸"后手

针对从迷宫路径"逃逸"的飞行进攻者部署防御机制

"马奇诺"式边界防护
● 无防御后手
● 手忙脚乱的"紧急整改"

● 图1-17　"塔防"防御体系概念图之二

在设计纵深防御体系的过程中，需要将网络安全防御相关的各种工作纳入一个整体的框架。美国网络安全研究机构 SANS 梳理出"架构安全–被动防御–积极防御–情报–进攻"五个大类，设计了网络安全"滑动标尺"模型。国内安全厂商在此基础上进一步提出了叠加演进的网络安全能力模型（见图 1-18）。

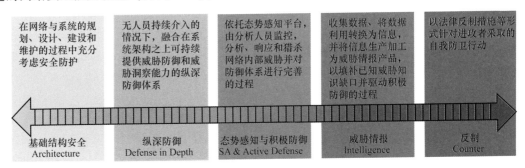

● 图 1-18　叠加演进的网络安全能力模型

该模型将网络安全能力分为基础结构安全、纵深防御、态势感知与积极防御、威胁情报和反制五大类别，并明确提出所有类别的能力都是一个完善的网络安全防御体系所必需的。从技术发展角度来看，这五大类能力在客观上有出现先后顺序，但是从实际对抗角度来看，各种类别的能力缺一不可，类别之间并不存在"升级替换"的可能性，而且必须叠加在一起持续演进才能同时确保有效性、完整性与先进性；从各类型能力所实现的价值来看，相互之间存在着支撑和依赖关系，只有较基础的能力得到完善落实了，较高阶的能力才能够得到基础保障；从企业建设实施的角度来看，较基础能力的建设条件会相对比较成熟，而随着建设进程的演进，较高阶能力才会具备建设条件。

上述叠加演进模型，较为全面地描述了一个具备动态综合特点的网络安全防御能力体系。但是在具体落实的过程中，需要注意"结合面"和"覆盖面"。

- "结合面"指的是网络安全防御能力与物理、网络、系统、应用、数据与用户等各个层级的深度结合。在体系规划及后续具体设计的过程中，需要基于"面向失效的设计"原则，在各个层级考虑如何结合网络安全防御能力，确保防御能力与实际情况紧密结合。
- "覆盖面"指的是要将网络安全防御能力部署到企业信息化基础设施和信息系统的"每一个角落"，力求最大化覆盖构成企业网络的各个组成实体，包括桌面终端、服务器系统、通信链路、网络设备、安全设备乃至人员等，避免由于存在局部的安全盲区或者安全短板，而导致整个网络安全防御体系的失效。项目规划与方案设计都需要基于实际的网络拓扑结构和系统部署架构，全面细致地考虑如何将防御能力部署到所有需要的实体节点之上，并在费用预算、人力资源配备和运维管理体系等方面进行充分考虑。

1.4.3　系统化攻防与全面战争

体系作战是信息时代的基本作战方式。基于信息系统作战体系的体系作战，有别于以往任何时代的作战方式，既不同于冷兵器时代的单打独斗，也不同于机械化战争时代的大兵团作战。主要表现在以下几个方面。

（1）单兵、平台和作战单元仅仅是作战体系的"触角"

单兵、平台和作战单元与背后的作战体系之间，过去联系是松散的，双方对抗表现为单打独斗。现在不同，有态势感知、信息支援和火力协同，产生了基于信息链式运动的作战要素之间的链式反应，表现为牵一发而动全身，即体系对抗。单兵、平台和作战单元只是作战体系向敌人前伸的"触角"，打仗的并不只是这些要素，而是整个体系在对抗，单兵、平台和单元的作战能力具有广阔的"纵深"。

（2）单兵、平台和单元在战场上将面临多方向、多对手威胁

单兵、平台、单元和体系之间，过去是独立的，各自按照事先明确的任务作战，双方对抗表现为孤军奋战。现在不同，有信息共享、通用结构和即插即用的一体化联合作战，单兵、平台和单元只是挂在作战体系上的一只只"蚂蚱"，战场网络上的一个个节点，可随时接入也可随时退出。对抗过程中，单兵、平台和作战单元面对的对手好像不是唯一的，自己被击倒的瞬间，可能还不知道这颗"子弹"来自何方。如果单兵、平台与体系对抗，再先进的平台、再优秀的战士，都将被体系"熔化"而无法取胜。

（3）基于目标打击序列的快速作战协同成为常态

单兵、平台、单元和体系之间的作战协同，由过去基于任务的协同变为现在的基于目标的协同，根据目标的威胁程度和价值排序，分布在战场上的所有单兵、平台、单元和体系联合采取行动，在第一时间摧毁最重要的目标。他们必须按照同一时序行动，统一授时、授时精度等问题破天荒地被提高到战略地位。作战协同的内容由战略、战役和战术向技术层面扩张，基于互通互联互操作的分布式作战，大大缩短了从发现到摧毁的时间，协同能力的差异成为决定作战胜负的关键因素之一。

（4）现实空间对抗与虚拟空间对抗同步展开

进入信息时代以来，军事体系对抗向虚拟空间拓展，网络空间成为重要战场，信息对抗已成为军事体系对抗的重要部分。同时，以"舒特"系统为代表的"离线"网络攻击武器，以对方电子设备、雷达、通信或己方预置传感器等天线为入口，采取无线电接入、程序代码嵌入等方式，侵入对方计算机、通信系统和军事网络，实时窥测对方雷达屏幕信息，实施干扰和欺骗，完全控制对方雷达系统，甚至引导飞机、导弹进行物理摧毁，从而从根本上动摇了"物理隔绝的封闭网络不会受到外界攻击"的传统理念。

同时，网络战在"整体战争"中的作用与地位越来越发挥出其独特的优势。

（1）破坏指挥信息系统，影响指挥决策

随着军事网络化的发展，军队指挥信息系统建设方面有了很大的提升，满足了现代化作战的要求，但同时也带来了一定的风险。战时，指挥信息系统一旦被侵入并修改，将虚拟现实成果技术植入指挥控制信息系统中，将其战术佯动的假情报、假决策和假部署传输给我方，诱导我方判断失误。向指挥官和士兵发布假命令、假指示和假计划，屏蔽或欺骗我方情报系统，以改变作战意图，影响高层的智慧决策。一旦对方阴谋得逞，会干扰指挥机关的指挥控制行动，使其陷入处理各种复杂信息的事务性工作中，不能集中精力处理有关作战的重大问题，影响削弱指挥作战，使我方在战略战术上不能占据有利态势，甚至直接影响到整个战役的成败。

（2）渗透军事信息网络，获取军事情报

网络战大大拓宽了情报的获取方法和渠道，对方可通过破解程序密码，直接或间接进入军事信息网络或军用计算机，获取军事斗争决策、军事力量部署和装备性能参数等军事情报，对被攻击方造成极大损失。同时，由于可以对所窃取的信息进行加密来掩盖痕迹，被攻击方将无法及时察觉网络攻击行动。更有甚者，将永远无法获知对方窃取了哪些机密信息，造成的后果是无法想象的。

（3）侵入武器控制网络，削弱作战能力

近年来，随着武器装备的不断更新，武器的自动化程度越来越高，很多武器控制系统由计算机智能控制，如果对方侵入武器控制网络或通过控制带有"预设"后门的计算机、数字信号处理器和大规模集成电路的武器装备，使飞机、导弹、坦克和雷达等武器系统按照自己意图操作或因程序错误而发生自行爆炸、自我摧毁以及相互残杀等，达到摧毁武器平台、削弱作战能力的目的。

（4）瘫痪空防作战系统，降低作战效能

对方可利用空防作战系统的网络"后门"漏洞，将网络病毒或分布式拒绝服务等工具远程植入或无线注入空防作战系统，在关键时刻使病毒发作，侵害系统软件，使整个系统瘫痪。通过"破网"破击战场信息网络，瘫痪被攻击方指挥信息系统和信息基础设施，降低情报支援能力和战场信息情报感知能力，使被攻击方作战力量难以有效聚合，从而使整个空防体系要素分离、功能分散、结构坍塌，难以实施有效作战。

第 2 章　深入理解网络靶场

"八百里分麾下炙，五十弦翻塞外声。沙场秋点兵。"

——辛弃疾《破阵子·为陈同甫赋壮词以寄之》

从全球范围看，网络靶场是 21 世纪兴起的网络安全基础设施。在国内，近 10 年来，网络靶场作为实验、训练环境逐步得到国家、行业的重视，其系统形态、能力类型与应用场景也越来越丰富，不断发挥出更大的价值。本章试图通过第 1 章讨论的各类网络对抗问题，引导读者进入网络靶场领域，将网络靶场作为多方面网络空间安全挑战的研究环境与实验工具，考虑其构建路径与使用方法。

2.1　网络靶场概述

本节简要梳理了网络靶场建设背景与发展历程，给出网络靶场的定义，对其内涵下外延作了详细的阐述。

2.1.1　网络靶场的起源与发展

传统意义上的"靶场"，是指军队或体育队中训练射击的场地，后来也指试验武器或弹药的区域或场所。

譬如我国的朱日和合同战术训练基地就是一个典型的现代化战术训练基地。

网络安全的核心内容是"攻防对抗"。攻防对抗就需要做人员、工具、技术和战术等诸多方面的准备，攻防双方为提升行动能力，控制活动成本，使己方利益最大化，这就催生了类似于传统靶场的环境设施需求。

这种需求可以简单到支撑常规测试的普通软硬件运行环境，也可以复杂到类似美国 NCR 的超级平台，如图 2-1 所示，甚至形成跨国靶场之间的联网，实施国际网络作战协同训练、评估和演习。或者类似贵阳国家大数据安全靶场，依托蓬勃发展的大数据产业环境，重点建设面向城市网络空间真实目标的安全防护与应急响应能力，利用数字孪生技术构建虚实结合的靶标场景，不断探索分布式靶场互联互通协同机制，形成自己的发展特色。

在科研领域，由于计算机网络技术的泛在影响，没有哪个学科能脱离 ICT 技术的发展驱动力，数学、物理学、化学、经济学、社会学、生物学和心理学等，概莫能外。网络作为数字世界的一种超然存在，值得人们对其原理与技术进行深入研究，也值得对各类应用了数字化技术（如社交网络、区域链、人工智能和大数据）的细分领域开展学术活动。因此，超大规模网络仿真与验证环境在近几年得到国家重视。例如，深圳鹏城实验室牵头建设的国家级网络靶场侧重于网络靶场体系结构与关键技术研究。江苏省未来网络创新研究院牵头的国家重大科技基础设施项目——未来网络试验设施（CENI）骨干节点涵盖包括南京、北京、上海和天津等 40 个重要城市，建设了 88 个主干网络节点、133 个边缘网络，并通过国际交换中心实现了与互联网以及国际网络试验设施的互联互通，打造了一批开放、易用和可持续的大规模通用未来网络实验设施和环境。这些环境也可以统称为"网络靶场"。

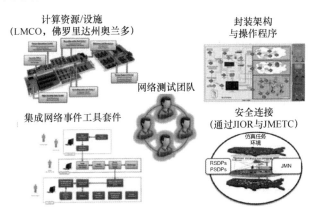

● 图 2-1　NCR 的核心构成

2.1.2　网络靶场的概念

网络靶场是指通过虚拟环境与真实设备相结合，模拟仿真出真实网络空间攻防作战环境，能够支撑网络空间作战能力研究和网络战武器装备验证的试验平台。网络靶场属于网络空间安全在实战研究、技能训练以及科研验证环境方面的发展创新，既借鉴了传统军事领域演训环境的概念，又基于网络空间安全自身需求，进行了内涵与外延的拓展。

由于网络空间安全需求的多样性，驱动网络靶场发展形成了模式与功能多样化的特点。譬如根据靶标构建技术的不同，有仿真靶场、虚拟靶场与实网靶场等。根据靶场功能用途来分，有测试靶场、演训靶场和科研靶场等。

万变不离其宗，作为网络靶场有如图 2-2 所示的几个元素是不可或缺的。

（1）复杂环境

网络靶场应具有复杂的靶标场景与配套的运行环境。网络靶场区别于简单测试环境的一个重要维度是复杂度，多样性、完整度和规模化是衡量复杂度的主要指标。

（2）等效功能

靶场作为特殊的使用环境，一般不等同于真实的业务环境，但我们期望在该环境中执行各项任务所输

● 图 2-2　网络靶场的关键组成要素

出的结果，具有与真实业务环境相同的效果，即等效性。很大程度上，靶场的等效性需要靶标场景的真实性或等效性来予以保障。

（3）风险管控

由于靶场业务的特殊性，其自身的网络安全和数据安全极端重要。根据靶场的功能定位和数据范围，应参考网络安全等级保护制度要求部署相应安全级别防护措施，并在条件允许情况下，适当提高相应的防护等级。同时，应从技术、管理和运营三个方面构建网络靶场的安全架构，形成纵深防御体系，构建数据安全防护能力、业务端点防护能力、高级威胁检测能力、安全态势感知能力、威胁情报分析能力和威胁对抗反制能力等主动安全保障能力。

（4）体系对抗

体系对抗是指靶场中具备网络空间安全的多种要素、多种力量、多种手段的有机组合，以还原真实网安世界的多元化与复杂性。譬如，2017年美军举办的"网络旗帜"演习中，英国、澳大利亚、新西兰、加拿大等"五眼联盟"国家都有代表参加。2017年的电网GridEx Ⅳ演习中，除了公私电力部门、政府机构以外，水利、金融、通信等其他关键基础设施部门也首次参与了该演习。2018年的北约"锁定盾牌"演习中安排了真实的媒体和法律专家参与，西门子公司、爱立信公司和爱沙尼亚系统公司等基础设施供应商也参与了演习。

（5）评价体系

网络靶场毕竟是用于现实网络安全事件之外的一种"事前"预演或"事后"复盘环境，对其全过程进行数据记录，并参与靶场业务的各方、各环节进行评价分析，才有利于促进网络靶场活动质量与业务水平不断提升。因此，完善的评价体系是网络靶场的基本要求。

（6）运营模式

很多人从用户的角度了解靶场，或者从技术的角度研究靶场。但真正推进靶场迭代更新、持续发展的是其运营模式。历史上出现过很多网络靶场，但大多数靶场仅作为纯粹的"成本单元"而存在，经过最初的建设预算投入之后，虽然建成了一些环境，产生了一些效益，但随着时间的流逝，靶场的软硬件需要不断更新，而建设方的投资意愿会急速降低，最后大都不了了之。反之，如果一开始就设计了良好的运营模式，靶场建设的投入能通过运营活动得到持续的回报，则靶场将保持持续的生命力，在安全事务中发挥独特的作用。

2.1.3 国内外网络靶场

在网络靶场建设方面，美国走在了世界前列，除建成多个小型网络靶场外，已开展国家级的网络靶场建设。在美国国家网络靶场的影响下，英、德、俄、日、韩等国均建设了同类项目，成为支撑网络空间安全技术演示验证、网络武器装备研制试验的重要工具。

网络靶场的发展可大致分为三个阶段。

第一阶段是21世纪初期针对单独的木马类攻击武器建立的实物高逼真型靶标时期。在此阶段，各国以常见的靶标软硬件平台为目标，建立尽可能逼真的靶标平台，用于测试己方武器，主要包括早期的蜜罐系统、木马检测系统和"僵尸"工具圈养系统等。

第二阶段是2005年左右开始的小型虚拟化互联网靶场时期。在此阶段，云计算、软件定义网络等虚拟技术是主流技术，模拟真实互联网攻防作战的虚拟环境是各个国家的主要目标。主要包括：2005 年美军联合参谋部组织建设的"联合信息作战靶场"，2009 年美国国防部高级研究计划局牵头建立的"国家网络靶场"，2010 年美军国防信息系统局组织建设的"国防部网络安全靶场"，2010 年英国国防部正式启用了由诺斯罗普·格鲁曼公司研制的"网络安全试验靶场"，此外，日本的 StarBed 靶场系统、加拿大的 CASELab 靶场系统、英国的 SATURN 靶场系统都属于这一阶段的建设成果。

第三阶段是 2014 年左右开始的支撑泛在网的大型虚实结合网络空间靶场时期。在此阶段，各国纷纷开始研究虚实结合的网络空间靶场技术。主要包括：2014 年美国国家靶场支持移动计算设备；2014 年 6 月，北约在塔林建立 NATO 网络靶场，支持工控网的攻防测试，2015 年 7 月；欧洲防备署批准建立网络攻防测试靶场。

以美国为代表的发达国家在网络靶场领域具有先发性与领先性，随后全球其他国家快速跟进，我国属于后发国家。

1. 美国靶场建设情况

美国高度重视国家网络靶场建设，并一直处于领先地位。其"国家网络靶场"项目由国防高级研究计划局负责组建，通过构建可靠的互联网模型，用来进行网络战争推演。该项目于 2009 年 1 月启动，2011 年 10 月完成原型开发，之后连续多次成功应用在代号为"Cyber Storm（网络风暴）"的大规模实战演练中，取得了良好的效果。美国国家网络靶场的最终目的是保护美国的网络安全，并能展开在线攻击。

美国靶场发展历程如下。

（1）烟囱项目期

从 20 世纪 60 年代起，美国各军种斥巨资兴建大型的综合性试验靶场，且靶场数量与规模激增，形成很多内容雷同、功能单一的"烟囱式"靶场项目。20 世纪 70 年代，美国国防部又对原有试验靶场设施进行全面审查，从中遴选出 26 个试验场作为国防部重点试验靶场。2002 年裁减为 19 个重点靶场与试验设施基地，2007 年为提高试验能力，又重新调整试验资源配置、明确专业分工，将重点靶场与试验设施基地增加至 24 个，作为重点投资建设对象。重点靶场和试验设施基地项目的实施极大地推动了美军试验靶场的建设速度和质量，为信息化联合靶场建设奠定了基础。

（2）联合建设期

美国靶场的发展有两个非常明显的方向，即靶场基础设施和试验技术的改进、试验设施和试验资源互联互通与互操作程度的提高。1992 年，美国国防部明确提出靶场试验的互联、互操作。1994 年，美国国防部明确建立旨在使各靶场、试验设施、仿真资源之间互操作、可重用、可组合的"逻辑靶场"，使"烟囱式"分布的靶场集成为一个靶场联合体，即"联合试验与训练靶场"。1995 年，美国国防部试验与评估投资中心项目办公室正式发起三军联合的"试验与训练使能体系结构"技术研发项目，目的是为"逻辑靶场"建设提供技术支撑。1997 年，美国国防部制定了"联合试验和训练靶场路线图"，为促进"逻辑靶场"的实现制定了靶场系统建设的宏观决策和战略规划。1998 年，美国国防部的"建模与仿真高层体系结构""联合先进分布式仿真联合试验与评估"项目取得成功，确认了不同地域的靶场、设施、试验室及仿真资源的"无缝"集成和进行联合试验训练的可行性。联合试验训练靶场建设是靶场信息化建设的必然产物，它顺应了靶场发展的客观规律，反映了美军装备试验模式的深刻转型。

（3）国家统筹期

随着信息技术与网络技术的发展，利用网络攻击网络已经成为一种新的作战样式，对国防安全构成极大威胁。为了加强网络战攻防试验，应对美军对网络战的需求，2008年1月，时任美国总统小布什签署"国家网络安全综合计划（Comprehensive National Cyber Security Initiative，CNCI）"。国家网络靶场（National Cyber Range，NCR）是该项目的重要组成部分，由美国国防部先进研究项目局（Defense Advanced Research Projects Agency，DARPA）负责管理，靶场建成后为美国国防部、陆海空三军和其他政府机构服务，如图2-3所示。

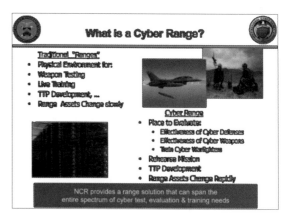

● 图2-3　美国国家靶场的官方介绍资料

NCR项目是美国国会向DARPA直接下达的70年来的唯一项目。NCR具备的能力主要包括：重现大规模军用网络和政府网络的能力；重现商用无线网络、战术无线网络及控制系统的能力；支持不同等级环境下的计算机网络防御、侦查和攻击测试的能力；支持成千上万的虚拟和实际测试节点，并能提供自动测试的能力；根据测试单位的需要和资源的可行性，测试个人计算机安全和大规模网络安全的能力；真实复制相关用户行为及弱点的能力；高度仿真国家级攻防对抗的能力；加速或减缓相关测试时间的能力；通过集成、复制或模拟技术，测试主机系统安全、网络安全工具和套件的能力。封闭或隔离测试数据的能力；开发与部署创新性网络测试的能力等。

NCR项目的参与方主要为BAE系统公司、通用动力公司和约翰霍普金斯大学应用科学实验室等企业和机构，此外也涉及了大量网络安全企业、学术机构和商业实体。NCR项目以真实的网络作战环境为模拟对象，以各种网络、电子战手段为技术对抗对象，通过模拟真实环境的演练实现网络战实力的提升，为美军网络战攻防试验能力带来革命性的飞跃。

2. 其他国家情况

日本提出了"StarBED（星平台）"系统规划，由日本情报通信研究机构于2002年主导研制，主要提供大规模的网络试验环境，用于评估真实场景下的新技术。项目初期构建了512个主机与服务器节点，经过2006—2011年的SarBED2、2011–2014年的StarBED3（StarBED Cubic）迭代升级，截至2014年，在用的实验组总节点数达到1398个，数据存储量为60TB，建设形成大型仿真试验台，为新一代ICT系统的处理和研发生命周期支持设定目标，并规划与JGN-X形成协作。2016—2020年为StarBED4（StarBED Force）阶段，重点在评估环境中引入物联网设施，包括移动终端、传感器等相互连接的实物设备，以及温度、磁场和人类行为等重要因素。2021年4月开始建设的StarBED5（StarBED Fifth）目标是建立一个CyReal环境，实现模拟环境、仿真环境和真实环境下部件的无缝连接，并可修改每个部件的抽象级别，达到理论评价与实际运行的一致性。

英国于2010年全面启动国家级网络实验靶场（FCR）建设。该试验场由美国诺斯罗普·格鲁曼公司搭建，系统和硬件设施设计复杂，与互联网物理隔绝，可以实现模拟大型复杂网络与互联网用户行为，并在安全可控的试验环境下进行基础设施生存能力和可行性方面的网络试验及评估。该试验场可以与诺斯罗普·格鲁曼公司在美国马里兰州建立的美军"网络空间解决方案中心"，以及全球其他网络实验室互联，以增强网络模拟能力，进行全球范围内的网络攻防试验。与此同时，在路由器、交换机、服务器、防火墙、监测设备和无线系统等方面都尽可能重现真实互联网应用场景，网络战人员可以方便地在这个环境中反复演练入侵和防御手段，并将相关数据生成报表，用于学习总结和展现。

澳大利亚的网络测试靶场项目于 2012 年 10 月启动，由美国诺斯罗普·格鲁曼公司为澳大利亚新南威尔士大学、澳大利亚国防学院堪培拉校区建设，主要用于澳大利亚军事网络技术的发展、测试和评估。

加拿大国家仿真实验室也建立了相应的项目开展类似的工作，由维多利亚大学计划开发，在完全可重复的实验条件下对真实世界大规模网络系统行为进行虚拟仿真，从而支持对互联网新技术（武器）的鉴定和评估。

3. 重要的商业网络靶场

Breaking point 是英国 IXIA 公司的网络靶场系统，它支持流量生成和仿真，以创建一个互联网规模的网络靶场环境。Breaking point 中对互联网环境仿真包括目标仿真、漏洞仿真、逃避仿真和流量仿真，并且还包括互联网 IPV4 和 IPV6 基础架构、企业和 IT 服务、人口和国家用户群，用于数据泄露保护（DLP）的相关数据、移动用户群等仿真。

IBM 的商业化网络靶场主要经历了两个阶段：部署在 IBM 总部的网络靶场（X-Force[⊖] Command Cyber Range）和移动式网络靶场（X-Force Command C-TOC）。2016 年 11 月，IBM 安全部门投资 2 亿美元，在美国马萨诸塞州剑桥市建立新的 IBM 全球安全总部，并在该总部设置 IBM 的网络靶场，该靶场部署在一个封闭的网络中，模拟了一个虚构的公司，该公司由 1PB 的信息、3000 多名员工/用户、一个可能遭受攻击的内部网络和模拟互联网组成，通过构建真实场景来进行实时恶意软件和安全事件应急的培训教育。该靶场的成功之处是为参训人员提供了具有沉浸式真实体验的演训感受。

基于 X-Force Command Cyber Range 靶场的良好体验，同时为了满足不同地域客户使用的需求，IBM 花了一年半的时间建立了一个定制的移动网络靶场或网络战术运营中心（C-TOC）。2018 年 10 月 15 日，在美国纽约布鲁克林区举行的 IBM 安全峰会上，IBM 演示了业界首个基于牵引式联接车内部的移动安全运营中心的功能，如图 2-4 所示。IBM X-Force Command C-TOC 获得了 2018 年的爱迪生奖，以表彰其在技术创新、新产品和服务开发方面的卓越表现。

● 图 2-4　IBM X-Force Command C-TOC

4. 国内靶场建设情况

我国网络靶场建设和应用与数字化进程息息相关，目前正处于快速发展阶段。种类丰富

⊖　IBM X-Force 的前身是 ISS（Internet Security System Inc.），成立于 1996 年，是业内领先的安全公司，于 2006 年被 IBM 收购。（https://www.esecurityplanet.com/products/ibm-xforce）

的靶场设施不仅广泛存在于科研院所与高等院校，随着各行业企业对网络安全投入的增加，头部企业已开始重视网络靶场在具体业务场景中的使用，以解决各自面临的网络安全挑战。当然，不同行业单位建设的靶场，从功能形态、应用场景和使用模式上存在着极大的差别。如校园靶场侧重于为信息安全、网络安全专业师生提供专业教学的支撑，或者是科研机构与实验室的科研创新平台；当靶场作为行业专用试验场时，其主要功能是研究电子信息对抗与仿真技术、为行业产品进行试验及检测等。总体来看，我国现有的网络试验环境或测试床总体规模还比较小，网络靶场的需求正在快速上升，提供专业化程度较高的靶场平台产品、靶场运营服务的厂商与机构也在不断增加。贵阳靶场、鹏城靶场等全国多个城市靶场，以及涉及能源、金融、交通和工控等关键信息基础设施行业的网络靶场已在发挥重要的安全支撑作用。

2.1.4 网络靶场的发展方向与新兴技术应用

近年来，因为国内外网络安全形势的严峻性使各国在"实战型""智能化"网络靶场方面的进展非常迅速，在一定程度上代表着网络靶场的发展方向。

网络靶场，尤其是高级别的实网靶场与综合靶场，首先需要解决靶标场景的真实性问题。如果将实网靶标应用于网络攻防实战演练或实训实测中，则存在安全管控的巨大挑战；如果使用虚拟仿真等技术解决该问题，则会出现其他一系列相关问题。

首先，针对"实战化、体系化、常态化"要求，实网靶场需要规避传统网络靶场平台存在的六大现实问题。

- 仿真靶标滞后性与现实目标渐变性的矛盾。
- 仿真靶场局限性与现实网络复杂性的矛盾。
- 仿真环境通用性与关键设施差异性的矛盾。
- 靶场架构固化性与现实威胁多样性的矛盾。
- 靶场能力单纯性与体系对抗综合性的矛盾。
- 靶场建设艰巨性与现实需求急迫性的矛盾。

其次，为达成面向实战的网络靶场建设目标，还需要重点解决以下八大技术挑战。

1）推动网络靶场技术、演习训练模式从仿真模拟时代迈入实网对抗时代，突破传统产品形态，创新一种面向网络空间真实目标、实施真实对抗、推动全社会网络安全水平提升的社会化网络安全能力的复杂环境与综合体系。

2）靶场架构需在确保系统自身安全可靠与攻防过程严格可控的前提下，最大限度地发挥攻击方的主动性与攻击能力。

3）网络实战攻防演练产生大规模平台用户活动与海量攻击流量，需解决实时分析、实时建模与实时管控难题。

4）国家级网络实战攻防演练，需体现国家级网络攻防对抗能力，需解决如何利用安全大脑能力实现 APT 级别技战法支撑的难题。

5）常态化攻防演练积累了海量攻防数据，需解决挖掘利用的难题，以不断提升对抗水平，并发展出具有自动化、智能化特色的攻防技术。

6）攻防演练检测出防护体系和安全产品的技术缺陷与能力短板，需要解决如何完善安全产品技术标准、推动安全行业发展的难题。

7）解决国家级网络实战攻防演练所需的"挂图作战"指挥调度问题。

8）探索超大规模社会协同与社会动员在网络安全领域的应用模式。

上述八大挑战是成功研制实战型网络靶场的关键。靶场建设单位需以"理论指导技术、技术创新平台、平台支撑实战"为路线，聚焦靶场架构与关键技术，进行研究创新。

网络靶场通过应用新兴技术以及反向应用于新兴技术而获得持久的生命力。

首先，云计算、软件定义网络、大数据、人工智能和量子技术为现代网络靶场注入了源源不断的发展动力。如前所述，网络靶场在发展过程中遇到大量基础理论、实现技术与应用模式问题的挑战。需要用面向未来与实事求是的思维应对这些挑战，尤为重要的是需要大胆引进新技术，通过突破技术的边界来解决新问题。网络靶场的海量计算资源、存储资源与网络资源可以用云计算技术来管理，其"快速构建、弹性配置"的需求可以用软件定义网络（SDN）来满足，其"智能分析、自动攻防"的能力需要大数据与人工智能技术支撑，其"分布联网、安全通信"的要求可以引进量子通信实现安全保障，从而实现网络靶场向"智能化"发展阶段迈进。

其次，新技术、新应用迫切得到网络靶场的实战验证，可以把这类靶场攻防能力在新兴领域的应用称为"新兴网络靶场"，定位于依托当前及未来网络新技术，如下一代移动通信、物联网、车联网、无人机、智能家电、卫星网络和量子技术等，构建具有一定前瞻性试验性质的虚实一体网络靶场，为预研未来网络安全新态势和网络对抗新技术等提供环境和设备支持。

2.2　战略、战术与战法中的算法

在网络靶场的攻防对抗中，决定红蓝双方胜负的，很大一方面是各自所处的 IT 环境以及目标自身的安全性在内的各种客观条件，很大程度上取决于攻防双方的"能动性"，这种能动性给靶场活动带来了几乎无限的可能性与极大的不确定性。这是网络靶场的业务难点，但也是其魅力所在。本节重点从战略模型、战术决策、策略分析和技战法运用的角度展开讨论。

2.2.1　战略模型

网络对抗中，决定胜负的要素非常复杂。假设我们将所有要素与要素间关系全部梳理清楚，集成为"网络战场"，那么，这个"战场"无疑将构建在网络系统和信息系统的基础之上。我们要利用网络靶场研究网络对抗的"决胜之道"，就需要使用多种理论方法与实用技术分析网络中信息的流动、易受攻击的影响程度、易受攻击节点的确定及潜在威胁的存在与定位。对这些研究对象实施纯粹的人工分析是非常困难，甚至是不可能的，这里可以借鉴"战场网络战"的思想方法。战场网络战的理论和实践研究有一套行之有效的分析方法，先对网络战原型系统进行建模并构建分析平台，再在建模和分析的基础上，为用户提供网络受到有效攻击的预测，以及为确保网络和信息的安全性、可生存性和可恢复性采取的相应措施建议。

战场网络战建模的关键在于展示战场网络战的作战过程及效能，而战场网络战建立在网络系统和信息系统的基础上，是以既能保证己方信息畅通又能预测敌方攻击，并在此基础上获得信息优势为目的的，因此，建模工具应提供如下功能。

- 网络结构的可视化：网络拓扑结构和网络中信息流的可视化建模。
- 易受攻击性分析：针对关键节点，用人工和计算机辅助分析的方法确定一个以信息为基础的过程易受攻击程度。
- 信息流/指控流分析：评估一个攻击对局部或全部信息流/指控流的影响程度。

我们可以将战场网络系统的基本模型分解为功能模型、物理模型和信息模型。

1）功能模型描述系统的功能结构以及系统子功能之间的信息和对象关联。为了描述战场网络系统的功能架构建模，需要引入三个概念，即功能、功能建模和功能分解。功能是指系统和具体实现方式无关的行为抽象单元，即描述系统干些什么，而不考虑具体使用什么样的实际系统来完成；功能建模通过绘制系统的功能，以及功能之间的接口图来实现。如图 2-5 所示，功能用矩形表示，功能之间的接口用箭头表示，表示功能单元需要或产生的对象或信息。输入箭头显示执行该功能所需的信息或对象类型，输出箭头显示功能完成后所产生的对象和信息，控制箭头描述支配功能执行的条件或环境，机制箭头描述执行该功能的人或设备；功能分解是指将一个大的功能单元进一步细化，各个子功能之间的接口关系通过连接表示该子功能的矩形的相应箭头来表达。

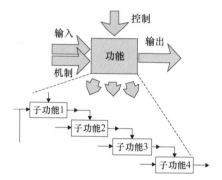

● 图 2-5　战场网络系统功能模型的功能单元

如图 2-6 所示，某战场网络信息系统的功能可分解为侦察、评估、指挥、控制、协同作战和通信 6 个功能单元。

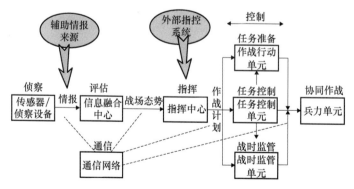

● 图 2-6　战场网络信息系统功能模型

首先，指挥官需要对战场态势有全面的了解，因此需要借助各类传感器设备（如雷达）搜集战场情报。其次，评估功能单元对搜集来的大量情报数据进行分析，产生一个全局的战场态势数据。该集成态势以一种特定的格式被提供给指挥单元，指挥中心进一步分析和评估该信息，依据作战目标确定可能的攻击对象和实施该攻击所采用的作战工具。在控制功能单元，指挥中心以作战计划的方式分发其关于攻击目标和所使用武器系统的决策，并监控作战行动的执行。在最后一个功能单元中，被下达命令的作战单元针对指派的攻击目标执行作战任务。通信功能贯穿在前 5 个子功能之间的数据和信号传输过程中。

2）物理模型提供信息存储和信息传播的途径。物理模型包括物理功能模型和物理拓扑模型。其中，物理功能模型描述实现系统各子功能的实际物理系统，物理拓扑模型描述这些物理系统节点之间的网络连接关系，提供网络和各节点物理连接依赖关系的表示方法，给出信息存储和信息传播的途径。

物理功能模型描述实现系统各子功能的实际物理系统。物理拓扑模型描述这些物理系统节点之间的网络连接关系。

还是以战场网络战为例。战场网络战的物理拓扑模型是由计算机、通信网络、基础设施以及通信节点组成的基本连通性模型。战场网络战的抗毁性描述了网络在人为破坏作用下的网络可靠性，它假定"破坏者拥有关于网络拓扑结构的全部资料，并采用一种确定的破坏策略"，网络抗毁性的实质是研究网络拓扑结构的可靠性。例如，对于参与网络作战的专用通信网，网络的抗毁性可以理解为至少需要破坏几个节点或几条链路才能中断部分节点之间的通信，即破坏一个通信网的困难程度。可见，通信网络的抗毁性是对通信网络在部分链路或节点被毁之后能保持其原有通信能力大小的度量。

构建网络拓扑模型的作用除了用于分析战场网络战的连通性和抗毁特性，还可以用于分析战场网络战节点和链路的重要性。

3）信息模型描述网络节点的信息资源和传输信息的过程。信息模型应建立在功能模型和物理模型的基础上，包括静态的信息值模型和动态的信息流模型两部分。

为了表示及评估系统中信息丢失、毁坏甚至被完全操纵的程度，建立一个描述网络中节点信息资源的模型是必要的。信息值模型是建立在网络拓扑基础上的信息资源模型，它描述了各网络节点的信息资源及各节点间的信息依赖关系。信息值模型定义了一个静态信息层，是在物理模型基础上的一个更高层次的增值信息模型。

如图 2-7 所示，将战场信息网络按照自顶向下的层次分为网络、节点/链路和服务层：网络由节点和链路组成，节点上运行着 1 个或多个服务，也可以抽象为一种"组成"关系，节点上服务的实现依赖信息链路进行数据或者信号的传输。信息网络中的链路是虚拟的，对应着由物理拓扑模型中的多个通信节点和通信链路构成的一条通路。

基于网络、节点、链路和服务这 4 种构成元素，战场信息网络如图 2-8 所示。

一个节点上运行着多个不同服务，不同节点之间的相同服务通过特定的链路进行信息传输，从而形成该类服务的信息网络。需要指出的是，图中两个节点上不同服务之间的数据（信号）传

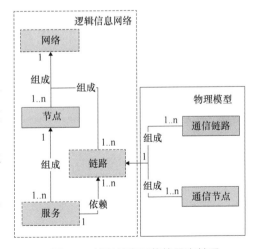

● 图 2-7　战场信息网络的层次关系

输虽然用不同链路表示，它们在物理上可能是同一条物理通路。可以根据自底向上的原则，采用定性与定量相结合的综合评估方法，给出服务和节点的信息值计算模型。

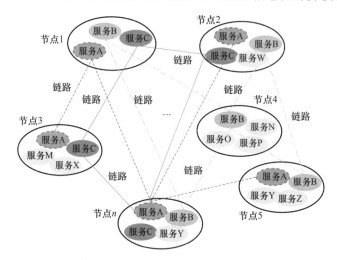

●图 2-8 战场信息网络的信息系统构成

上述各模型之间的关系如图 2-9 所示。功能模型和物理模型的叠加产生系统的静态可操作模型，静态可操作模型和信息模型的叠加产生系统的动态可操作模型。

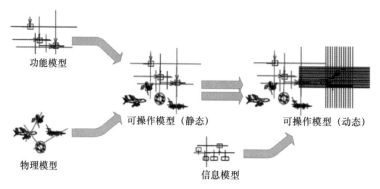

●图 2-9 网络战场各模型关系图

2.2.2 战术决策与策略分析

从战术角度看，相比于传统战争，网络战具备以下特点。

1）网络中心战，即围绕网络构筑一个贯通物理空间和网络空间的立体化进攻与防御体系，并以网络作为指挥的核心和控制的中枢。以此为标准，当前的网络战可能还处于战争形态的转型期，并非是成熟态的网络战。

2）通过网络战的方式，也将实现由不可控战争向可控战争的转变。传统战争的交战双方对于战争规模、战争进程和战争后果都无法做出控制，因此传统战争常常旷日持久且伤亡惨重。而网络战将变成一种高度可控的战争，通过战略设置和战术安排，战争双方可以对战争的规模和进程做出调整，在实现自身目的的前提下将战争的破坏力降到最小。

3）由军人战争向全民战争转变。网络战的参与方更加宽泛，包括国家、组织乃至个人都可能成为网络战的发动者和打击对象。尽管未来有组织的大规模网络战争将逐渐取代无组织的小规模网络攻击，但个人和民间机构依然可以在网络战中发挥重要作用。

4）有限战争逐渐向"更有限"的战争转变，战争的惨烈程度下降，战争的人道主义程度上升，国家之间更倾向于利用非杀伤性手段取得战争的胜利，因此网络战往往成为首选的形式。

在战术上，以下方面会对网络对抗的策略形成极为重要的影响。

1）地理因素对于战争的影响不断减弱。在传统战争中，地理是一个至关重要的影响因素，有时甚至能够决定战争的成败。在网络战中，地理因素的影响效果相对弱化。同时，由于网络消除了地理距离上的差异，传统作战中前方和后方的概念在网络战中也已淡化，任何一个地方都可能成为网络战的攻击目标。

2）很难区分战时与平时。不同于传统战争，网络攻击行为可以即时生效。因此，网络战攻击可能发生在任何时间。同时，相比物理空间中战争的旷日持久，网络空间中的战争持续时间往往非常短暂，战争可能在瞬间爆发，又可能在瞬间结束，故而很难区分平时与战时状态。

3）攻击与防御成本常常不对等。传统战争中，一般来说，主动攻击的一方通常需要投入较多的力量，战争成本较高。而防御方可以利用种种优势以逸待劳，战争投入较低。但是，在网络战场中，情况正好相反。网络攻击武器的造价低廉，发起攻击的成本很低。同时，攻击方常常匿名，且拥有主动退出战争的自由。而防御方不管如何努力，其构筑的网络防御体系（包括网络中的计算机软硬件、组织、个人，以及安全制度等）却永远存在未知的漏洞。一旦为敌人所利用，精心构筑的防御就会一触即溃。因此，网络战通常都是易攻难守，重攻击而轻防御便成了当前网络战中的普遍现象。

4）军事与非军事的界限逐渐变得模糊。网络战缩小甚至抹平了以往军队和平民在武器装备上的巨大差距。所以，网络战在很大程度上是一场"全民战争"，任何一个个人或民间团体都有可能发起一场极具破坏力的网络战争，军事行动和民间攻击行为由此变得更加难以区分。同时，网络军事行动也不再单单瞄准军事目标，还极有可能指向民用网络设施。

2.2.3 技术与战法

如同人类掌握的技术决定了我们生活在哪个历史时期，在网络对抗中，攻防双方所处的技能"段位"，在很大程度上会影响或限制最后实施时所能采取的战法。

图 2-10 所示为攻击者可能采取的各种"可能性"。但所有可能性，不管是针对战术上的"攻击点"还是"威胁入口"，以及针对组织上的"攻击者"与"潜在攻击者"来说，最难突破的就是技术。

当然，网络对抗技术从未停止过演进与突破。早期"宏病毒""脚本小子""钓鱼邮件"使用极其简单的攻击手段，就可以在互联网上肆虐多年，后来的恶意代码在对抗中演变得越来越复杂，如静默安装、分步组装、加密加壳、指令混淆、延时触发、跨网攻击和虚拟机对抗等技术。

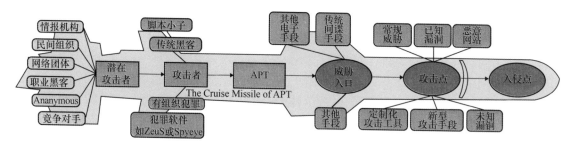

● 图 2-10　攻击者的各种可能性

再好的技术，没有精心策划的战术配合，攻击效果也将大打折扣。传播策略、隐身策略、社工策略、潜伏策略和收割策略等，都是攻击者不断变化的重点。

基于历史上重要网络安全事件的分析总结，业界对网络攻防常用的技战术模型进行归纳积累，逐步发展成了 ATT&CK 技战术库，如图 2-11 所示。

ATT&CK（Adversarial Tactics Techniques and Common Knowledge，对抗性策略、技术和通用知识）是由美国的一家非营利研究机构 MITRE 提出的一套反映各个攻击生命周期的攻击者行为模型和知识库。ATT&CK 在网络安全杀伤链 Kill Chain 模型的基础上，对更具观测性的后四个阶段中的攻击者行为，构建了一套更细粒度、更易共享的知识模型和框架，并通过不断积累，形成一套由政府、公共服务企业、私营企业和学术机构共同参与和维护的网络攻击者行为知识库，以指导用户采取针对性的检测、防御和响应工作。

目前 ATT&CK 模型分为三部分，分别是 PRE-ATT&CK、ATT&CK for Enterprise 和 ATT&CK for Mobile，其中 PRE-ATT&CK 覆盖攻击链模型的前两个阶段，ATT&CK for Enterprise 覆盖攻击链的后五个阶段，ATT&CK for Mobile 则考虑到传统企业 PC 与当前移动设备之间的安全架构差异，重点描述了攻击链模型七个阶段中面对移动威胁 TTPs 的情况。后续还可能会有 ATT&CK for Cloud 模型的推出，下面对 ATT&CK 的战术、技术和应用进行描述和分析。

PRE-ATT&CK 包括的战术有优先级定义、目标选择、信息收集、发现脆弱点、攻击性利用开发平台、建立和维护基础设施、人员的开发、建立能力、测试能力和分段能力。ATT&CK for Enterprise 包括的战术有访问初始化、执行、常驻、提权、防御规避、访问凭证、发现、横向移动、收集、数据获取、命令和控制。

战术指的是 ATT&CK 的技术原因，是攻击者执行行动的战术目标，涵盖了攻击者在操作期间所做事情的标准和更高级别的表示。技术指的是攻击者通过执行动作实现战术目标的方式，或者执行动作而获得的内容。在 ATT&CK 矩阵中可以到看到战术和技术的关系，可能有很多种方法或技术实现战术目标，因此每种战术类别有很多种技术。

ATT&CK 对各类战术和技术做了较为详细的定义。

以 ATT&CK 中的 T1060 为例，T1060 表示攻击技术 Registry Run Keys / Startup Folder 的 ID，ATT&CK 将其描述为在注册表或启动文件夹中向"运行键"添加条目，将导致在用户登录时执行引用的程序。这些程序将在用户的上下文环境中执行，并具有账户权限。T1060 处于战术的持久化（Persistence）阶段，要利用该技术需要"用户""管理员"权限。检测该攻击技术所依赖的数据源有 Windows 注册表和文件监控。

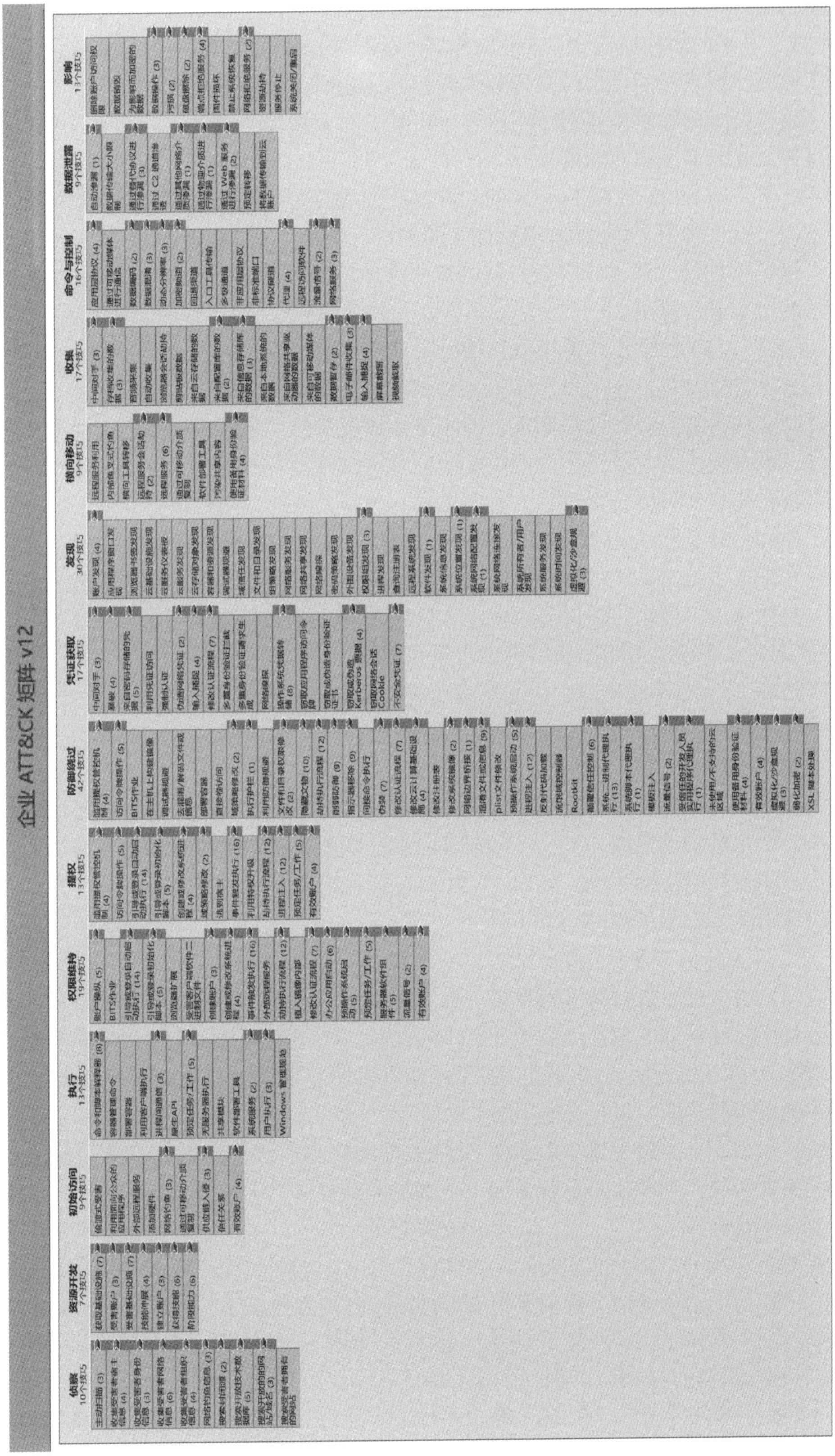

● 图 2-11 网络攻防技战术模型 ATT&CK

针对该攻击技术的检测方法：1）监控与已知软件、系统补丁等无关的注册表的变化；2）监控启动文件夹的增加或改变；3）如 SysInternals AutoRuns（类似于 Sysmon）之类的工具也可用于监控注册表和启动文件夹等相关内容的变化。

针对该攻击技术的缓解方法有使用白名单工具实时识别并阻断尝试通过运行密钥或启动文件夹进行持久化的潜在恶意软件。

可以进一步将 ATT&CK 应用于攻击者行为的描述，进而：1）找出感兴趣的攻击者；2）找出攻击者使用的技术和留下的痕迹；3）基于情报进行溯源。ATT&CK 具有 APT 攻击组织的描述能力，我们注意到，在部分网络安全厂商的 ATP 分析报告中，也使用了 ATT&CK 模型对攻击手法和过程进行描述。

在应用层面，ATT&CK 支持的用例包括以下 6 个方面。

（1）模拟攻击者手法

指通过特定攻击者的威胁情报和攻击手法来模拟威胁的实施过程，进而评估某项防护技术的完备性。模拟攻击者的攻击手法侧重在验证检测或缓解在整个攻击过程中的攻击行为，ATT&CK 可用作构建模拟攻击者攻击手法的场景的工具，来对常用的攻击者攻击技术进行测试和验证。通过对攻击行为进行分解，将动态、复杂的攻击活动"降维"映射到 ATT&CK 模型中，极大降低了攻击手法的描述和交流成本，进而在可控范围内对业务环境进行系统安全性测试。具体来说，可以在以下方面使用 ATT&CK 辅助模拟攻击者手法。

- 对攻击者在不同攻击阶段使用的攻击技术进行模拟。
- 对防护系统应对不同攻击手法的检测和防御效果进行测试。
- 针对具体的攻击事件进行详细的分析和模拟。

（2）红队渗透辅助

指的是在红蓝对抗中，在不使用已知威胁情报的前提下，红队的最终目标是攻陷对方的网络和系统，而不被检测发现。ATT&CK 则可以被红队用于制定和组织攻击计划的工具，以规避网络中可能使用的防御手段。另外，ATT&CK 还可以用于研究攻击者的攻击路线，进而摸索出绕过普通防御检测手段的新方法。

（3）攻击行为分析开发

指通过对攻击者的攻击行为进行检测分析，进而识别网络和系统中潜在的恶意活动，这种方法不依赖于已经识别的攻击工具特征和攻陷指标 IOCs[⊖]的信息，比传统的通过攻陷指标 IOCs 或恶意行为签名的方法更加灵活。ATT&CK 可以用作构建攻击者攻击行为的工具，以检测环境中的攻击行为。

在实际应用方面，可以使用 ATT&CK 对攻击者的攻击手法进行对比，通过分析攻击者攻击手法的重叠情况，判断攻击是否由同一个组织发动。

（4）防护差距评估

指的是对企业在网络防护能力的不足方面进行评估。ATT&CK 可看作一种以攻击者攻击行为为中心的模型，用于评估企业内部现有的检测、防护和缓解系统，确定防护差距后，指

⊖ IOCs，Indicators of Compromise，一般译为"攻陷指标""陷落标识"或"入侵指标"，指在网络或系统中发现的系统疑遭入侵的数字证据。IOC 分为机读、人读两类，机读 IOC 可以推送到不同的安全设备中，如 NGFW、IPS 和 SIEM 等，进行检测发现甚至实时阻截。

导安全增强的投资计划，进而改进和提升现有的系统。

（5）SOC 成熟度评估

指利用 ATT&CK 对企业的安全运营中心在网络入侵时的检测、分析和响应的有效性进行评估。

（6）网络威胁情报增强

指的是将 ATT&CK 作为传统基于攻陷指标 IOCs 的情报应用的补充。网络威胁情报指的是影响网络安全的网络威胁和攻击者群体的知识，包括关联的恶意软件、工具、TTPs、行业、行为，以及威胁相关的其他攻击指标信息。ATT&CK 可从攻击组织行为角度对其进行理解和描述，分析和运维人员可以更好地理解攻击组织的共同行为，以采取更好的防御措施。可以看到，将 ATT&CK 用于检测的方法较传统的 IOCs 的检测方法要复杂得多。

2.3　网络靶场中的理论模型

传统网络着重于构建靶标环境，现代智能靶场更注重各类资源的智能化应用，以及攻防能力的持续积累，尤其对于网络攻防过程的管控、分析与预测。

靶场大脑是智能化网络靶场的核心，通过靶场大数据综合分析技术，使得靶场任务的执行者既能实时全域感知攻防双方的情报、事件和状态，也能宏观预测系统安全熵势变化及攻防双方的攻防能力演进趋势，进而推演出最佳攻防策略，控制并调整攻防双方按想定目标达到最优纳什均衡状态。如何将信息论、博弈论、系统论与复杂系统等理论模型应用于网络靶场是一个值得探索的前沿主题。

2.3.1　信息论与博弈论的启示

近年来，网络安全态势感知理论发展很快，其基本思想是以安全大数据为基础，对能够引起网络安全状态发生变化的安全要素进行获取、理解，以及预测未来的趋势，从而获得基于环境的、动态整体地洞悉安全风险的能力。但传统的安全态势分析主要还是由人为定义安全因素的分值和权重，以历史数据分析与安全要素可视化为主要手段，并不能完全真实客观地反映安全演进的真实状态。因此，需要寻找新的研究思路。

1. 信息论与网络靶场

信息论是数字通信领域的天才理论，其重要意义在于提供了如何以信息技术的视角来观察、研究和分析现实世界。数字世界符合信息论揭示的规律，具有可观测性，也具有可模拟性。这是信息论给网络靶场领域带来的最大启示。

1）用数字来逼近与模拟现实，并抽象出各种模型。网络靶场需要模拟 IT 系统的内容成分，系统与环境之间的信息联系方式、结构、交互和信息交换所导致的系统变化，以及随之而来的状态变化。概要来说，网络靶场视系统为一个庞大的状态空间，我们研究的是状态空间的简化以及状态空间如何在信息驱动下的跃迁。

另外，结合信息论和系统论可以推导出安全的"负熵"属性，安全系统的混乱程度和风险因素反映为"安全熵"的增减，理论上，通过计算"安全熵"能一定程度上定量分析安全态势的发展趋势。

2）通过对现实的长期观察与积累来发现规律、计算规律。信息技术对现实世界所抽象出来的模型和现实世界是不同构的，这是信息技术和其他学科最为独特的一点。将信息论应用到网络靶场领域的一个挑战是：我们必须学会从数字的角度来思考问题。信息技术对现实的抽象是基于功能实现的，是黑盒法，即为了要实现某一个功能，需要什么样的组件、如何将这些组件组成信息流、如何在这个信息流中分块接力处理/加工。然后最核心的就是在这个信息流加工模型中要加入什么样的知识，这些知识该如何表达、如何计算、如何翻译到现实世界中。这个思维模式，正好用于指导我们利用网络靶场将数字设施以平行仿真的方式转换为靶标场景。最终在网络靶场里研究现实场景中的问题，输出可能的解决方案用于改进数字世界。

2. 博弈论与网络靶场

博弈论（Game Theory）是冯·诺依曼和摩根斯坦在划时代巨著《博弈论与经济行为》中提出来的，最早应用于经济领域研究中。海萨尼（Harsanyi，1994 年诺贝尔奖获得者）给出博弈论的定义描述：博弈论是关于策略相互作用的理论。参与博弈的人是理性的，对自己行动的选择以他对其他参与人将如何反应的判断为基础。

博弈论主要研究的是决策者如何在决策主体各方相互作用的情况下进行决策及决策的均衡性分析问题。博弈论在决策主体各方策略的相互依存性上进行了重点强调，即任何一个主体必须首先考虑其他局中人的应对策略再来选择自己最理想的行动方案。

博弈论中的局中人（Player）、策略集合（Strategy Set）及收益函数（Utility Function）是三大基本要素。其中局中人是指在博弈中的决策主体，包括博弈中的每一个独立参与者。"自然"（Nature）在有的博弈中也可以被当作一个局中人，如不确定型博弈。在博弈中局中人被要求必须是"理性"的，为了实现收益最大化总是寻求最佳策略。将局中人在给定的信息集下可选择的全部行动与规则称为策略集合，每一种策略都有相应的结果，局中人可选的策略越多，博弈就越复杂。局中人策略的函数称为收益函数，用于不同策略的效用情况，反映局中人在博弈中的成本和收益多少，是分析博弈模型的标准和基础。

复杂、大规模的网络背后攻防双方之间的博弈是网络安全的本质。如图 2-12 所示，网络安全的要素、特征与博弈论的元素、特征具有相符性。

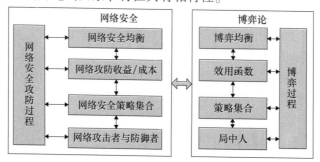

● 图 2-12　网络攻防与博弈论的对应关系图

而对于博弈论的思想，网络安全中攻防双方具有的目标对立性、策略依存性和关系非合作性也同样符合。为了理解攻防矛盾冲突、预测攻击行为和选取最优防御策略，博弈论提供了一个解决网络安全分析和建模的数学框架，因此在网络安全问题研究中应用博弈论思想具有较好的合理性和可行性。

根据国内安全专家研究，理论上，靶场大脑可以根据博弈系统论关于攻防对抗行为的整体宏观预测理论，创新发展可宏观预测攻防双方博弈状态的智能算法，能够针对黑客当前行为做短期预测，继而由连续的局部微观状态推导出整体宏观状态，通过判定攻防双方的博弈轨迹和博弈系统的解轨线是否存在闭轨线、闭轨线数量、闭轨线的稳定性，以及参数对闭轨线的影响，进而推演出攻防双方的博弈状态、博弈轨迹及博弈结果预测。上述思想可以从概念上总体构成面向攻防博弈状态预测的靶场大脑分析推演技术体系，如图 2-13 所示。

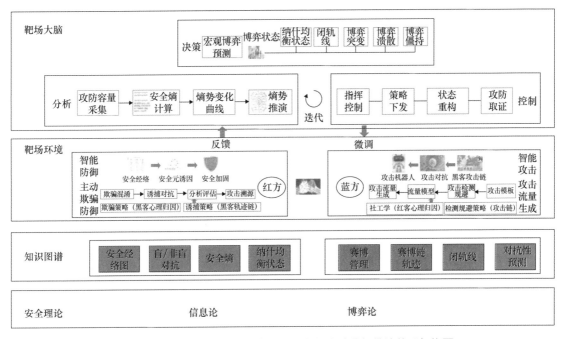

● 图 2-13　面向攻防博弈状态预测的靶场大脑分析推演体系架构图

使用博弈论可建立基于攻防轨迹链的局部微观博弈预测方法与基于解轨线的攻防双方博弈状态宏观预测方法。

（1）观察微观层面

黑客行为遵从维纳定理：反馈、微调、迭代。红黑双方对抗的过程正是反馈、微调、反馈、微调……迭代循环的过程，因此，通过创新的黑客、红客赛博轨迹预测和攻防自动化算法，能够在每一微观局部实现对黑客攻击行为和红客防御行为的赛博轨迹分析与预测，构建黑客和红客的攻防行为赛博轨迹链，进而指导黑客和红客对抗策略与执行动作，使攻防双方趋近于收益最大化。

（2）研究宏观层面

攻防双方宏观博弈状态是由连续的局部微观状态在时序上进行叠加而成，研究发现，黑客与红客的博弈状态可以用微分方程组 $dX/dt = F(X)$ 的解轨线来描述，通过判定解轨线是否掉入奇点、是否一条封闭的曲线（即闭轨线）等特性来映射博弈状态，尤其是存在闭轨线状态下，可以根据闭轨线数量、闭轨线的稳定性以及参数对闭轨线的影响等判定攻防双方博弈僵持的稳定状态。

2.3.2　用博弈论探索网络对抗

事实上，网络安全所面对的态势情境是高度动态化的，而且决策者必须基于不完善和不完整的信息做出判断。为了克服这一问题，对博弈论在安全领域应用的近期研究尝试将人类行为体（特别是人类对手）的有限理性纳入考虑范围。然而，这种方法及其信弈论方法仍然没有完全考虑诸如记忆和学习的认知机制，这些机制驱动着人类决策过程，并能够对人类表现提供基于第一性原理的预测性说明，其中包括能力和次优偏差（Suboptimal Bias）。同时，如何将认知-合理模型（Congnitively Plausible Model）扩展至具有两个以上代理的安全场景，仍然是一个挑战。由于开发多代理模拟的主要焦点一直是研究群体互动（Social Interaction），因此对个体认知能力做出的假设是非常初级的。下面介绍一种适应于多个类人代理的框架来解决上述问题。

1. 网络战博弈：基于个体的认知-合理模型构建多代理模型

从概念上讲，网络战争是将传统的"攻击者-防御者"概念延伸至通过计算机网络同时执行进攻性和防御性行动的多个代理（个人、国家支持的组织或者国家）。近年来，对社会冲突的多代理模型的关注越来越多，这些模型与网络战争有一些相似之处。与此同时，有人尝试通过基于多代理的建模来研究网空攻击和网络战争，这种模型通常表征旨在执行最佳策略的策略型代理，不是用于从经验中学习和调整策略。这里提出的网络战博弈引进了多代理框架，用于描述网络对抗的一些基本特点和适应性决策者的部分问题。

网络战博弈是在由 n 个代理组成的全连通网络上展开 r 轮次的过程。每个代理都有两个属性——实力（Power）和资产（Assets），并可以对任何其他代理采取 3 种可能的动作——攻击（Attack）、防御（Defend）和不作为（Nothing）。实力代表了代理的网络空间安全基础设施以及可能的漏洞，这些反映了代理在网络空间安全方面的投资，或者称为"结果实力"。因此，实力会影响代理对来自其他代理的攻击进行抵御的能力，以及对其他代理执行成功的攻击的实力。资产是代理的所有物（如机密信息、物理资源），需要进行保护以免受其他代理的攻击。代理正在进行的行动也需要资产。因此，代理在攻击或防御时必须花费资产，类似地，资产的变化也会直接影响代理的实力。每一轮次 r 中，决策在 $n(n-1)$ 群体中所有可能的每对代理之间同步发生。注意，每个代理在每轮次中针对每个其他代理做出 $(n-1)$ 个决策。这意味着所有决策都是在上一轮次结束时，代理根据所具有实力和资产的上下文背景制定和解决的。

攻击所具有的破坏性可以由攻击的烈度 $f(0 \leqslant f \leqslant 1)$ 定义。这是被攻击的代理所被窃取的资产比例。高烈度攻击具有高 f 值（>0.5），低烈度攻击具有低 f 值（<0.5）。此外，每场对抗都会给参与的代理带来成本，包括攻击成本（C）和防御成本（D），而"不作为"动作的成本为零。$C(0 \leqslant C \leqslant 1)$ 和 $D(0 \leqslant D \leqslant 1)$ 是代理为了执行动作必须花费的资产比例。

每次攻击或防御动作的影响由 Win_{ab} 度量，其数值是由特定函数计算输出的比例，函数的分子是代理（a）执行动作的实力，分母是参与对抗的两个代理（a 和 b）的总实力。

$$\mathrm{Win}_{ab} = \frac{P_a}{P_a + P_b}, \text{注意 } 0 \leqslant \mathrm{Win}_{ab} \leqslant 1$$

在每一轮次 r 中，代理 a 决定以代理 b 为目标采取一个动作（其中 $a \neq b$）。当且仅当代理的资产大于零时，代理才可以对其他代理采取攻击或防御动作，或者受到来自其他代理的攻击或防御动作。无论代理资产情况如何，都可以采取"不作为"动作。第 r 轮次中一对代理所采取动作的结果 x_{ab} 和 x_{ba} 定义如图 2-14 所示。

| | | 代理b | | |
		攻击	防御	不作为
代理a — 攻击	$x_{ab}=$	$Win_{ab}{\times}f{\times}A_b-C{\times}A_a-Win_{ba}{\times}f{\times}A_a$	$Win_{ab}{\times}f{\times}A_b-C{\times}A_a$	$Win_{ab}{\times}f{\times}A_b-C{\times}A_a$
	$x_{ba}=$	$Win_{ba}{\times}f{\times}A_a-C{\times}A_b-Win_{ab}{\times}f{\times}A_b$	$Win_{ba}{\times}A_a-D{\times}A_b-Win_{ab}{\times}f{\times}A_b$	$-Win_{ba}{\times}f{\times}A_b$
代理a — 防御	$x_{ab}=$	$Win_{ab}{\times}A_a-D{\times}A_a-Win_{ba}{\times}f{\times}A_a$	$Win_{ab}{\times}A_a-D{\times}A_a$	$Win_{ab}{\times}A_b-D{\times}A_a$
	$x_{ba}=$	$Win_{ba}{\times}f{\times}A_a-C{\times}A_b$	$Win_{ba}{\times}A_a-D{\times}A_b$	0
代理a — 不作为	$x_{ab}=$	$-Win_{ab}{\times}f{\times}A_a$	0	0
	$x_{ba}=$	$Win_{ba}{\times}f{\times}A_a-C{\times}A_b$	$Win_{ba}{\times}A_b-D{\times}A_b$	0

● 图 2-14 代理 a 与代理 b 的动作结果

在 $r=0$ 时，网络中的所有代理都被赋予大于 0 的初始资产和实力。每个代理的资产和实力的取值，根据每轮次中所有结果的总和进行更新。每个代理 a 在第 $r+1$ 轮次的资产按照当前轮次资产加上代理 a 在第 r 轮次针对其他代理的所有"攻击""防御"和"不作为"动作的结果之和来计算。

$$A_a^{r+1} = A_a^r + \sum_{b=1}^{n-1} x_{ab} \tag{2-1}$$

因此，作为每个代理的动作以及每个其他代理的动作的结果，资产在博弈期间动态地发生改变。在任何给定的轮次中，如果第（$r+1$）轮次的一个代理的新资产取值是负数，即 $A_a^{r+1}<0$，则该代理的资产被设置为 0，因此该代理不能攻击，也不能防御，同时它不能被攻击也不能被防御，成为一个静止的代理，其唯一的动作选择是在剩余的博弈过程中保持不活动状态（采取"不作为"动作）。第（$r+1$）轮次中的代理 a 实力的变化可以表示为从当前轮次到下一轮次资产变化比例 $\left(\dfrac{A_a^{r+1}-A_a^r}{A_a^r}\right)$ 的一个函数。如果资产没有发生变化，即（$A_a^{r+1}=A_a^r$），那么下一轮的实力也将保持不变（$P_a^{r+1}=P_a^r$）；如果一个代理增加了它的净资产（$A_a^{r+1}>A_a^r$），那么它在第（$r+1$）轮次的实力将增加；如果净资产减少了（$A_a^{r+1}<A_a^r$），那么它在第（$r+1$）轮的实力将降低。

$$P_a^{r+1} = P_a^r + P_a^r \times \left(\frac{A_a^{r+1}-A_a^r}{A_a^r}\right) \tag{2-2}$$

2. 在网络对抗博弈中做出决策：基于实例的学习模型

上述通过基于个体的认知-合理模型构建的多代理模型，允许每个代理对（$n-1$）群体中可选的其他每个可能的代理采取 3 种可能的动作，从构建了一个具有网络战博弈特点的多代理框架。框架中的每个代理均为认知代理，具备学习和决策机制。此外，代理是有限理性的。也就是说，代理旨在最大化其结果，但是诸如记忆、近因效应和频率效应的认知限制因素，以及代理检索此类信息的能力，也会使该结果受到限制。在这里，我们把"实例"定义为属性（情境）、动作（决策）和结果（效用）的唯一组合，在网络对抗博弈中，每个代理都拥有单独的记忆，也具有相同的机制、目标和认知特点，但可能根据实力和资产的特定设置及博弈的动态性而有所不同。

在第 $r=0$ 博弈轮次创建一个实例，用于表示每个代理针对其他代理可能执行的每个动作。创建实例时使用资产初始值 A_a^0 和实力初始值 P_a^0，以及默认的结果 x_{ab}^0（这些称为预填充实例）。由于默认结果值对所有代理和所有可能的动作都是相同的，因此所有代理都会随机选择。

模型中的每个实例 i 都具有激活（Activation）值，它表示从记忆中获得信息的难易度。激活方程是 3 个组成部分的总和：基本水平（Base-Level）、部分匹配和噪声。

其中，基本水平表示频率和近因的激活。对于该组成部分，频繁被观察到的实测的值会更高，而且近期被观察到的实测的值也会更高，并将随着时间推移而衰减。

如果将 M_a 记为实例中属性 a 与情境–决策对应属性之间的相似度，并将每个 M_a 定义为 $0 \leq M_a \leq 1$。其值为 1 表示完美匹配，即属性值是同或等价的；其值为 0 则表示完全不匹配；对于中间的值，越接近 1 说明所考虑的属性相似度越高。需要注意的是，激活的部分匹配组成部分始终为零或负值，这是由于在激活中采用了不匹配惩罚系数。当所有属性完美匹配时，就没有处罚。随着更多属性无法完美匹配，并且不匹配的情形变得更加明显，惩罚也会增大，从而降低了该实例的激活值。在网络对抗博弈的情况下，情境包括 4 种属性：代理在本轮次持有的资产、代理在本轮次持有的实力、代理确定对其采取动作的对手在本轮次持有的资产和代理的对手在本轮次持有的实力。根据博弈的定义，这 4 个值都是非负实数，均使用相同的二次相似度函数进行计算。因此，网络战博弈的部分匹配是对 M_a 的 4 个值取总和。

噪声是一种向激活值增加可变性的组成部分。一旦获得所有相关实例的激活，就可以计算出一个实例的概率。根据检索的概率和每个动作（决策）o 的结果，可以计算出融合价值（Blended Value）。对于网络对抗博弈，存在 3 种可能的决策：攻击、防御或不作为。网络对抗博弈中计算得到的 x_{ab}（或 x_{ba}）值作为结果（效用）存在模型的实例（U_i）中，一个决策的融合价值由公式（2-3）给出。

$$BV_a = \sum_{i \in Ko} P_i U_i \qquad (2\text{-}3)$$

在任何一轮博弈中，均可选出具有最大融合价值的行动（决策）。

2.4 体系对抗

"实战化、体系化、常态化"是网络靶场业务水平、业务质量与业务持续性的集中体现。本节内容主要是体系对抗的形式与内涵、算法对抗与运筹学的决策应用。

2.4.1 体系对抗的形式与内涵

网络对抗特别强调系统与系统、体系与体系的对抗。系统和体系是对抗系统的主要组成部分。强调体系的概念，采用自顶向下与自底向上相结合的研究思路，是突破复杂系统研究中还原论方法无法表现系统涌现性的关键，同样也是进行网络对抗模拟仿真，把握复杂对抗系统的整体性、对抗性和动态性特征的必由之路。如同人体中神经系统协调各器官工作一样，信息网络是对抗体系中各组成成分进行综合集成的纽带和桥梁，是部分效能涌现出体系整体效能的基础。

体系对抗是网络攻防态势不断发展的必然趋势，具有以下多个层次的形式与内涵。

1）国家集团资源体系对抗。主要表现为国家或国家集团资源体系之间的全面对抗。网络对抗所涉及的资源包括经济、政治、外交、科技、媒体和军事等方面。这种对抗方式在过去、现在、将来都存在，是体系对抗的最高形式。

2）网络体系对抗。主要表现为对抗双方直接投入具体行动的力量、资源之间的系统较量。网络体系的优劣取决于对抗要素的性质、数量、质量和分布等因素，而对抗要素的性质及其关系决定的结构尤为重要。网络体系的全要素、全系统和全时空对抗是信息时代网络体系对抗的主要方式。

3）战术技术体系对抗。主要表现为对抗双方的指导理论、战略思想、战术技术之间的直接较量。在网络空间对抗条件下，设施装备内含的技术体制优劣、技术手段的科技含量以及人员对设施装备掌握和运用的熟练程度，对体系对抗的胜败具有特殊意义。也就是说，体系对抗已经延伸到一个国家或国家集团的技术储备，处于技术优势的一方在对抗中将占有"先胜"的制高点。

2.4.2 算法对抗：探索海量战场数据的最优解

利用靶场大数据与分析算法，进行定量化的网络安全攻防态势评估是当前网络靶场研究的一个热点。

为判断网络安全状态、预测网络攻击形势，首先需要对网络对抗过程进行抽象与描述。由于网络状态及信息获取途径的复杂性、模糊性和不确定性，有效的网络对抗模型建立非常困难。业内有学者将博弈理论应用于网络防御策略优化和网络安全评估，也有学者利用攻击图描述攻击行为和发展趋势，以支撑网络态势感知。对于实网靶场来说，还有一项挑战任务，即连续状态跟踪，精确描述网络对抗的动态过程，提高态势量化评估能力，以支撑靶场更好地管控各项任务。

下面将介绍一种基于网络攻击机理，引入博弈论建立的网络对抗模型，以作为网络靶场的态势量化评估能力支撑。

1. 基于博弈论的网络对抗模型

为使得网络对抗的描述具有可用性，从而支持安全防御策略的自主决策，这里将博弈论引入有限状态机，从而得到一个新的网络对抗模型。

（1）模型元素

设网络对抗模型为一个 5 元组，$DK=(N,P,S,E,A)$。

其中，S、E、A 与普通有限状态机网络对抗模型相同。

N 为对抗双方，如果攻击方基于多个系统，则攻击者有多个；如果防御方有多套防御系统，则防御者也有多个。基于上述攻击者和防御者，存在攻击策略，在 $N=(N_{id},N_a,N_S)$ 中 N_{id} 为该主体的标识，N_a 为该主体的属性（为攻击者或防御者），N_S 为该主体拥有的策略集合。为便于简化，假定攻击者与对抗者均为一个主体，其策略集合分别为：

$$N_{SX}=\{\alpha_1,\alpha_2,\cdots,\alpha_m\}$$
$$M_{SY}=\{\beta_1,\beta_2,\cdots,\beta_n\}$$

P 为对抗双方的策略偏好关系，用赢得矩阵 $\boldsymbol{R}$ 表示，$\boldsymbol{R}=(a_{ij})_{m\times n}$，其中 $a_{ij}=(ab)$，a、$b\in(0\ \ 1)$。a 表示当攻击策略为 α_i 时，防御者是否选择 β_j 策略进行防御，a 为 0 表示不选择，为 1 表示选择；b 表示当防御策略为 β_j 时，攻击者是否选择攻击策略为 α_i 进行攻击，b 为 0 表示不选择，为 1 表示选择。

（2）模型假设

根据网络对抗的特点，给出以下假设。

假设 1：攻击双方的策略均有代价和收益。

假设 2：攻击者的攻击者是有目的的。

假设 3：攻击者追求攻击收益与成本的平衡。

假设 4：对抗双方可利用经验对对方意图进行概率计算。

2. 基于对抗模型的安全态势量化模型

设当前攻击行为集为 A，安全防御策略集为 B，对单一行为 $\alpha_i\in A$，系统安全属性集合为 S（完整性、机密性、可用性、不可抵赖性）。其所造成的风险概率为：

$$r_{ik}=\sum_j f_k(\alpha_i,\beta_j) \tag{2-4}$$

式中，$f_k(\alpha_i,\beta_j)$ 为在 β_j 防御策略条件下，攻击行为 α_i 对系统安全属性 s_k 造成的安全风险值。

由式（2-4）可导出在某一时刻、某一安全属性的风险概率计算公式，推导如下：

当存在一个安全策略时，安全系数为：

$$sp_k(1)=1-f_k(\alpha_i,\beta_1)$$

当存在第 2 个安全策略时，安全系统为：

$$sp_k(2)=sp_k(1)+[1-sp_k(1)]\cdot[1-f_k(\alpha_i,\beta_2)]$$

依此类推，系统风险概率为：

$$r=\frac{1}{m}\sum_k w_k\sum_i[1-sp_k(n)] \tag{2-5}$$

式中，w_k 为系统安全属性在系统安全策略中的权值。

3. 网络态势量化评估算法

网络态势量化评估算法首先应用网络对抗模型计算对当前可能的进攻采取的防御策略，构成赢得矩阵 $\boldsymbol{R}$；然后根据攻防双方策略选择计算某一时刻某一安全属性的风险，再加权求和。具体算法思想简述如下。

1）算法：网络态势量化评估算法。

2）输入：系统初始状态 S_I 基于博弈论的网络对抗模型实例 $DK=(N,P,S,E,A)$ 安全属性权值。

3）输出：当前系统风险概率值（0～1）。

4）中间结果：赢得矩阵 $\boldsymbol{R}$。

参考算法步骤如下。

① 初始化 DK，设置防御成本与防御效果平衡准则，构造攻击策略集合 $N_{SX}=\{\alpha_1,\alpha_2,\cdots,\alpha_m\}$；构造防御策略集合 $M_{SY}=\{\beta_1,\beta_2,\cdots,\beta_n\}$；构造赢得矩阵 $\boldsymbol{R}=(a_{ij})_{m\times n}$。

② 根据当前网络状态计算攻击策略成本与收益，并选出对攻击者最有益策略 α_X；将 α_X

加入到集合 AF 中。

③ 针对 α_X 计算防御策略的成本与防御效果，并根据成本与效果平衡准则选取最优防御策略 β_Y；将 (β_Y, α_X) 数对加入到集合 BF 中。

④ 如果需要，在攻击策略集合中删除 α_X，每次删除后均执行步骤⑤，操作后返回；若不再继续，则转到下一步。

⑤ 对每个安全属性 s_k 和每个进攻策略集中的每个策略 α_i，计算 $r_i = 1 - r_i / m$。

⑥ $r = r + w_k \cdot r_k$。

⑦ 结束。

通过上述算法，可以得出攻击方的攻击意图，并针对其可能选取的策略选取最优防御策略。同时计算当前对抗状态下的安全风险值。

2.4.3 用运筹学辅助对抗决策

运筹学是应用数学工具和现代计算技术对事物进行定量分析，从而为决策提供数量依据的一种科学方法，是一门综合性的应用科学。或许运筹学在网络安全领域中的应用将催生了网络安全运筹学。

作为辅助对抗决策的运筹学，主要用于为制定总的战略方针、网络安全对抗原则提供定量依据；同时还可以用于对抗评估分析，攻防工具系统的效能分析；确定攻防双方的行动能力；选择安全行动的最佳方案；评估指挥导调、演习训练、后勤保障系统的效能和预测未来发展趋势，以及对双方支撑实力进行分析。运用运筹学，可使靶场导调人员养成数学分析和逻辑思维的良好习惯，对实战、训练和其他各类靶场活动进行定量分析和多方案选优决策，即在限定条件下以最少的人力、财力消耗获取最大的任务效益。

运筹学的基本原理，包括数学中用于定量解决现实问题的理论、方法和工具，主要有概率统计理论、规划理论、决策理论、排队理论、对策理论、库存理论、搜索论和数学模型方法，现代系统论、控制论方法，以及作战模拟技术、仿真技术、网络分析技术、预测技术和电子计算机技术等。这些基本原理和方法，在现代战争的应用中都取得了极大的成功，以至军事运筹学成为军事研究的一门热门学科，而军事运筹人员则成为辅助作战决策的紧缺资源。面对风云变幻、错综复杂的战争局面和战场环境，军事运筹人员应用数学方法建立模型，对战斗结果进行分析统计，从而帮助指挥人员提高作战决策的正确性，使战争增添了科学"智胜"的丰富色彩。

2.5 无人战场：自动化与智能化

与物理空间的传统战争相比，在数字空间实施网络战争的约束条件大大减少，尤其攻击方相对于防守方，明显具有更多优势与有利条件。攻击是点，只需找到突破口即有机会，防守是面，需要找到所有可能的安全问题与潜在的风险隐患，予以解决。单单从成本上看，防守成本将远大于攻击成本。更何况很多防守工作具体实施起来会受到诸多客观条件的限制，如经济预算、IT 环境、业务连续性要求、供应链分工、安全知识与能力等。

由于网络对抗攻防双方存在巨大的不对称性，为了减少这种失衡，防守方与攻击方的技术竞争也从未停止过。以恶意代码为例，早期的计算机病毒非常容易通过"特征码"来识别。为了躲避计算机杀毒软件的检测，病毒代码开始产生各种变异，甚至出现了专门的加壳技术、混淆技术来实现"免杀"，之后杀毒软件需要更多特征来对恶意代码进行识别，从"代码特征"发展到"行为特征"，从"个体特征"发展到"群体特征"。此外，由于计算机病毒的变异与发展太过快速，光靠传统纯人工的"样本采集-样本分析-特征提取-病毒特征库升级"处理流程已无法跟上满足实时防御的要求，因此，防守方开发出系列自动化流程与智能化方法来跟踪、响应、提升新型恶意代码的肆虐。

这种趋势并不仅仅反映在恶意代码分析方面，网络攻防对抗的其他战线，如网络流量检测、数据加解密、大数据与人工智能算法对抗等，均呈现出自动化与智能化的发展趋势，步入大数据与人工智能时代后，这种趋势越来越明显，形成一股不可逆转的技术潮流。

2.5.1 网络对抗中的自动化与智能化技术

20 世纪 80 年代，在计算机病毒（Computer Virus，以下简称病毒）的早期阶段，反病毒专家需要从被感染的计算机终端上手工提取样本，再在实验室里使用二进制逆向分析工具分析恶意代码运行的逻辑，定位"病原体"，开发出对应的病毒特征码。此后随着计算机病毒的不断肆虐，反病毒软件也不断升级，逐渐将样本提取、样本分析、特征码开发与验证、特征库升级等环节，实现为一套自动化的流程。

其中，计算机病毒样本分析的自动化因攻防的对抗性，存在很多技术难点。20 世纪 90 年代，业内领先的反病毒厂商卡巴斯基在其专业化的病毒分析实验室中，已开始使用 Robot 技术：当病毒分析工程师完成某个新样本分析后，将其分析过程编制为"机器人脚本"（Robots），然后利用这些脚本对其他未处理样本进行遍历，过滤出与刚完成分析样本的所有同类样本，以此极大节省病毒分析的工作量。

进入 21 世纪，更多的自动化与智能化技术在网络攻防对抗中被采纳，尤其是针对未知威胁的分析。2004 年，美国 FireEye 公司发明"虚拟执行引擎"（国内俗称"APT 沙箱"），基于虚拟机理念，在客户系统上加载虚拟机，任何进出客户系统的数据都要经过虚拟机，利用静态分析与动态分析技术，甚至通过诱导恶意软件发起攻击，启发其执行所有可能的行为，从而提前判定其是不是未知恶意软件，整个过程实现了高度的自动化与智能化，输入分析对象即能输出分析结果。几乎同期，美国 Palantir 公司快速发展了大数据情报分析平台 Gotham，其工作原理是将大量"结构化"数据（如电子表格）和"非结构化"数据导入一个集中式数据库，在该数据库中，所有信息都可以在一个工作空间中可视化，按用户意图完成自动化分析。此后，大数据安全分析平台开始逐步支持机器学习，作为一种全新的智能化安全产品在市场上大行其道。

2010 年以后，软件基因分析与恶意代码基因图谱分析技术也逐步从实验室走进安全产品。2011 年，L. Nataraj、S. Karthikeyan 等人提出基于恶意代码图像纹理的自动化分类方法，使得恶意代码分析向智能化迈出重要一步。2019 年，国内 MalwareBenchmark 团队韩金、单征等人发展了这种全新的分析方法，提出用于揭示软件（尤其是恶意软件）在不断发展升级中的演化规律，构建不同软件进化过程的谱系图，从而更加全面、微观、精准地剖析和认知软件。恶意代码基因图谱分析技术更侧重于恶意代码家族分析，将恶意代码二进制文件转化为位图，基于已知的恶意代码家族样本进行"图像分析"后，提取恶意代码家族样本的共性特征"指纹"，再利用这些"指纹"去识别新的恶意代码样本，判断其属于归属哪个恶意代码家族。由于图像处理技术的成熟性，利用上述技术能很大程度上实现自动化，并且可引入机器学习等智能技术，使安全技术更具智能化。

针对网络流量更为智能化的入侵检测技术，像人工神经网络（ANN）、支持向量机（SVM）、朴素贝叶斯模型（NBM）、随机森林（RF）和自组织映射（SOM）等，开始发挥越来越重要的作用。尤其在 HTTPS 加密流量成为主流的今天，传统网络流量分析方法严重依赖于从流量中还原其内容，再基于内容做精准检测，这种做法在加密流量的场景下，显然已经难以为继了。据统计，2000—2007 年间，约有 55 项研究，涉及多种机器学习方法（集中在开发单分类器、混合分类器和集成分类器）增强入侵检测的效果。2009 年，Chih-Fong Tsaia 等人对这些方法做了比较分析，并提出组合式的"基准分类器"设想，以及通过结合集成和混合分类器设计出更复杂的多分类器体系结构，解决因分类器"竞合关系"等问题导致的检测效果偏差。

在渗透测试方面，安全漏洞扫描器是较早出现的安全产品，一般采取"扫描任务总控-扫描插件（签名）"的架构，而扫描插件很容易用脚本实现，从而实现自动执行，甚至发展出了"集中-分布"式的大规模部署模式，对全网资产做主动式或被动式的信息收集，再实现高性能扫描检测，这些都是比较成熟的技术。比漏洞扫描更进一步的渗透测试由于涉及复杂的主客体交互，实现自动化难度较大。这方面，Metasploit 为人们提供了一个极具参考价值的半自动化渗透测试框架，这是为自动化实施经典、常规或复杂新颖的攻击提供基础设施支持的一个完整平台。

Metasploit 提供了渗透攻击、攻击载荷和编码器等主要功能模块，方便组织实施多种意图的渗透攻击，也可以通过外部安全工具、插件、扩展脚本等构建更为复杂的攻击任务执行流程，如图 2-15 所示。

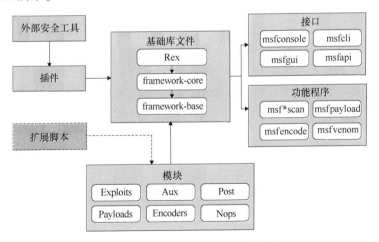

● 图 2-15　Metasploit 渗透测试框架

Metasploit 框架需要加载已知漏洞信息与 Exp 脚本，而漏洞挖掘的自动化则属于另外一个重要的网络安全攻防技术方向。软件漏洞挖掘技术正逐渐向高度自动化和智能化演变，传统漏洞挖掘技术以模型检测、二进制比对、模糊测试（Fuzzing）、符号执行，以及漏洞可利用性分析等技术为主，其中模糊测试、符号执行等已基本实现自动化，但与漏洞挖掘的全自动化还存在较大差距。

2017 年，Gartner《面向威胁技术的成熟度曲线》（Hype Cycle for Threat-Facing Technologies）中首次出现入侵与攻击模拟（Breach and Attack Simulation，BAS）工具这个分类，并将之归到了当年的新兴技术行列。BAS 工具"可供安全团队以一致的方式持续测试安全控制措施，贯穿从预防到检测（乃至响应）的整个过程"，其技术路径是通过持续自动化同步执行端到端攻击场景模拟，让用户可以更快找出网络与系统中存在的安全漏洞，抢在攻击者运用攻击生命周期中的各种战术、技术与流程（Tactics Techniques and Procedures，TTP）突破漏洞之前即时加以修复。

未来的世界是软件定义的世界，也是大数据与人工智能的世界，还是网络安全对抗越来越趋于自动化与智能化的世界。自动化安全运维、自动化漏洞挖掘、智能化威胁检测和智能化入侵模拟是未来攻防技术发展的重点。

在了解自动化与智能化安全技术存在上述多种应用后，我们需要区分自动化技术与智能化技术的区别，见表 2-1。

表 2-1　智能化与自动化的比较

序号	智　能　化	自　动　化
1	从过去的经验和接收到的信息做出决定	通过预设和自我运行来执行特定的任务
2	帮助专家分析情况并得出一定结论	是一种编制了程序来执行日常工作的机器
3	用于非重复性任务	基于命令和规则的重复任务
4	包括学习和进化	不需要学习和进化
5	与人类有互动，它从过去的经验中学习，比较情况，然后根据经验工作	与人类没有交互，按照指令工作

- 自动化：是指通过一些特定的模式和规则来执行重复的任务，在很少或没人交互的情况下自动运行。自动化在日常生活中无处不在，其技术广泛应用于各行各业，如上面讨论的自动化安全漏洞扫描功能。
- 智能化：人工智能（AI）实际上是多种智能化技术的集合，这些技术努力让机器模拟人类智能，包括让机器不断学习知识与技能，从过去的经验中吸取教训，自我纠正，做出一定的决定，得出一定的结论。

对于"自动化"与"智能化"的定义，信息技术与网络攻防领域与其他技术领域并无太大区别。所有执行流程固化、执行环境与处理能力固定的自动化技术，均不能称为"智能化"技术。智能化技术必须具备环境的自适应性、能力的扩展性与自学习能力。

2.5.2　自动交战

深层次上，自动化与智能化技术解决了安全能力的工具化、武器化和平台化问题，使得攻防对抗能力（包含知识与技能）对比传统技术具备以下 6 个方面的特点。

1）任务可复制。支持工具化、武器化后，所执行任务可快速地低成本复制，实现大规模作业。

2）能力可积累。网络安全知识与技能可以通过形式化手段，实现攻防对抗的能力积累，将多个实体之间的能力进行叠加。

3）模块易复用。网络安全知识与技能通过代码编程或算法建模，实现各种功能的模块级组合，以及攻防对抗能力的可持续输出。

4）功能易扩展。网络安全知识与技能呈现开放性，利用多种技术手段可实现能力的增强与发展。

5）环境自适应。为已知场景开发的网络安全攻防对抗能力，可自适应于未知场景。

6）技能自学习。利用人工智能领域的机器学习技术，实现网络安全知识与技能的自我增长。

针对自动化与智能化安全技术的这六大特点，可以用表 2-2 作进一步对比分析。

表 2-2 自动化与智能化技术的特点对比

技 术 特 点	自动化技术	智能化技术
任务可复制	+	+
能力可积累	+	+
模块易复用	+	+
功能易扩展	+	+
环境自适应		+
技能自学习		+

可见，前四项都是自动化与智能化技术共有的特点，而环境自适应、技能自学习是智能化技术独有的。

由于自动化与智能化技术存在本质的区别，因此，在网络安全领域的应用场景、应用效果都存在差异。

自动化主要针对基于规则的动作执行，通过设定规则来降低人工投入，从而提高生产效率。智能化则主要是基于决策和判断的能力，从大量数据中学习，从而快速准确地判断和决策，以提高决策和判断的质量。如果我们深入考察恶意代码分析、网络流量分析、安全日志分析，以及安全大数据分析等常见的安全业务场景的演进过程，可以大致将安全技术从自动化到智能化的演进过程划分为五大阶段。

1）L1—辅助运行：执行过程基本由系统自动完成，少数场景需要人工参与。

2）L2—初级智能化：执行过程全部由系统自动完成。

3）L3—中级智能化：执行和数据感知过程全部由系统自动完成。

4）L4—高级智能化：执行、数据感知和分析过程全部由系统自动完成。

5）L5—完全智能化：由系统完成需求映射、数据感知、分析、决策和执行的完整流程的智能化闭环，实现全场景完全智能化。

2.5.3　人机结合的智能化战争

迄今为止，网络安全攻防对抗中大量使用了自动化技术，智能化技术则还处于探索状态。下一步，若想突破自动化的天花板，尤其提升漏洞挖掘、渗透测试、未知威胁检测和安全运维等关键安全能力，需要大力发展攻防对抗领域的智能化技术。

1）从安全技术的演进过程来说，自动化是智能化的初级阶段。大量人工工作量密集型的安全操作，可以通过自动化技术降低应用成本，并提高准确率。但自动化只能解决低端重复操作问题，高端的决策工作需要引入更多智能化技术进行有机融合，才能更好地面向未来，解决网络安全的新问题、新挑战。L1～L5 的 5 个自动化与智能化层级中，在 L1～L3 阶段以自动化为主，到了 L4、L5 阶段则更强调分析、决策的能力，需要引进更多的人工智能技术。下一步拟对自动化与智能层级进行定量研究。

2）不管自动化与智能化技术发展到哪个阶段，都离不开安全专家在创新与创造方面的潜力。因为计算机擅长做的是可训练的、复杂度高、大计算量、容易扩展、高精度和连续性好的计算任务，而人类虽然容易出错、连续性不好，但我们喜欢模式与设定规则、善于启发、创造性好，能在寻求解决方案的过程中发现"银弹"（见图 2-16）。因此，网络安全需要着重研究机器分析与人工分析的工作界面，让两种优势更好地结合在一起，避免厚此薄彼。

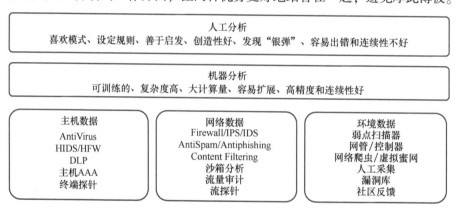

● 图 2-16　人工分析与机器分析的互补性

3）在一定程度上，网络安全是知识与模式的科学，网络安全攻防对抗是洞察力与分析能力的较量。因此，革新安全知识的生产方式是网络安全的重要研究课题。

如图 2-17 所示，通过大力研究发展自动化与智能化安全技术，重点改进安全知识的生产方式，努力争取从半手工时代发展到全自动化时代，最终迎来网络空间的智能化时代。

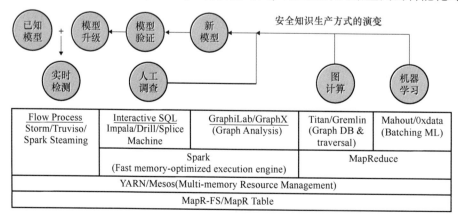

● 图 2-17　安全知识生产方式的变革

2.6 复杂系统角度看网络靶场

网络靶场的复杂性根源不在于自身，而是由靶场的性质及其所刻画与服务的对象决定的。靶场不应该只是 IT 设施的简单堆砌，更应该是网络结构、业务系统、管理机制、社会组织和内外部潜在安全问题的全方位聚合。因此，我们需要从复杂系统的角度考量靶场。

2.6.1 网络靶场作为复杂系统

网络空间（Cyber Space）是指由多个独立系统组成的体系（System of Systems，SoS），或网络的网络（Network of Networks，NoN），具有多维、跨域和大尺度空间等特征，本质上是基于网络的复杂体系。

由此可见，世界的复杂性导致网络的复杂性，复杂网络与多变的安全又使网络靶场成为一种较为典型的复杂系统。在网络靶场的研究领域里，系统复杂性是一个十分重要的研究主题。

网络靶场及其高级事务的复杂性有三个重要表现形式：非线性、涌现性和流动性。

复杂性给网络靶场业务开展带来了很大的挑战，也提供了崭新的视角：网络靶场或网络安全的复杂性研究是一个复杂的过程，复杂适应系统理论和从定性到定量的综合集成方法都对研究具有重要的作用。复杂系统的研究不同于一般系统，必须考虑其自适应性、涌现性、不确定性、预决性、演化性和开放性等。作为改造世界的重要方法，仿真是研究复杂系统的最重要手段之一，对于数字时代的网络靶场复杂系统也是如此。

1. 网络对抗复杂性仿真的概念

网络对抗复杂性仿真概念由三个方面核心内容组成。

- 网络对抗：研究的对象。
- 复杂性：研究对象的特性。
- 仿真：研究的手段。

自 20 世纪 80 年代以来，以复杂系统理论对战争进行研究逐渐形成热潮。1992 年，Alan Beyerchen 博士发表了论文《克劳塞维茨非线性和战争的不可预测性》，整合了非线性科学和战争论，论证了克劳塞维茨在《战争论》中已经意识到了战争的非线性、不可预测和混沌。1999 年，美国提出"快速决定性作战"（Rapid Decisive Operations），将战争看作是复杂适应系统之间的对抗，尽量提高己方的 OODA，即"观察-判断-决策-行动"循环速度，攻击敌方复杂自适应系统的自适应性，从而获得胜利。

网络对抗是一种"以精确求效益"的冲突形式。一个系统的信息化程度越高，其内部个体之间实际产生的相互作用的途径数量就越大，系统的复杂程度就越高。系统复杂性通常是系统组分的类型与数量、系统组分间关系类型、数量与系统层次三项指标共同促成的。因此不难发现，几乎所有较高层次的网络系统都是非常复杂的系统。这种复杂性来源或类型如下。

1）环境复杂性。包括网络系统所在的物理环境、电磁环境、IT 环境和业务环境复杂性等。

2）实体复杂性。包括人、工具和组织等构成要素复杂性。

3）控制复杂性。包括程序控制、任务控制、计划控制和目标控制等控制关系复杂性。

4）协同复杂性。包括同组织内部、相关机构与多种力量间协同关系复杂性。

5）对抗复杂性。主要是网络系统背后各利益集团之间战略利益关系复杂性和网络冲突发生后对抗关系复杂性。

6）人因复杂性。就如同任何一类社会动力系统一样，在网络与安全系统中，人为因素的影响都是最为显著、最为重要的。同时也是系统最高动力复杂性的主要根源。

7）过程复杂性。由于认识或方法论的局限，对于网络系统的演化过程、动力特性的许多部分的认识还是十分不充分的，并由此导致系统过程理解的复杂性。

8）组织复杂性。网络系统是一个组织严密的系统，但由于对抗过程中系统各组分的构成、任务和目标的频繁改变，使系统的动态关系出现强烈不稳定性从而形成了组织动态结构复杂性。

9）信息与数据复杂性。具有物理形态的 IT 是一个物质系统，但更是一个承载信息与数据的新型系统，信息流与数据流通过网络系统可控制物理世界的物质流和能量流，而相关人员对信息与数据的表现形式、行为、规律、运行机制、作用和影响的信息不对称性增加了系统的复杂性。

2. 网络对抗复杂性仿真的思路

《美国国防部军事与相关术语词典》给出了网络空间的定义：信息环境中的一个全球域，由相互依赖的信息技术基础设施网络及其内部数据构成，这些网络包括互联网、电信网络、计算机系统，以及嵌入式处理器与控制器。

由此可以得出网络对抗仿真应具备以下方面。

1）网络空间是一个真实存在的作战空间，其与传统的陆、海、空、天等作战空间属于并列关系，在网络空间中的攻防对抗可以完全独立于现有的陆、海、空、天等作战空间下的对抗。

2）网络空间是一个虚实结合的作战空间，是有别于传统军事对抗的新形式。其依赖于现实世界中的基础设施网络而产生，但其核心在于虚拟空间中的网络和数据，这使得网络空间中的冲突对抗突破了时间、空间等多方面的限制。网络对抗在无界和高速的环境中进行，处于一种泛在状态。

3）网络空间是一个形式多样的作战空间，其对抗形式不再是传统的基于火力打击的对抗形式，而是信息域、认知域和社会域中各种新对抗形式的集合，具有对抗手段和方式多样化的显著特点。网络空间通过网络和数据将空间中的作战单元紧密交联在一起，通过对信息域、认知域和社会域中某一环节的破坏，将有可能使整个领域或其他领域陷入瘫痪。

网络对抗复杂性仿真建模的突出挑战：一是对抗空间尺度扩大化；二是对抗空间的"跨域"效应显著增强；三是对抗复杂自适应性更加突出；四是对抗体系自身的网络化效应进一步提高；五是网络对抗体系的"不确定性"增强。

要应对这些挑战，应关注以下重点问题：一是网络对抗复杂信息环境的建模问题；二是大尺度网络对抗体系的仿真建模问题；三是复杂自适应行为的仿真建模问题；四是对抗体系脆弱性的仿真建模问题；五是网络对抗的舆情信息传播仿真建模问题；六是网络对抗模式体系的建模问题。

2.6.2 网络靶场参考模型

网络靶场本质上是一种 IT 设施，因此其系统模型符合 IT 系统的很多特点，但由于其应用场景的特殊性，以及靶标场景的开放性，其架构又有着极为灵活的扩展性要求。本节提出两种可供参考的网络靶场系统模型，并进一步说明了一些常见靶场的构建思路。

1. NIST 的网络靶场参考模型

NIST 在 *The Cyber Range：A Guide* 中提出了一个安全实训类网络靶场的参考模型。该模型由多个功能部件组成，考虑到网络靶场为人员实训提供能力支撑，因此在模型中整合了常规学习管理系统功能与网络靶场重要特征。图 2-18 展示了 NIST 的网络靶场参考模型。

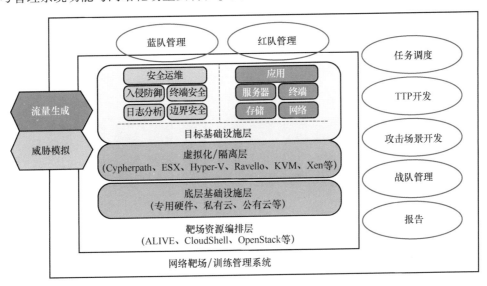

● 图 2-18　NIST 的安全实训类网络靶场参考模型

参考模型分为以下几个功能层。

- 靶场资源编排层：该层从靶场训练管理系统（RLMS）获取输入，将网络靶场的所有技术资源与服务组件组合在一起。有些网络靶场使用定制开发的编排层，也有的直接使用这方面的现成产品进行实现。资源编排层可以为网络靶场提供各种"原材料"，促进底层基础设施层、虚拟化层（或隔离层）和目标基础设施层的有机对接。
- 底层基础设施层：所有的网络靶场都构建在网络、存储和服务器基础设施之上。也有一些专用靶场直接使用机架里的物理基础设施（交换机、路由器、防火墙和终端设备等）进行构建，但这通常需要更高的成本，也会牺牲可扩展性。出于可伸缩性、可扩展性和成本控制等多方考虑，大多数网络靶场的供应商转向软件定义的虚拟基础设施。基础设施的取舍一定程度上取决于网络靶场的仿真度或等效性，以及必须用哪些软硬件来满足任务需求。除基础设施之外，很多网络靶场还会建设流量生成和攻击模拟的功能。
- 虚拟化/隔离层：网络靶场需要使用虚拟化技术来突破物理资源的限制。虚拟化技术通常分为两类，即基于 hypervisor 的解决方案和基于软件定义的基础设施。无论采用何种虚拟化方法，靶场架构中的底层物理基础设施和目标基础设施之间的"中间层"（所产生的抖动与延迟）可能会影响靶标场景的真实感，但同时虚拟化层也是目标基础设施（带有攻击向量）和底层基础设施（专用硬件、公共云和私有云）之间的防火墙。

- 目标基础设施层：目标基础设施指网络靶场中训练使用的模拟环境。基于训练场景的具体要求，目标基础设施需要与真实的 IT 设施、安全设备设施相对应。高级网络靶场还可能包含商用服务器、存储、端点、应用程序和防火墙配置文件等关键设施与场景细节。通过与学员之间的交互，RLMS 生成配置脚本（可能包含特定客户端的配置文件、IP 地址范围、路由信息、服务器堆栈和端点软件信息），驱动编排层创建目标基础设施。

2. 通用型网络靶场参考模型

与 NIST 的网络靶场参考模型相比，通用型的网络靶场将涉及更复杂的技术架构与业务应用，如图 2-19 所示，可以把靶场体系结构抽象为基础设施层、能力支持层、靶场资源层、业务应用层和网络靶场门户层，各层功能说明如下。

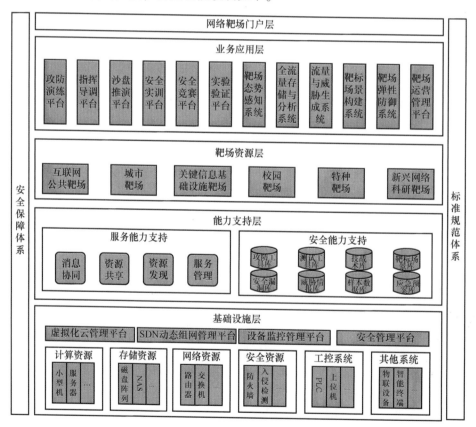

- 图 2-19　通用型网络靶场参考模型

（1）网络靶场门户层

作为网络靶场各业务系统的统一入口，通过身份鉴权识别用户类型与操作权限，导航至相应的系统入口。

（2）业务应用层

业务应用层构建多种应用平台，如攻防演练平台、指挥导调平台、沙盘推演平台、安全实训平台、安全竞赛平台、实验验证平台、靶场态势感知系统、流量与威胁生成系统、靶标场景构建系统、全流量存储与分析系统、靶场弹性防御系统和靶场运营管理平台等，为用户提供各类靶场服务。重要的有攻防演练、沙盘推演、安全实训、安全竞赛、实验验证等平台。

（3）靶场资源层

靶场资源层是对底层资源与能力的封装，按不同的用户群体、业务需求整合为不同的靶场类型，常见的有互联网公共靶场、城市靶场、校园靶场、关键信息基础设施靶场、特种靶场和新兴网络科研靶场。

（4）能力支持层

能力支持层为整个网络靶场提供服务能力支持和安全能力支持。服务能力支持方面主要有消息协同、资源共享、资源发现和服务管理；安全能力支持方面包含攻防工具库、测试工具库、技战术库、靶标场景库、安全漏洞库、威胁情报库、样本数据库和应急预案库。

（5）基础设施层

基础设施层为整个网络靶场提供软硬件设施与资源，包括计算资源、存储资源、网络资源、安全资源和工控系统等硬件基础设施，还包括虚拟化云管理平台、SDN 动态组网管理平台、设备监控管理平台和安全管理平台等软件系统。

3. 公共靶场单节点网络结构

公共靶场单节点网络结构示意如图 2-20 所示。

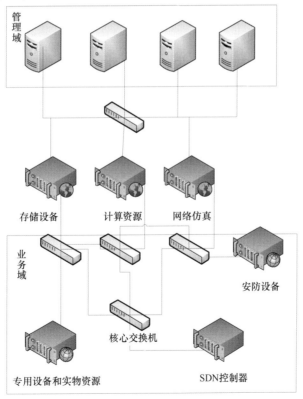

• 图 2-20　公共靶场单节点网络结构

公共靶场单节点网络结构中，计算资源、存储设备和网络仿真服务器等设备通过网络互联，基于 SDN 技术实现各类资源的互联互通、端口映射和流量重定向。管理域和业务域相互隔离，通过 SDN 控制器进行控制指令层次的互操作。

4. 公共靶场多节点网络结构

公共靶场多节点网络结构与单节点网络结构相似，由多个单节点网络结构互联构成。如图 2-21 所示。

5. 城市靶场网络结构

城市靶场网络是一个依托互联网连接的，包括政务网、企业网和工业网等在内的由真实环境组成的混合型网络，如图 2-22 所示。

● 图 2-21　公共靶场多节点网络结构　　　● 图 2-22　城市靶场网络结构

6. 关键基础设施专业靶场网络结构

关键基础设施专业靶场由电力网、水利网、燃气网和气象网等关键信息基础设施和由特殊需求定制的工控类网络共同构成，如图 2-23 所示。

7. 新兴网络科研靶场网络结构

新兴网络靶场包括依托当前及未来信息新技术构建的独立虚拟或实际靶场，以及将新技术应用于其他靶场内后改造的新靶场，5G 通信靶场、物联网靶场、区块链靶场、量子技术靶场、车联网靶场和卫星互联网靶场等都是重要主题。这些新兴靶场之间可以相互独立开展对抗演练或验证支持，同时也可以通过有线或无线网络互联构建更大的靶场环境，其靶场网络结构如图 2-24 所示。

● 图 2-23　关键基础设施专业靶场网络结构　　　● 图 2-24　新兴网络靶场网络结构

第3章 网络靶场的虚实之道

> "埏埴以为器，当其无，有器之用。
> 凿户牖以为室，当其无，有室之用。
> 故有之以为利，无之以为用。"
>
> ——《道德经》

网络靶场是现实网络环境、数字业务与攻防对抗在高度受控条件下的虚拟仿真。而虚拟仿真的目的，是为了更方便地使用靶场资源研究解决现实网络中存在的各种问题。因此，靶场的"虚"，来自于"实"；靶场的"虚"，应用于"实"。本章重点讨论网络靶场通常情况下提供的各种功能与服务。

3.1 网络靶场的虚实与功用

本节分析网络靶场的业务需求与用户角色。

3.1.1 靶场业务需求分析

网络靶场的主要用户是网络安全监管机构、关键信息基础设施等重点行业用户、重点保障单位的相关人员。

靶场的业务功能体系具体包括重点行业域、重点任务域和重点工程域三个层面，如图 3-1 所示。

从重点行业域的层面来看，网络靶场的核心是涵盖金融、能源、交通和政务等重点领域，满足其大数据系统和基础设施安全体系建设与科研试验应用需求。

从重点任务域层面来看，依托网络靶场可以完成真实环境演练、人员能力培训、产品研发试验、安全态势感知和漏洞发现与防范等任务。

从重点工程域层面来看，根据战略定位与使命任务，靶场将构建各行业各领域典型应用环境，

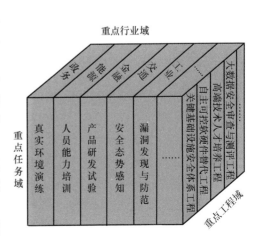

• 图 3-1 网络靶场业务分析

提供实战演练、安全实训、技术验证和创新试验等服务内容。从而有效支撑关键基础设施安全体系工程、自主可控软硬件替代工程、高端技术人才培养工程、大数据安全审查与测评工程等工作顺利开展。

网络靶场的具体业务主要覆盖以下各方面内容。

1. 攻防演练

以大数据及网络安全技术为主要手段，响应国家安全高端人才培养的号召，借助靶场提供的应用场景和应用案例，向安全从业人员提供特色攻防技术教学及当前网络最前沿的技术动态和发展方向，快速提升安全人员在特定环境下的安全技能。全面提高政府、行业和企业安全从业人员的安全技术水平，提升在网络空间开展信息监察、预防和提高突发事件的处理能力。攻防演练可分为以下几种情形。

1）专攻：构建城市级专业网络靶场，以开放、半开放和全封闭等网络形态，想定[⊖]不同演练模式和演练目的，常态化对区域城市重要系统的高度仿真目标开展攻防演练，通过实战演练，准确掌握区域网络、目标单位、关键信息基础设施、大数据中心和核心敏感目标。针对攻防演练中发现和暴露的安全风险，开具诊断意见，提供解决方案，为网络与大数据基础设施防御体系建设提供技术、产品和服务支撑。

2）通用：建设国家级大数据与网络公共靶场，构建模拟仿真和虚拟想定靶标系统，常态化提供大数据与网络实战演练环境应用，支撑国家和合作省市战略、战役、战术攻防演练。

3）融合：整合多方面功能需求，构建特种网电靶场，积极配合和支援大数据与网络实战演习训练，深化攻防协同的内容与程度。

2. 实战检验

以地方政府、行业和重点企业等大数据平台为真实的安全靶场，实现真实环境下的攻防对抗，发现针对安全管理流程和业务应用、大数据平台的隐患，评估政府重要系统及基础设施的安全能力，保障核心安全。实战检验可分为以下情形。

1）攻陷系统：攻击团队实施攻击并进入目标系统，尝试在重点攻击的目标系统内留下标记（如修改网页，显示演练活动 logo 与标语文字），模拟境外组织惯用的篡改网页、张贴口号的安全危害。

2）窃取数据：获取攻击目标有价值的信息等，针对预先设定数据标签的数据资产，对其实施下载、修改和删除等操作，模拟高级黑客攻击对系统造成的严重危害。

3）潜伏远控：绕开目标系统的安全保护机制并潜伏下来，实施远程控制，使目标成为攻击者的"傀儡"。之后"傀儡"可随时把敏感信息源源不断送出，也可以利用"傀儡"进一步渗入内网，扩大攻击面积，提升攻击高度，对全网造成更大、更长期的破坏，甚至使系统瘫痪。

实战检验还包括与上述层级对应的安全防御措施、审计取证手段和应急响应流程。

⊖ 想定：网络实战中一项假设性的行动方案，供决策人员及军事人员评估或预划未来战争之依据。作战想定是作战仿真中军事与技术沟通的桥梁，需要通过形式化的方式进行有效地表述，从作战需求和仿真系统开发技术出发，通过分析抽象提出了作战想定形式化表述的 W^5（Who、When、Where、What、hoW）原则，进而对作战单元的时空运动和使命任务规划方法进行研究，提出了一种基于原子条件和原子行为的任务规划方法，最后利用这一研究结果开发一个作战仿真系统。

3. 人才培养

对于抽象的网络空间安全技术，采用实物化、流程化的平台可以加深研究人员对相关技术的认识与理解，加快对实际操作能力的掌握。网络靶场通过提供信息安全实训平台和真实的网络环境，可开展安全演练，重点提升网安人员的网上行动能力，解决实际赋能问题。网上行动能力包括以下多个方面。

1）情报侦察能力。"情报先于行动，情报引导行动"，该环节培养情报侦察意识，训练情报协作能力与情报获取能力，训练密码分析能力，增强情报研判能力、跨部门情报整合能力与应用能力。

2）实时监测能力。对目标进行持续监测，掌握目标实时状态，并根据预先设定的策略及时处置监测结果。

3）技术监测能力。利用技术手段，对可疑流量、恶意代码、攻击行为和安全事件进行数据采集与分析的能力。

4）通报预警能力。掌握通报预警机制，对重要网络、信息系统和关键信息基础设施的安全事件进行通报预警。

5）应急处置能力。掌握应急响应流程，设定应急预案，增强协作能力与应变能力。

6）追踪溯源能力。通过攻击路径发现、攻击工具画像、攻击者画像、netflow 流分析溯源和大数据挖掘等方法，追踪攻击源头，进行防护与反制。某国家级预警溯源平台参考架构如图 3-2 所示。

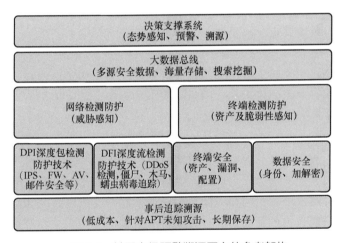

● 图 3-2 某国家级预警溯源平台的参考架构

7）综合防御能力。综合结合管理与技术手段，充分利用终端安全、网络安全、应用安全和数据安全等防护产品与技术，形成立体纵深的防御体系能力。

8）态势感知能力。广泛采集和收集广域网中的安全状态和事件信息，并加以处理、分析和展现，从而明确当前网络的总体安全状况，为大范围的预警和响应提供决策支持。态势感知技术主要是应对大范围广谱威胁（APT 检测技术主要应对高级的针对性攻击）。态势感知相关的技术包括海量异构数据分析、深度学习、网络综合度量指标、网络测绘、威胁情报、知识图谱和安全可视化等。

9）固证打击能力。使用取证工具（如磁盘和数据捕获工具、文件查看器、文件分析工具、注册表分析工具、互联网分析工具、电子邮件分析工具、移动设备分析工具、操作系统分析工具、网络取证工具和数据库取证工具等）对网络犯罪的数字证据进行获取与固定，为打击网络犯罪提供证据支持。

10）技术反制能力。针对高级威胁的溯源技术指的是通过攻击行为的特征追踪到攻击行为主体的攻击主机、攻击控制主机、攻击者和攻击组织机构等信息。这些被利用的特征包括邮件、水坑和渗透等攻击习惯，所利用的漏洞、平台、持久化方法，检测对抗等技术特点，控制与通信的特点以及攻击者对区域或国家、行业或领域的目标偏好等。根据不同的特征，溯源反制可以从两个方面入手，一方面是从网络侧发起，另一方面是从样本侧发起。其通常利用的溯源特征如图3-3所示。

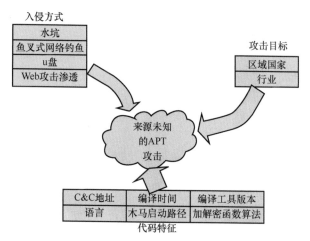

● 图3-3 几种常用的溯源特征

11）数据获取能力。攻击溯源主要包含两项工作：其一是收集大量的数据，其二是对数据进行分析与关联，逐步找到攻击的源头。因此，数据获取能力是基础。相关数据主要是安全设备的告警日志、域名信息和用户在公网资源上的注册信息等。另外，社会工程数据在攻击溯源的过程中也扮演着重要的角色。

4. 技术验证

大数据验证靶场也可作为软硬件适用性验证靶场，验证相关设备在政府机关、行业企业和重点单位等大数据平台上的可用性，同时作为全国服务型验证靶场，服务于全国的大数据平台设备验证靶场，测评各类设备在大数据平台上的功效。

5. 创新试验

以行业信息化、网络安全和保密为主要出发点、重点研究信息管理和安全应用，建设新技术开发与验证平台，研究信息安全取证、破译和解密等技术。模拟政府企业及其他行业复杂网络环境，开展针对网络攻击与相应防范措施的实验。作为网络与大数据新技术的创新研发基地，提升网络空间自主创新能力。一方面针对性解决攻防实战和产业应用中出现的新威胁、新情况，另一方面创新研发网络空间新技术、新产品。依托靶场整合大数据资源，进行更多相关领域的研究和创新。

网络靶场应主要满足以下功能需求。

（1）大数据复杂性安全试验环境需求

进行复杂性安全试验需要网络靶场具备四方面的能力：一是大规模复杂异构网络的快速复现能力，可以复现政务系统、重点行业系统、电信网和物联网等各类复杂异构网络；二是复杂用户行为及网络舆情复现能力，可以逼真模拟社会网络中人的行为和舆情行为；三是大数据复杂特征的复现能力，可复现网络空间融合性、隐蔽性、复杂性、无界性、高速性和层次性等复杂特征；四是大规模网络快速灵活重组能力，可从一个试验网络结构快速灵活重组成另一个试验网络结构。

（2）成体系的验证评估能力需求

为了精确验证评估目标系统大数据安全性、可恢复性和灵活性，操作系统、网络协议和内核等关键软硬件的安全性，网络靶场需具备成体系的验证评估能力。利用高水平的实战验证资源库（测试工具库、测试用例库等）及先进的验证评估手段，开展渗透测试、风险评估，对目标系统安全性进行全方位、体系化和自动化测试评估。

（3）高安全隔离与高数据安全的联合试验环境需求

为了并行开展不同安全等级网络的试验而不影响各试验网络与数据安全，需要构建高安全隔离与高数据安全的联合试验环境。在联合试验环境中可并行开展多个不同安全等级的安全技术测试、各种恶意软件和恶意代码测试等试验，而不用担心试验基础设施安全。并行试验之间不会相互干扰，重要数据也不会在试验中泄露。

（4）资源自动配置与快速释放能力需求

为了实现靶场内部各类异构共用资源（网络、计算、存储和信息等）的集中管控和灵活调用，使其利用率最大化并保证用户对资源使用的有效性，需具备资源自动配置与快速释放能力。

（5）面向公共的服务能力需求

为实现靶场与其他安全实验室或资源的联合研究、数据动态共享、重用和互操作，网络靶场需具备面向公共的服务能力，建立服务化、智能化、网络化和模块化的网络共用基础设施集成环境，为各功能系统面向服务的部署、集成、运行与管控提供全过程支撑。

（6）促进产业发展的需求

从主干角度看，靶场的核心功能应当更多地体现在攻防演练、防御支援与人才培训方面，与促进当地产业发展要素汇聚的社会效益关联起来。例如，某国家大数据安全靶场的攻防演练功能，尤其是对高仿靶标的实战攻防功能，形成了该靶场的核心和特色，通过坚持"实战化、体系化、常态化"的实战攻防，检验能力、查找问题，强固网络与大数据安全防御，开拓网络安全市场，最终达成"建设一个网络靶场，打造一座安全的数字城市，实现大数据产业保障与大数据安全产业发展"的产业目标。

3.1.2 网络靶场的用户角色

网络靶场常设的用户角色除了系统管理员、安全管理员和业务管理员之外，最主要的是与攻防演训、科研实验相关的用户角色。

比较重要的用户角色有攻击方（红方）、防守方（蓝方）、概念方（紫方）、指挥导调方（黄方）、技术支撑方（白方）、测评方（绿方）、流量模拟方（灰方）和观摩方，如图 3-4 所示。

（1）攻击方（红方）

对抗双方中的攻击方，一般也叫红方。红方人员负责为靶场业务制定攻击检测的计划与方案，根据方案完成攻击技术研制与部署任务，按计划针对具体目标，发现其脆弱性，利用攻击资源实施网络攻击，以达到破坏信息系统、影响业务运行、窃取或泄露敏感数据与网络资源等预期目的，与防守方形成攻防对抗。

注意：网络安全攻防演习中，攻防双方一般称为"红方蓝方"，但有时也反过来称为

"蓝军红军"或"蓝队红队",请根据组织方的具体要求来命名。

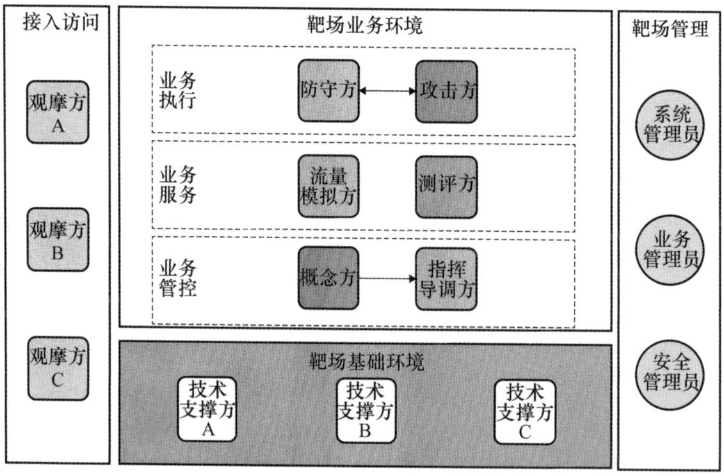

● 图3-4　网络靶场的用户角色

（2）防守方（蓝方）

与攻击方相对应,一般称防守方为蓝方。蓝方人员需要在靶场业务实施前制定防御计划,根据计划完成防御技术的部署,在事件实施过程中,对来自攻击方的网络攻击实施防御行为,或者利用/攻击对手系统以保护网络阵地。具体来说,在网络靶场事件执行中负责使用防御工具及技术部署,使被保护对象（硬件、软件、网络及数据等资源）受到保护,不因偶然的或者恶意的原因而遭受到破坏、更改和泄露,保证系统连续可靠正常运行和网络服务不中断的安全状态,达到或实现安全防御的目的。与攻击方形成攻防对抗。

（3）概念方（紫方）

概念方也称紫方。指理想化的概念团队,以确保并最大限度地提高攻击方和防守方的效率。通过将防守方的防御策略和控制与攻击方的攻击策略和手段进行分析整合,制定并添加统一的策略规则,实现双方在攻防过程中的收益最大化,最终目标是解决攻防双方缺乏信息共享的核心问题。

（4）指挥导调方（黄方）

指挥导调方也称黄方,负责网络靶场事件计划、设计、执行、管理和评估等全生命周期导演、指挥、调度和控制工作。对事件过程中的靶场资源及参与方具有完全的权限,可以在事件期间的任何时间进行任意更改,确保事件的各个环节按照预定的计划和设想有序高效地进行。主要职责包括但不限于：根据需求进行事件规划,有针对性地对事件所需的资源、人员、流量等进行配置;制定事件想定,规划事件流程,设计事件场景,完成脚本编辑;监控事件执行状态和发展态势;传输导调信息,对事件过程进行干预和调整,引导事件进程,达到事件目的;对事件数据进行查询分析、回放和归档等。

（5）技术支撑方（白方）

技术支撑方也称白方,为整个事件过程提供技术保障。白方需要根据黄方的事件计划,完成整个仿真环境的搭建,包括虚拟网络生成、实物网络配置、虚实互联及网络服务生成等内容。此外,在事件实施过程中,白方需要进行攻防情报的收集,包括数据采集与处理、状态监控、态势显示和数据存储等内容。在试验结束阶段，白方还要负责事件资源的净化释放。

（6）测评方（绿方）

测评方也称绿方，负责对事件运行阶段技术支撑方（白方）收集的各类事件数据与攻防情报进行详尽分析，对攻防效果进行评估，并出具相关评估报告。

（7）流量模拟方（灰方）

流量模拟方俗称灰方，指在网络靶场事件中模拟背景流量的一方。负责产生事件执行过程中所需的背景流量和自然流量，达到仿真正常业务和正常应用、模拟合法用户行为的目的，同时负责流量模拟系统的运行管理和状态监控，维护流量模拟系统的正常运行。

（8）观摩方

观摩方指以第三方视角对靶场事件进行观摩和评价的角色。对网络靶场系统具有受控制的查看权限，不会直接影响网络靶场运行和事件的执行。

3.2 国家靶场与城市靶场

国家靶场应作为网络靶场战演练组件中最高级别的核心组成部分，其功能作用定位于利用虚拟与仿真技术构建一个以当前国家关键信息基础设施与大数据战略资源为原型，体系架构不同、网络拓扑各异、防御机制典型、高度仿真和覆盖各领域各行业典型应用的虚拟环境网络，能够为超大规模、大规模和中小规模的攻防实战演练环境，以及网络安全人才技能培训、高级研修和专题研讨等提供环境支撑。

城市靶场定位为整个网络靶场中的以城市为实际网络安全工作范围的实网靶场环境，其能够为摸清城市网络安全底数，感知网络空间安全态势，保障城市关键信息基础设施安全提供支持。同时能够为各种攻击技术的检测，以及信息安全新技术的验证提供真实环境支撑。

3.2.1 国家级演训与试验平台

国家级演训与网络安全攻防试验平台以支撑针对国家关键信息基础设施开展攻防体系对抗为目的，落实覆盖"事前、事中、事后"的"全程监控、全程审计、全程录屏、全程录像"4个全程安全要求，确保网络实战攻防演练顺利进行，准确获取国家关键信息基础设施安全防护能力态势，科学指导相关行业部门开展问题整改，整体提升关键信息基础设施（简称关基）安全防护能力，保障关键信息基础设施和大数据安全。平台需面向网络安全体系对抗的网络攻防模型，其网络攻防体系对抗空间功能结构如图3-5所示。

国家级网络靶场平台以攻击者身份认证为起点、防御者应急响应追踪溯源为终点的全流程保障，以及包括攻击者行为、攻击武器与网络、攻击战术战法和防御者行为、防御装备工具、防御策略预案等全要素覆盖的安全支撑体系。为保证实网、实兵、实战的真实对抗效果和安全可控，结合对攻击方的行为、武器、战法等全元素、全流程的监测管控，对实网目标基于信息流的全封闭隔离管控，对攻防态势及实战大数据的全视分析与展示等技术，以及基于等级保护相关标准要求的网络防御体系能力持续性评估方法和基于安全生态整体协同联防的高级网络威胁持续性应对方法，支撑对国家关键信息基础设施实网在可信可控环境下开展 APT级实兵对抗的实战攻防演练平台，支撑国家级网络实战攻防演练行动。依据支撑网络体系对抗理论模型，形成了支撑实战攻防演练的关键技术结构。

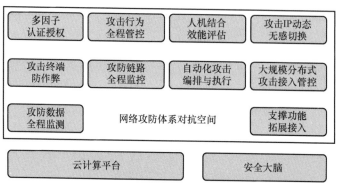

● 图3-5　可信可控网络攻防体系对抗空间功能结构图

国家级网络实战攻防演练主要内容是组织实施大规模真实攻防体系对抗，在有限的时间段内检测和发现目标单位的关键信息基础设施常态下安全防护能力的安全隐患。其重点之一是模拟仿真出真实等效的攻击能力，以复现攻防两端的能力对抗，攻击能力则是包括攻击人员、攻击战法、攻击武器与网络以及相关属性等全要素的体系能力。

网络空间对抗是信息不对称的对抗，真实的网络攻击可以来自世界任何一个地方，采用加密、代理、跳转和预置等多种手段与战法隐藏自己，每一个攻击点对于防御者来说都是未知的。演练平台基于安全大脑的知识库和智能分析，拓展接入实战攻防数据库、APT攻击TTP库等，深入研究典型网络攻击战法战术，基于云计算技术构建了高真实度攻击网络，结合APT级网络武器与工具的应用，等效再现攻防两端的能力体系对抗。

另一个技术难点是应用海量IP库、攻击链路加密和大范围攻击路径跳转等技术，在真实仿真出攻击网络、攻击武器等场景的情况下，需要对攻击者的操作行为、战术战法和攻击路径等信息进行智能分析与实时监控。

国家级网络实战攻防演练一般指国家级机构筹划组织的针对真实关键信息基础设施实施的实兵对抗演习，需要在演习过程中对防守方、攻击方（包括非参演攻击者）等角色加强监测，对攻击源、攻击路径和攻击武器等进行精准管控，防止过度攻击、非法攻击等情况发生。

实战攻击过程中，为了保证目标单位业务的正常运行，攻击队员需要严格遵守攻击准则，在允许的范围内开展攻击，防守单位也要遵循防守准则，避免恶意防守，平台需要建立监控攻防两端的安全稽查系统，保证行动的公平公正。演习中发现的违规行为与事件，需立即通报警告，并提交裁判专家组进行事件研判并及时处置，避免出现不良安全影响。

提供安全行为检测与预警机制，识别参演攻击队员私自设立跳板和代理等未授权设备，防止敏感攻击流量被敌对势力截取，以及攻击行为失控情况发生。通过收集国内安全企业的有效数据，结合关键信息基础设施态势大数据，汇聚网络资源识别库（IP地址、域名、国内外跳板和代理等资源），建立国家层面可疑资源库，形成针对网络实战攻防演练的威胁情报支撑。利用专项威胁情报与攻击流量数据关联，有效稽查违规、违法攻击行为。实现对非演习攻击源或境内外恶意 IP、服务器等攻击行为进行快速告警，提供反渗透行为监测，保障演习全程安全可控。

运用安全大脑大数据智能检测与关联分析技术，对攻击工具进行事前、事中的检测与审查，能够及时发现带"后门"攻击工具违规外联，防止敌对势力利用攻防演练浑水摸鱼，导致关键信息基础设施遭受演习外的攻击。

需防止防守方脱离日常业务运行环境，采用极端手段过度防守，比如大规模封禁 IP，关停网络或信息系统等方式。采用网络探测技术，实时监测防守方的极端防守行为，通过人工智能技术自动分析防守方 IP 封禁范围，判断防守方业务灵活性，识别封禁 IP 群、关闭业务等极端防守行为。

3.2.2 城市网络空间安全治理的利器

网络靶场与城市具有天然的结合点：靶场需要丰富的靶场环境，城市安全治理需要靶场的安全能力支撑。企业级网络靶场一般采用自建自用的模式，但城市网络靶场要定位于网络安全公共基础设施，它向上可以支撑区域乃至国家网络安全的战略任务，向下可为城市各行各业提供安全服务，促进安全生态的发展，因此具有独特的研究价值。

1. 靶标环境与演练活动

以城市级现实信息系统作为原型，利用数字孪生技术开发 1∶1 高仿靶标，开展面向电子政务网、电子商务网、工业控制网和物联网等特定环境的网络实战演练。理论上，这类演练可平滑切换为真实环境，可把这些靶场当作现实高仿靶标看待，安全可控是第一要求。针对不同类型的靶标，靶场为演练提供事前、事中、事后全方位定制化的支撑和保障：事前，提供物理场所、实施方案、演练平台、攻击工具和应急预案；事中，提供严格的导调和全过程管控，针对突发事件按照应急预案迅速响应，确保演练过程安全可控；事后，评价攻防能力，评估演练效果，总结经验教训，为国家应对网络战获取和积累经验。

（1）模拟仿真靶标攻防

国家级关键信息基础设施不同于城市级现实信息系统，如果面向真实系统开展攻防演练，有可能导致灾难性后果，严重的将危及国家安全。为避免可能存在的风险，可采用构建模拟仿真靶标的方式开展实战演练。通过利用虚拟与仿真技术，以适量的物理设备模拟远超其硬件规模的网络基础设施物理设备，搭建关键信息基础设施模拟环境，支撑面向电力、金融、交通和能源等重要信息系统的攻防演练。

（2）虚拟想定靶标攻防

为保障国家网络空间安全，开展国家级网络安全演习（甚至国家间网络安全联合演习）尤为重要。靶场通过集成高度仿真的智能假想敌，可开展国家级军民融合的大规模网络攻防演练，在虚实结合、高度仿真的环境中，协同开展攻防试验活动，试验网络攻防武器、验证网络攻防技战法、锻炼各行业网络安全人员的实战能力、积累网络安全应急处置经验。

（3）实现途径

设置网络靶场演训部，负责协调大数据攻防演练实战基地和关键基础设施网络与大数据仿真中心协同开展工作，完成网络攻防演练的基础环境搭建、演练方案和应急预案设计，以及现场导控等任务。演训部可聘请多方安全专家与业务专家成立专家委员会，负责方案评审、关键技术把关和应急处置支持工作。

2. 防御服务功能

网络靶场的"攻"是为了掌握防御体系存在的漏洞与弱点，了解网络攻击的手段特点，最终是为了更好地"防"。因此，靶场应该建立"攻防兼备"的服务能力。防御服务方面，靶场可提供以下几方面的支撑。

（1）大数据与网络安全防御体系诊断与技术服务

还原真实的大数据中心内网环境和安全防御体系，开展结构弱点与系统漏洞分析，对实战攻防演练中暴露出来的问题，提供技术服务支持，针对性地强固现实信息系统安全防御体系。

（2）大数据与网络安全产品试验与检测服务

面向安全企业提供大数据与网络安全产品测评环境、技术与认证支持。面向军方开展基于大规模的网络攻防背景的武器试验。

（3）重要信息系统漏洞挖掘与安全审查技术支撑服务

靶场利用先进技术，针对关系国计民生的重要信息系统开展漏洞挖掘工作，建立重要信息系统和关键基础设施漏洞库。根据国家网络安全审查政策，对上线入网的网络安全产品和信息系统开展安全审查，靶场可为审查工作提供技术支撑。

（4）实现途径

成立网络靶场防御组织，负责协调大数据安全防御服务中心、大数据攻防武器试验基地和国家网络安全产品审查中心协同开展工作。

3. 创新试验功能

网络靶场的丰富资源为网络安全创新试验提供了独特的条件，可开展新技术、新应用的安全验证，也可结合行业需求研究创新解决方案。

（1）大数据与网络安全技术创新

利用靶场技术、资源和环境优势，以攻防演练为导引，以解决问题提升水平为目标，通过开放课题、联合攻关等多种方式，吸引高端人才和机构落户靶场所在区域，开展网络与大数据安全技术创新研究工作。尤其是在最新实施的网络安全法的指导下，构建安全可信的检测环境、等级保护的检测环境，可面向全国用户，促进产品与技术创新，形成安全效益与经济效益并存的局面。

（2）高仿靶标系统网络态势感知

通过政府监管、行业合作、分布式蜜网和安全探针等多种渠道获取安全数据，利用靶场的技术和环境优势，针对高仿靶标系统开展可视化的大数据安全态势感知，实时发布安全指数、预警安全威胁和支持应急响应。

（3）大数据情报分析与反馈应用

建设大数据密码攻防能力，对大数据进行脱敏、清洗和分析，发展多源情报数据分析能力，支持网络安全事件通报工作。在政策许可的范围内，利用大数据情报优势反馈社会，维护社会稳定和促进经济发展。

（4）实现途径

成立网络靶场技术部，协调大数据安全技术创新基地、大数据安全态势感知中心、大数据安全分析与情报应用中心共同开展工作。

4. 人才培训功能

网络靶场在支撑网络安全领域的意识教育、技能实训、专业实践和人才选拔等方面工作具有独特优势。可提供的人才培训服务主要有以下类型。

（1）大数据与网络安全技能培训

常态化组织开展大数据与网络安全人才技能培训，面向各级政府网络安全和信息化工作人员、企业网络安全和信息化运维人员，以及在校大学生开展以实战为背景的技能实训。培训以"实用、技能"为重点，针对不同类型的学员目标、教材和师资力量都有所侧重。

（2）网络与大数据安全进阶培训

针对有一定工作经验的网络与大数据安全从业者开办进阶培训班，以提升能力、拓宽视野和提高素质为目标，培养网络与大数据安全新生代专家。

（3）大数据与网络安全战略研讨

紧密跟踪国内外大数据与网络安全发展态势，开展区域性、行业化大数据发展战略研究，定期组织国家级网络与大数据安全论坛，邀请"政产学研用"各界专家研讨并形成成果，为政府和企业产业发展提供决策咨询。

（4）网络与大数据安全高级研修

定期组织网络与大数据安全高级研修班，目标群体定义在企事业单位网络安全和信息化工作主管领导，邀请国家级专家针对热点问题、新理论和新技术开展专项研讨。

（5）网络安全技能认证与水平考试

结合技能培训、进阶培训和高级研修班，与国家信息安全认证中心合作，开展网络安全技能认证与水平考试工作，尤其在大数据与大数据方向，依托区域优势，做成全国性的领先品牌。

（6）实现途径

设置靶场培训部，指导大数据与网络安全人才实训基地开展人才培养相关工作，协调其他各部门为人才培养工作提供支撑，同时为其他各部门提供人才保障。建立专兼职结合的讲师团队，探索高校、培训机构与企业三方良性互补的人才培养模式。

3.3 综合靶场与行业靶场

除了上一节讲述的国家靶场与城市靶场，平时更容易接触的是形式多样的综合靶场与行业靶场。本节介绍这些靶场的分类方法、常见功能与应用场景。

3.3.1 综合靶场的功能与应用

网络靶场的建设在形态、规模、技术与架构等方面，已有了较大的发展与演进。在形态上，网络靶场从纯物理靶场形态演化到虚拟化形态，且同时满足对物理设备、网络的接入，并开始支持移动形态的小型化网络靶场。在规模上，从只支持数十人现场使用的规模逐渐演变到数千人接入使用的规模。在技术上，云计算、虚拟化、NFV 和 SDN 等技术被引入网络靶场中。在架构上，网络靶场开始引入中台系统，为客户提供更灵活、高效的场景构建能力。

根据各行业用户的需求，已建设的网络靶场除具有共性的功能服务之外，也呈现出不同的行业应用。丰富多彩的网络靶场家族，根据行业属性大致可以分为以下 5 类。

- 部队行业网络靶场。
- 安全监管机构网络靶场。
- 关键基础设施行业网络靶场。
- 教育行业网络靶场。
- 面向中小企业的"网络靶场即服务"。

跨行业的综合网络靶场通过对不同行业应用场景的复杂组合，支撑起庞大的靶标体系，支持不同类型的网络及设备接入，包括操作系统、物联网、ICS[一]、安全设备、无线网络和卫星网络等。依托提供靶场业务封装能力的中台系统，能快速构建面向多种需求的靶场应用，覆盖教学、训练、实网演练、网络战争、认证和研究等方面。在靶场应用中引入网络安全技术标准与管理体系，如网络杀伤链、ATT&CK、F2T2EA[二]等，促进靶场业务水平的提升与发展。

综合网络靶场应用需要覆盖上述 5 个领域的内容，也需要考虑新兴行业的需求，如物联网、移动安全、云计算和人工智能等。结合行业特征与网络靶场的任务使命，全景化网络靶场需要包括但不仅限于以下的典型应用。

1. 网络战演习（Cyber Wargame）

网络战演习是加强网络部队应对网络威胁、开展网络打击的典型业务场景，也是网络攻击与对抗的典型靶场应用，即在一个或多个超逼真仿真环境中，进行赛博联合演习。网络战争与常见的类 CTF 竞赛（CTF Like Competition）不同，具备以下的特性。

1）角色接入（Team Access）：支持最少 4 方角色的接入，覆盖红方、蓝方、白方和绿方。

2）场景仿真（Domain Emulation）：支持纯虚拟化、物理设备和虚拟物理混合的场景仿真。

3）任务系统（Storyline）：对每个角色提供至少一套任务系统，能够按照目的进行分解。

4）导调控制（Life Cycle Management）：实现对场景的全生命周期管理，包括创建、编辑、部署、生成和执行等。

2. 实网演练（Exercise）

以 IBM X-Force 为代表的网络靶场是依托安全设备，在真实的网络上开展业务演练。实网演练是基于实际业务流程的可控性复现，更强调在具备了必要的技能之后，如何在实网系统上根据实际业务情况进行正确判断，并采取正确的技术手段达成目标。实网演练包括以下几个方面。

1）深度测试（In-depth Penetration）：针对特定目标的网络杀伤全链动作，能够根据

⊖ ICS，Industrial Control System，工业控制系统。

⊖ F2T2EA 指"发现（Find）-定位（Fix）-跟踪（TRACK）-瞄准（Target）-交战（Engage）-评估（Assess）"全杀伤链。

ATT&CK 进行分解与优化。

2）应急响应（Incident Response）：对突发安全事件的响应、缓解、处置和解决，能够根据 P2DR[⊖]（基于时间的动态安全循环）模型、PDRR[⊜]（自动故障修复能力）模型、IATF[⊜]（纵深防御）模型进行处置与演练。

3）取证调查（Forensics & Investigation）：针对网络入侵与网络犯罪，提供电子证据取证最佳实践，覆盖现场证据、线上证据、数据分析和取证报告全流程业务。

3. 训练（Training）

训练是针对单项能力的强化。以实践与强度结合的方式，可以快速提升能力短板，达到演练标准。训练主要包括以下几个方面。

1）技能（Technique）：熟练掌握单项技能的应用环境、使用方法和异常处理。

2）武器（Equipment）：掌握常用装备的使用环境、使用对象、参数配置和性能边界等。

3）战法（Tactics Techniques and Procedures，TTPs）：掌握业务或任务的战术战法，能够根据选定的战法高效完成战术动作。

4）协作（Cooperation）：能够根据 C5ISR[⊗]指挥控制系统的要求，完成多人任务执行。

4. 认证（Certification）

以 Raytheon Cyber Range 为代表的网络靶场，可对完成相关考核的学员进行认证。根据靶场的教学数据与认证成绩，对通过考核的学员给予认证。认证主要包括以下几个方面。

1）课程认证（Lecture Certification）：完成某门课程并通过考核，给予课程勋章。

2）角色认证（Career Certification）：完成某个角色的相关课程认证，并通过角色认证考核，基于角色认证证书。

5. 研究（Research）

研究包括两个方面：研究开发（Research & Development，R&D）和测试评估（Test & Evaluation，T&E）。这要求能够提供一个可自主编辑配置的可控实验床环境。研究主要包括以下几个方面。

1）装备研发（Equipment R&D）：对新型装备的研发。

2）技术研发（Technique R&D）：对新型技术的研发。

3）装备评估（Equipment T&E）：对装备的应用环境、边界性能进行测试与评估。

4）系统评估（System T&E）：对系统的脆弱性、鲁棒性进行测试与评估。

5）最优化评估（Optimization T&E）：通过横向测试与对比，评估出对装备、系统的最优化方案。

根据实际业务的需求量及重要程度，可以将 5 种主要靶场应用按照极高（Very High）、

⊖ P2DR 模型是美国 ISS 公司提出的经典动态网络安全模型，包含 4 个核心要素：安全策略（Policy）、防护（Protection）、检测（Detection）和响应（Response）。P2DR 模型引申出两个数学公式来表达安全要求：1）$Pt > Dt + Rt$；2）$Et = Dt + Rt$，如果 $Pt = 0$。

⊜ PDRR 模型的目标是描述网络安全防御体系的主体架构，包含 4 个组成部分：防护（Protection）、检测（Detection）、响应（Reaction）和恢复（Recovery）。

⊜ 信息保障技术框架（IATF）源于美国国家安全局（NSA），其代表理论为"深度防护战略（Defense-in-Depth）"。IATF 强调人、技术和操作这三个核心原则，关注 4 个信息安全保障领域：保护网络和基础设施、保护边界、保护计算环境和支撑基础设施。

⊗ C5ISR 指指挥、控制、计算机、通信、网络、情报、监视和侦察。

高（High）、中（Medium）、低（Low）、极低（Very Low）这 5 个等级进行排序，如表 3-1 所示。

表 3-1　网络靶场的应用优先级

序　号	靶场应用	优　先　级
1	训练	极高
2	实网演练	高
3	网络战演习	中
4	研究	低
5	认证	极低

3.3.2　基于问题域构建的场景综合体

大多数靶场在建设之初，将较多地考虑通用性。但在应用过程中，特定问题域引发的需求将不断提出个性化的要求，两个方向的牵引就必然驱动靶场向"场景综合体"发展。

"场景综合体"是按问题域对具体需求归纳、归集的一种靶标场景组织形态。譬如在城市，很多问题归集到 5G 通信的安全风险上，可以将面向各类实际安全问题的靶标场景集成起来，如智慧水利、智慧电网、工业互联网和智慧工厂等，形成 5G 城市靶标。

图 3-6 所示为 5G 城市靶标的参考架构。

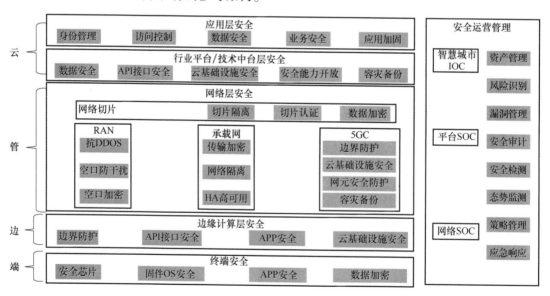

●图 3-6　5G 城市靶标参考架构

可利用该靶场架构，针对 5G 通信管道和应用场景实施深入的攻防分析，如泛在感知安全风险评估验证，5G 高效传输网络安全风险分析，云化基础设施安全加固，业务融合数据安全流程管理，全场景业务安全风险验证等。

下面以工业互联网靶标为例说明其构建要求与具体方法。

工业控制系统的发展受到国家的高度重视。2012 年，我国《"十二五" 国家战略性新兴产业发展规划》中，将工业软件列入高端软件和新兴信息服务产业。2020 年工信部印发《工业互联网创新发展行动计划（2021—2023 年）》，对工业互联网的发展提出明确要求。同年，赛迪发布《工控安全发展白皮书》，为工业领域信息安全提供了全面视角。

随着工业控制系统的高速发展，针对工业控制系统的网络攻击也越来越频繁，相继出现的 "震网" 病毒、"Havex" 病毒和 "沙虫" 病毒等。今天的威胁就是明日的隐患，让威胁止步于靶场中。加强建设工业互联网靶标，针对工业网络靶标进行深度研究分析，对工业互联网安全破局有重要意义。

1. 基于虚实结合技术靶标需求分析

出于工业企业网络应用服务的实时性和高可靠性要求，目前无法直接在工控业务网络，尤其是生产系统上进行网络攻防演练和渗透测试研究。而网络靶场技术能够对真实业务网络进行模拟，在其上进行攻防演练能够避免对真实业务网络的破坏，并且成本低、部署灵活且过程可重复，是工业网络攻防演练和测试研究的有效途径。其需求主要来自两个方面。

1）实战化攻防需求：主要表现为管理人员无法对系统进行周期性实战化攻防演练和排查，实现对系统安全风险预警、检查、分级管理、修复和审计等流程的监督执行，以及对于整个信息系统漏洞情况的实际了解。

2）实战化技能人才需求：目前运维人员普遍不具备安全攻防实战能力，也缺乏培训的实战化环境。

2. 工业互联网靶标与靶场联动

针对典型工业控制系统，通过虚实结合技术，将常见的 PLC、DCS 和 SCADA 等系统融入靶场中，依托工业互联网靶标，完成模拟演习、攻防演练、测试验证、人才培训和科研创新等多项业务。

靶标通过专网与主靶场连接，只要网络可达，就可以被主靶场导调（见图 3-7）。靶场对标靶可进行统一控制、统一管理和运维协同，从而支撑靶场内模拟演习、攻防演练、测试验证、人才培训和科研创新等业务开展。通过统一门户系统、核心资源库和仿真靶场系统等系统联动，将各系统通过界面集成方式集成在靶场的运营中，通过运营视窗查看靶场各业务功能运作情况，方便运营人员及时了解靶场运营状况与靶标的运行情况，提高靶场运营效率。

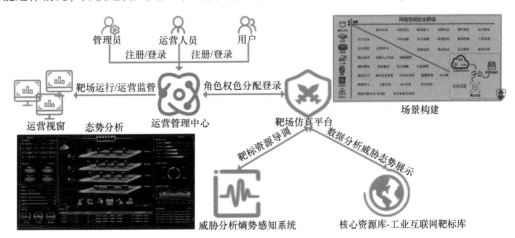

● 图 3-7　靶标靶场联动示意图

1）统一门户系统：通过统一门户系统实现系统与用户交互的窗口，用户的所有操作都通过信息门户提交给相应功能进行处理，并将处理结果展现给用户。信息门户提供单点登录、信息整合、个性化服务、统一权限认证和人脸识别认证等功能。统一用户管理实现组织机构管理、用户信息管理、用户信息修改通知、用户岗位调整通知和用户系统权限授权等功能。

2）核心资源库：核心资源库主要用于存放整个靶场运行的工具、场景、战略和数据等必需资源，是靶场建设的关键部分。通过核心资源库内的靶标场景库，可以管理全部靶标，用户可以通过靶标库查看、管理、维护和使用靶标。同时核心资源库内还内置攻防工具库、攻防策略库和威胁情报库，可针对某一特定靶标查阅相关材料，方便科研技术人员、靶场运维人员快速了解、掌握靶标特点与属性。

3）靶场仿真系统：靶场仿真系统提供近似真实的仿真环境，通过网络将超大规模的计算与存储资源整合起来，并将计算任务分布在这些资源池上，使用户能够根据自己的需要获得计算、存储和网络等信息服务。每次进行靶场试验前，可动态地创建虚拟机以满足当前试验所需要的节点数量，并通过对虚拟机的灵活部署和动态迁移，形成预想的网络拓扑结构。靶场试验过程中，所有的攻击效果都被限定在虚拟的靶标场景中，对真实系统和企业业务没有任何影响，减少了物理设备因攻击而出现故障或损坏而需要增加投入的风险。每次试验结束时，可动态地挂起或者销毁虚拟机，释放分配的试验资源，由靶场完整回收并供下次试验继续使用。研究人员可以非常方便地在靶场中部署各种攻防场景，反复演练不同的攻击和防御手段。

使用者根据需求预设特定任务，通过靶场仿真系统中"所画即所得"场景构建功能，导调核心资源库靶标库对应的大型工业互联网靶标资源，从而完成既定的科研、培训、演习、攻防和测试等业务。

3. 工业互联网靶标场景库

工业互联网靶标场景库基于工业互联网靶场仿真平台开发建设，其靶标场景主要基于数字孪生与虚拟仿真这两种技术进行构建。

（1）工业互联网数字孪生靶标

工业互联网数字孪生靶标选取重点行业的典型业务应用场景作为蓝本，借助搭建的工业互联网仿真环境，使用物理模拟和数字孪生技术构建靶标场景，可更好地评估目标系统的安全风险，研究风险发生的概率。由于工业互联网所联接生产环境的特殊性，因此，其仿真环境往往结合物理仿真环境和虚拟仿真环境两个维度进行建设。在网络靶场的具体实施过程中，可以优先选择智慧水利、智慧电厂、智慧电网、智能工厂和智慧交通这 5 类具有典型意义的工业场景构建数字孪生靶标（见表 3-2）。

表 3-2　工业互联网数字孪生靶标

工业互联网 典型行业靶标	来源	1. 智慧水利数字孪生靶标 2. 智慧电厂数字孪生靶标 3. 智慧电网数字孪生靶标 4. 智慧工厂数字孪生靶标 5. 智慧交通数字孪生靶标
	架构	1. 高仿靶标及自定靶标基于云、虚拟机或容器搭建基础设施系统，基于沙盘等方式搭建硬件系统 2. 针对个别靶标兼容自定义架构

为了增强靶标场景的展示效果，通常在物理仿真环境中加入展板与沙盘，并将其中业务逻辑存在关联关系的靶标场景（如水利和火电行业靶标）进行组合，使用图文并茂的方式提供各场景的直观说明。工业设备和工业安全设备实现组网连接后，可通过触摸屏直观展示工业组态软件和其他监控系统。在虚拟仿真环境中，则可以通过 3D 实景建模技术，借助机理模型平台复现特定的工业场景，展示工控网络攻防演练的动态效果。

（2）工业互联网虚拟仿真靶标

工业互联网虚拟仿真靶标使用靶场所收集的常用工业软件与管理系统，利用虚拟化技术弹性调度超大规模的计算、存储与网络资源及动态创建虚拟机，以满足当前试验所需要的节点数量，并通过对虚拟机的灵活部署和动态迁移，形成预想的网络拓扑结构，从而支撑网络靶场快速构建所需靶标环境。由于虚拟仿真靶标是真实系统的一种"克隆（Clone）"，也不像数字孪生靶标与真实系统之间存在不同程度的联动关系，因此在靶场试验过程中，所有的攻击效果都被限定在虚拟的靶标场景中，对真实系统和企业业务不会产生任何影响，减少了物理设备因攻击而出现故障或损坏而需要增加投入的风险。每次试验结束时，可动态挂起或者销毁虚拟机，释放分配的试验资源，由靶场完整回收并供下次试验继续使用。实验人员可以非常方便地在靶场中部署各种不同的攻防场景，反复演练不同的攻击和防御手段。

工业互联网虚拟仿真靶标支持多种通用 IT 协议和工控协议的仿真模拟，多种工控 HMI/SCADA 软件的仿真模拟，以及多种工业设备的仿真模拟。可对进入感知终端的流量进行全记录，对数据包进行深度解析，对攻击行为进行告警。用户甚至可以根据需要一键将工业互联网虚拟靶标切换为不同程度的模拟仿真软件，以模拟更为复杂的工控场景。

工业互联网虚拟仿真靶标（见图 3-8）应支持 HTTP、FTP、Telnet 等多种常见的通用 IT协议和 Modbus、西门子 S7 等多种工控协议的仿真模拟，运用 IP 复制技术，虚拟出大量的

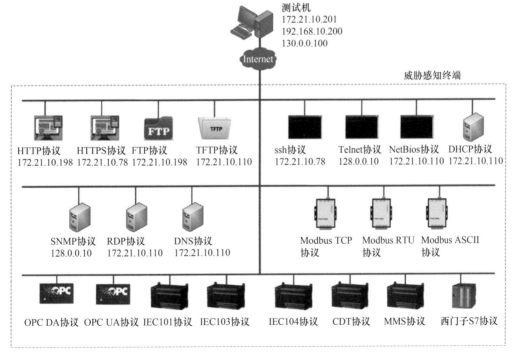

● 图 3-8 工业互联网模拟仿真场景

控制系统，能够模拟多种工业 SCADA 软件、HMI 软件和 DCS 上位机，以及 PLC、RTU、DTU、DCS 控制器等工业设备，实现指令级别高交互。通过模拟工控场景诱捕恶意行为，能够对进出的流量进行记录和指令级的深度解析，发现异常实时告警，按照高、中、低、未知4 类安全威胁自动区分攻击、告警行为。支持有效捕获 SYN、FIN 和 TCP Connect 等扫描探测行为；支持构造任意 IP 的 TCP/UDP 端口开放响应；支持构造任意 IP 存活响应；支持检测各种 PLC 蠕虫病毒。

表 3-3 说明了常见的 TCP/IP 上层应用协议的模拟仿真要求，应覆盖各应用协议的基本功能。

表 3-3　常见的 TCP/IP 上层应用协议模拟仿真

序　号	协议名称	说　明
1	HTTP	模拟 HTTP 协议，可打开网页、进行文件探测和可下载文件等操作
2	HTTPS	模拟 HTTPS 协议，可打开网页、进行文件探测和下载文件等操作
3	FTP	模拟 FTP 协议，可进行目录查看、上传文件、下载文件和创建目录等操作
4	TFTP	TFTP（Trivial File Transfer Protocol，简单文件传输协议）是 TCP/IP 协议族中的一个用来在客户机与服务器之间进行简单文件传输的协议，提供不复杂、开销不大的文件传输服务
5	SSH	模拟 SSH 协议，可进行远程连接，并进行文件创建、文件删除和网页文件下载等操作
6	Telnet	Telnet 协议是 TCP/IP 协议族中的一员，是 Internet 远程登录服务的标准协议和主要方式。它为用户提供了在本地计算机上完成远程主机工作的能力
7	NetBios	一种在局域网上的程序可以使用的应用程序编程接口（API），为程序提供了请求低级服务的统一的命令集，作用是为了给局域网提供网络及其他特殊功能
8	DHCP	DHCP（动态主机配置协议）是一个局域网的网络协议，使用 UDP 协议工作，主要有两个用途：给内部网络或网络服务供应商自动分配 IP 地址
9	SNMP	简单网络管理协议（SNMP）由一组网络管理的标准组成，包含一个应用层协议（Application Layer Protocol）、数据库模型（Database Schema）和一组资源对象
10	RDP	RDP（Remote Desktop Protocol，远程桌面协议）是一个多通道（Multi-Channel）的协议，让用户（客户端或称"本地计算机"）连上提供微软终端机服务的计算机（服务器端或称"远程计算机"）
11	DNS	DNS（Domain Name System，域名系统）是万维网上作为域名和 IP 地址相互映射的一个分布式数据库，能够使用用户更方便地访问互联网，而不用去记住能够被机器直接读取的 IP 字符串

表 3-4 说明了常见工控协议的模拟仿真要求，应覆盖各工控协议的基本操作能力。

表 3-4　工控协议模拟仿真

序　号	协议名称	说　明
1	Modbus TCP	模拟 Modbus TCP 协议，可进行线圈读写、寄存器读写等操作
2	Modbus RTU	模拟 Modbus RTU 协议，可进行线圈读写、寄存器读写等操作
3	Modbus ASCII	模拟 Modbus ASCII 协议，可进行线圈读写、寄存器读写等操作

（续）

序 号	协议名称	说 明
4	OPC DA	模拟 OPC DA 协议，可进行数据读写等操作
5	OPC UA	模拟 OPC UA 协议，可进行数据读写等操作
6	IEC101	模拟 IEC101 协议，可进行数据读写等操作
7	IEC103	模拟 IEC103 协议，可进行数据读写等操作
8	IEC104	模拟 IEC104 协议，可进行数据读写等操作
9	CDT	模拟 CDT 协议，可进行数据读写等操作
10	MMS	模拟 MMS 协议，可进行数据读写等操作
11	西门子 S7	模拟西门子 S7 协议，可进行数据读写等操作

表 3-5 说明了常见工控组态软件 HMI/SCADA 的模拟仿真要求，应覆盖各工控协议的基本特性。

表 3-5　HMI/SCADA 模拟仿真

序 号	名 称	说 明
1	WinCC	西门子 HMI 组态与实时运行软件，可高交互
2	Step7	西门子 PLC 控制程序组态软件，可高交互
3	MACSV SVR	和利时 DCS 系统 MACSV 的数据服务器，可高交互
4	MACSV OPC	和利时 DCS 系统 MACSV 的操作员站，可高交互
5	Kingview	亚控组态王组态与实时运行软件，可高交互

表 3-6 说明了常见工控设备的模拟仿真要求，应覆盖各工控设备的重要功能。

表 3-6　工控设备模拟仿真

序 号	名 称	说 明
1	PLC315-2PN/DP	西门子 S7-300 系列 PLC，可高交互
2	PLC412-2PN	西门子 S7-400 系列 PLC，可高交互
3	MACSV_CPU	和利时 DCS 系统 MACSV 的控制器，可高交互

表 3-7 说明了常见工控系统的模拟仿真要求，应高度模拟各工控系统的真实场景，实现高交互功能。

表 3-7　系统级模拟仿真

序 号	名 称	说 明
1	MACSV	由 MACSV SVR、MACSV OPS 和 MAC_CPU 构成的 DCS 系统，高度模拟工控真实场景，可高交互
2	西门子系统	由 WinCC 和 PLC 构成的控制系统，高度模拟工控真实场景，可高交互

表 3-8 说明了常见工控场景的模拟仿真要求，以热电厂控制系统、纯碱生产控制系统、酒精生产控制系统、供水控制系统和电梯控制系统为例，定义模拟的具体系统名称与版

本号。

表 3-8 工控场景模拟仿真

序　号	名　　称	说　　明
1	热电厂控制系统	模拟热电厂 DCS 控制系统（和利时 MACS V6.5.2）
2	纯碱生产控制系统	模拟纯碱生产 DCS 控制系统（和利时 MACS V1.1.0）
3	酒精生产控制系统	模拟酒精生产 DCS 控制系统（和利时 Smartpro V3.1.3）
4	供水控制系统	模拟供水控制系统（西门子 WinCC V7.0）
5	电梯控制系统	模拟电梯控制系统（亚控组态王 Kingview V6.55）

3.3.3　专业化的行业靶场

专业化的行业靶场是众多靶场类型中极具活力与特色的部分，其功能主要是人才培养、技术验证和产品测试。对安全高度重视的企业也会使用靶场来促进红蓝对抗 IT 安全管理模式的形成。但由于行业单位的安全力量与资源比较有限，靶场建设之后，运营的压力也会随之而来，这个问题需要行业单位提前充分考虑并预先规划设计。

1. 部队行业网络靶场

部队行业网络靶场主要服务于军队、国防相关的机构或组织。在行业特性上，具有承担国家网络安全的责任。如由美国国防高级计划研究局（DARPA）牵头建设的美国国家网络靶场（NCR）就属于此类典型。部队行业网络靶场需要具备以下要求。

1）提供面向网络战的士兵技能训练。

2）提供国家关键基础设施的漏洞。

3）具备大型的靶场规模（英国的 CRATE 靶场由约 800 台服务器构成）。

4）武器系统及目标网络的重构与复现。

5）对新型设备及技术的测试能力。

6）对攻击技术（TTP）的研究。

7）对研发的安全技术评估。

8）提供多环境的配置能力。

9）能够识别网络攻击特征及动态威胁。

2. 安全监管机构网络靶场

公安行业网络靶场与网络犯罪的行业特性密切相关，需要围绕提升安全意识教育、网络犯罪调查和电子证据取证等开展相关业务。公安行业网络靶场需要具备以下的要求。

1）业务工具的可行性、有效性测试。

2）对网络犯罪的响应与调查。

3）电子证据的调查与取证。

4）网络安全技能的训练。

5）网络安全与网络犯罪的通识性教育。

3. 关键基础设施行业网络靶场

企业行业网络靶场更偏向于防御，即通过部署网络靶场来增强系统的防护能力。与国内情况不同，国外的关键基础设施多是由私企运营，属于企业类型，如东京电力、埃克森美孚等。根据业务领域的不同，企业可以划分为多种类型，如电力、交通轨道和通信等。在面对网络威胁的诉求上，不同类型的企业是一致的。经过分析抽象可以归纳为以下要求。

1）能够满足企业快速增长的应用、威胁及网络流量需求。

2）能够模拟高逼真度及高复杂度的镜像操作环境。

3）能够分布式地部署并管理网络靶场。

4）提供应急响应演练及协助。

5）分析常见网络攻击。

6）监控恶意应用及网络活动。

7）业务连续性保障及协助。

4. 教育行业网络靶场

教育行业网络靶场最早于 2015 年提出，教育行业网络靶场的核心是教学、训练与研究。围绕这三大核心可以抽象归纳为以下要求。

1）基于课程材料的教学授课。

2）提供科学研究及测试环境。

3）网络攻击、网络防御和网络检测的技术培训。

4）网络安全竞赛。

5）面向师资的高级进修实训。

5. 面向中小企业的"网络靶场即服务"

中小型组织有使用网络靶场的需求，但较高的建设成本又使其望而却步。云计算尤其是公有云技术的大规模商业化，带来了一项新型的网络靶场应用——网络靶场即服务（Cyber Range as a Service，CyRaaS）。CyRaaS 不追求面向不同行业需求的定制化内容，而是提供丰富的标准化服务来解决中小组织的通用安全需求。

1）提供模块化、场景化的网络安全仿真与训练。

2）提供高级网络安全训练服务。

3）提供网络安全众测与演练服务。

4）提供网络安全技术与产品测试服务。

5）提供特定网络安全咨询与技术支持服务。

3.4　实网靶场与仿真靶场

实战是检验网络安全的最终标准。如果说合规驱动是防守方视角的"正向思维"，那么攻防演练就是攻击方的"逆向思维"。实网攻防演练可以更好地应对快速演变的网络攻击威胁，发现常规检查方式无法触及的安全问题，在实战中培养安全人才、检验防护能力、增强协作机制、迭代防御体系和促进技术创新，从而激活用户安全需求，重塑网络安全生态。

实网靶场是承载网络安全实战演习的支撑平台，从战队管理、任务编排、攻击终端、网络通道、数据分析、成果研判和安全监控等多个环节充分保障演习的安全性、可靠性、时效性和组织性。同时，平台通过挂图作战、指挥调度、态势感知和积分排行等可视化功能可以直观地反映出攻守双方的实时战况、攻防成果及攻守双方的现场情况。

网络安全实网靶场的建设要重视以下几个方面的原则。

1）弹性网络。因为靶场所承载的实战、实训和实验活动均具有安全风险不可预知性，想做到100%的防护是不现实的，所以需要考虑在防护失效的情况下提供有效机制以确保在遭受攻击的情况下仍然能够达成靶场使命。基于风险的分析，建议采用多样性、冗余、完整性、隔离/分段/遏制、检测/监测、最小特权、非持久化、分布式和MTD（移动目标防御）、自适应管理与响应、随机化与不可预测性、欺骗等关键弹性技巧与机制，以实现保护/威慑、检测/监测、遏制/隔离、维护/恢复和自适应等弹性架构目标。

2）虚实结合。无论是实战演练还是实验验证，都无法针对任务意图做到对目标数量的全覆盖，因为可用的资源、成本与时间都是极其受限的。例如，我们在想定一场攻防演练的时候，场景可以是若干个城市甚至一个国家，但在设计方案时只能以部分代表全体，从想定场景所包含的目标集合中，选取部分对象作为实际演练的靶标进行检测，以评估整体的安全水平。"虚实结合"还有一层更常用的含义，就是指在靶场业务实施的过程中，某些靶标因条件限制无法使用真实系统时，只能退而求其次使用其仿真或虚拟"替身"。

3）云地融合。靶场业务需要融合云服务和本地服务两种模式，以应对当前社会各行业快速增长的安全实战需求，利用云地融合的部署方式，在提供并发能力水平扩展与分布式协同能力的同时，也能满足靶场业务数据安全管控的要求。

4）实战攻防。实战攻防不同于深度测试或虚拟靶场演练，它是以真实目标进行演练，攻击手段更具真实性、多样性。因此，需要解决目标合法授权、实战环境模拟、实战能力支撑、攻防过程安全监管和目标现场应急响应等多方面的问题。

5）体系对抗。现实世界的高端网络对抗，投入的力量不仅仅是安全技术人员，还应该按照实际可能的情形，考虑综合力量的合成方法，将网络安全监管部门、法律、媒体、行业企业、IT公司、安全厂商和民间白帽子组织，尽可能合理地编排到位，通过演练方案的设计实现全面的能力提升。

6）流程规范，流程闭环。与此同时，整个攻防演练需要制定一套完备的流程，包括调研阶段、准备阶段、实施阶段、总结阶段和整改阶段。

7）验证客观。验证人、验证网和验证漏洞，所有人、资产、信息和手法都需要在平台进行监控，防止关键基础设施业务受到影响。

8）安全可控。实网攻防对安全保障工作有极高的要求，如果出了安全纰漏，可能会产生难以接受的负面效果。安全可控方面要吸取多方经验，通过系统的设计与严密的措施，做到网络层面的安全、局域网的安全、人的安全、过程安全还有平台自身安全，力求"万无一失"。

9）能力沉淀。可持续输出的安全能力是网络靶场的核心生命力。靶场规划建设之初，就应建立有效的安全资源库积累机制，靶场业务平台与安全资源库之间建立联动关系，在靶场业务应用过程中不断激活、更新安全资源，发挥安全能力的价值。避免纯粹依靠外部安全力量，等活动结束人员撤离之后，靶场只剩下正在快速折旧贬值的软硬件设施的情况发生。

由于靶场活动的敏感性与安全保障的重要性，针对上述的第8条原则，建议在实网攻防靶场建设中使用以下技术。

1）面向实网攻防靶场的网络隔离技术。如果靶场活动不需要提供公网 IP 以供外部人员接入，则应实行"只出不进"的全封闭运行方式，否则，对以下三个重点网络实行完全隔离策略：一是认证接入网络，二是内部应用网络，三是攻击专用网络。

2）攻击 IP 地址伪装与快速切换技术。建立专用的攻击 IP 池，最大限度分布于全国各地，对攻击 IP 实施伪装；攻击 IP 池应具备弹性扩展能力，在监测到 IP 失效后快速完成切换；对攻击 IP 实行严格的安全管控，指挥部具有攻击 IP 溯源能力。

3）构建高可靠的靶场安全管控技术体系。从解决方案角度整合靶场安全技术，从事前、事中、事后全流程保证靶场各平台安全，包括参赛人员安全，赛中终端、流量审计、评分系统安全，赛后防守资产确认、漏洞数据分析、问题复核与整改安全等。

现在从实网靶场转向仿真靶场。

实网攻防靶场主要通过实战找出目标单位防御体系的不足之处，直击要害。而提高安防水平，更多需要系统的"训"和"练"。在仿真靶场中开展实操训练、能力考核，可以实现人员安全意识及安全防护能力的双提升。

同样，仿真靶场也有其面临的现实问题，主要是以下 5 个方面。

1）弹性。如何将繁重的资源筹备与调度交给云，将复杂的场景构建交给专业的虚拟化网络引擎。

2）等效性。如何将靶标场景从"现实"搬到"虚拟"环境里，又将实验效果从"虚拟"应用到"现实"世界中。

3）实战性。一方面在真实性网络攻击挑战下有效检验客户信息系统和安全防护体系整体的安全能力，另一方面检验和训练安全团队基于一线安全防御工具/系统的对抗能力。

4）高可用性。不需等待很长的建设周期，支持用户相关业务的较高并发性，支撑用户对靶场业务场景的动态调整和扩容。

5）可运营性。减负靶场业务管理和运行维护，为客户提供便利性靶场服务，使客户聚焦靶场业务核心。

上述等效性方面可采用以下技术实现。

1）靶标深度模拟技术：通过流量采样和系统还原，使设备层、应用层和用户层的相关指纹信息自动配置相关虚拟机，并自动装载所需应用及漏洞。

2）虚实结合技术：深层次虚实结合技术能够通过自动化配置与管理，与场景完美融合。靶场平台预留统一实体设备管理与接入接口，并为每种设备量身定制管理插件，实现平台对实体设备的管理，从而允许用户通过拖拽等方式构建虚实结合场景，并实现自动化下发与配置。

3）高时效性场景更新技术：在目标场景中构建监控体系，实时判断是否需要更新，并通过磁盘类的方式进行更新，解决一比一测试系统更新慢的问题。

4）行为模拟技术：攻防行为模拟技术利用人工智能模式匹配技术，结合海量攻击技战法和防护策略链，实现对攻防行为的智能化模拟。用户行为模拟技术可以提升场景模拟的真实程度，并为复现更多攻击手法（钓鱼、社工等）铺平道路。

5）融合虚拟化组网技术：通过全虚拟、单一节点虚拟和边缘节点虚拟相结合的方式降低成本。

6）场景行为监控技术：流量监控分析、行为捕获、屏幕抓取及录制等可以利用实网攻防演练靶场积累的技术，让虚拟仿真靶场更类似于实网攻防靶场。

实网攻防靶场的"战"和虚拟仿真靶场的"训"已经成为当前政府、公安、能源、交通、金融、工业制造和教育科研等国家关键信息基础设施行业的迫切需求，实网攻防靶场和虚拟仿真靶场作为"新式兵器"将有助于提升行业整体安全防御能力，也将为网络安全的发展带来新的机遇。

3.4.1 实网、实兵、实战、实效

随着全球加速数字化转型步伐，世界正在走向由软件定义、网络互联和数据驱动的数字化未来。但也造成了网络安全的边界和风险迅速扩散、放大，涉及工业生产、能源、交通、医疗、金融以及城市和社会治理各个领域，影响数字经济发展，甚至危害社会安全和国家安全。

我们正在进入"大安全"时代，安全被重新定义。这不仅体现在安全风险方面，更体现在如何体系化应对上述安全风险。

体系化的问题，需要用体系化的方法来解决。实网攻防靶场正是用于在真实网络环境中进行实战攻防演练的新型网络安全基础设施，通过持续、全面的网络安全技战法体系实战检验，帮助政府和企业客户精准挖掘安全脆弱性、验证安全能力、促进安全体系的敏捷改进和提升整体安全能力。

我们从以下三个方面加深理解"实网、实兵、实战、实效"的含义。

（1）1个视角

"1个视角"指始终围绕"实网攻防"的视角，强调攻防对抗，致力于解决现网存在的网络安全挑战与隐患问题，取得实战效果。由于网络安全问题具有很强的潜在性与隐蔽性，如果不密切跟踪真实网络里发生的各种安全事件、攻击手段、漏洞与工具，满足于封闭环境中的模拟训练，不但无法快速更新人员技能与靶场环境，在靶场无法直接面对现网的安全挑战时，甚至其的能力输出、成果转化都会成为问题。这也会对靶场的长远发展带来不利影响。

（2）3个维度

"3个维度"分别是"攻击方维度、防守方维度和攻防过程维度"。攻击方维度着重于面向真实目标，基于真实环境使用一线工具进行专业的分工组织，模拟最有可能的攻击手段，与防守力量展开体系化对抗。攻防过程中，需要尽量引入各种与真实网安事件相关的要素，包括靶标方、运维方、监管方、技术支撑方和新闻媒体等，从而体现靶场活动的真实性，实现活动效益的最大化。

（3）5种能力

"5种能力"分别是训、打、评、防、控。其中训练包括了理论培训、竞赛锻炼；真打就是真实攻击、实网攻防；评估是通过科学的评估模型覆盖攻防两端的能力评估；防护是可以基于虚拟仿真靶场作为战时的蜜网防护；管控则是覆盖全流程的安全管控能力。

总之，实网指环境，实兵指能力，实战指模式，实效指价值。面对当前愈发严重的0day攻击、APT攻击和勒索软件等网络威胁，讲百遍不如打一遍。要保持居安思危的警觉，在不断的实战演练中切实验证和提高安全能力，进一步发现目标网络中的深层网络安全问

题，提高我国各行业的网络安全保障能力。

3.4.2 模拟、抽象、仿真、虚拟

靶标有实网、模拟、抽象、仿真、虚拟之分。实网靶标一般用于实战演练，使用全程需要有权威的授权、严格的管控，并只能在受限的环境下使用。而模拟、抽象、仿真、虚拟技术构建的靶标场景，则被广泛地应用于各种靶场业务活动中。

1. 模拟与仿真

模拟经常采用虚拟具体假想情形的方法，也经常采用数学建模的抽象方法。利用模型复现实际系统中发生的本质过程，并通过对系统模型的实验来研究存在的或设计中的系统。这里所指的模型包括物理的和数学的、静态的和动态的、连续的和离散的各种模型。所指的系统也很广泛，包括电气、机械、化工、水力和热力等系统，也包括社会、经济、生态和管理等系统。当所研究的系统造价昂贵、实验的危险性大或需要很长的时间才能了解系统参数变化所引起的后果时，一般采用模拟的方式来完成。

仿真是一种特别有效的研究手段。仿真的重要工具是计算机。仿真与数值计算、求解方法的区别在于它首先是一种实验技术。仿真的过程包括建立仿真模型和进行仿真实验两个主要步骤。仿真技术的实质也就是进行建模、实验。现代仿真技术的发展是与控制工程、系统工程及计算机技术的发展密切相关联的。控制工程和系统工程的发展促进了仿真技术的广泛应用，而计算机计算技术的迅猛发展，则为仿真提供了强有力的手段和工具。因此，计算机仿真在仿真中占有越来越重要的地位。

一般认为，建立模型是仿真的第一步，也是十分重要的一步。仿真基本上是一种通过实验来求解的技术。通过仿真实验要了解系统中各变量之间的关系，要观察系统模型变量变化的全过程。此外，为了对仿真模型进行深入研究和结果优化，还必须进行多次运行，系统优化等工作，因此，良好的人机交互性是系统仿真的一个重要特性。

模拟侧重于软件，强调过程。仿真则侧重于硬件，仿真的重要工具是计算机、模拟器。无论模拟还是仿真都与实验相关，整个实验叫仿真，而实验过程应该叫模拟，所以模拟仿真不可分割，发展到今天统称为模拟仿真。

2. 模拟与虚拟

模拟是对真实事物或者过程的虚拟。模拟要表现出选定的物理系统或抽象系统的关键特性。模拟的关键问题包括有效信息的获取、关键特性和表现的选定、近似简化和假设的应用，以及模拟的重现度和有效性。可以认为仿真是一种重现系统外在表现的特殊的模拟。虚拟是对真实的模仿，对训练过程的假想。

3. 虚拟现实与模拟仿真

虚拟现实（Virtual Reality，VR）是一种基于可计算信息的沉浸式交互环境，具体地说，就是采用以计算机技术为核心的现代高科技生成逼真的视、听、触觉一体化的特定范围的虚拟环境，用户借助必要的设备以自然的方式与虚拟环境中的对象进行交互作用、相互影响，从而产生亲临等同真实环境的感受和体验。虚拟现实是高度发展的计算机技术在各种领域的应用过程中的结晶和反映，不仅包括图形学、图像处理、模式识别、网络技术、并行处理技术和人工智能等高性能计算技术，而且涉及数学、物理、通信，甚至与气象、地理、美学、

心理学和社会学等相关。

概括地说，虚拟现实是模拟仿真在高性能计算机系统和信息处理环境下的发展和技术拓展。我们可以举一个在烟尘干扰下计算能见度的例子来说明这个问题。在构建分布式虚拟环境基础信息平台应用的过程中，经常会有由燃烧源产生的连续变化的烟尘干扰环境能见度的计算问题，以此来影响环境的视觉效果、仿真实体的运行和决策。某些仿真平台和图形图像生成系统也研究烟尘干扰下的能见度计算问题，仿真平台强调烟尘的准确物理模型、干扰后的能见度精确计算以及对仿真实体的影响程度。图形图像生成系统着重于建立细致的几何模型，估算光线穿过烟尘后的衰减。而虚拟环境中烟尘干扰下的能见度计算，不但要考虑烟尘的物理特性，遵循烟尘运动的客观规律，计算影响仿真结果的相关数据，而且还要生成用户能通过视觉感知的逼真图形效果，使用户在实时运行的虚拟现实系统中产生身临其境的感受和体验。

虚拟现实技术是 20 世纪末才兴起的一门综合性信息技术，是由计算机硬件、软件以及各种传感器构成的三维信息的人工环境——虚拟环境，用户投入这种环境时就可与之交互作用、相互影响。它融合了数字图像处理、计算机图形学、多媒体技术和传感器技术等多个信息技术分支，从而也大大推进了计算机技术的发展。目前，虚拟现实技术已在建筑、教育培训、医疗、军事模拟、科学和金融可视化等方面获得了应用，现已成为 21 世纪广泛应用的一种新技术。

模拟仿真是一种物理模拟技术的应用，主要通过模拟实车、实兵或实战环境来培养单兵或小范围作战编组的作战技能。

模拟训练所用的模拟器可能比它所模拟的真实装备还要贵。为了解决部队训练问题，美国国防部高级研究计划局 1983 年开始实施模拟器联网计划，把分散在各地的训练器用计算机联成网络，形成分布式交互仿真，实现异地联通与互操作。美军已研制的虚拟现实模拟系统可以在视觉、听觉和触觉等方面逼真地显现未来战争可能出现的各种情况，可以使没有太多实战经验的指挥官身临其境般地体验战争，也可以使驻扎在世界各地的部队通过互联网同时演练同一想定，还可以在同一模拟系统上演练在不同国家、不同地形、不同气候和不同作战对象的各种战争行动。譬如，美海军陆战队的模拟网络可将分布在全球执行各种任务的陆战队、特遣队、司令部连接起来。一支远征部队陆战营可与 4800 公里之外的另一支远征部队的团级司令部进行诸军兵种联合演练。

虚拟现实强调现实的真实感（身临其境的感觉），模拟仿真强调对现实的模拟（如物体的物理特性、化学特性，更强调数据）。两者的区别见表 3-9。

表 3-9　模拟仿真与虚拟现实的区别

模 拟 仿 真	虚 拟 现 实
较早提出的概念	20 世纪 90 年代后提出的概念
与技术相关	与系统相关
模拟仿真强调对现实的模拟	虚拟现实强调现实的真实感还原
一种物理模拟技术的应用，主要通过模拟实车、实兵或实战环境来培养单兵或小范围作战编组的作战技能	强调以网络为基础的诸兵种联合作战，会用到模拟仿真技术。虚拟现实是模拟仿真在高性能计算机系统和信息处理环境下的发展和技术拓展

3.5 特种靶场

特种靶场是为解决某种特别的应用场景而专门定制的。这种特别的应用场景，不限于特种技术、特种问题，或是特种单位、特种组织、特种业务。当然，由于其特殊性，大多需要执行严格的保密要求，因此，会天生带有一种神秘感。

3.5.1 特种技术、特种问题

特种技术、特种问题往往由于其所依赖的计算机网络与应用环境的特殊性，受到种种限制，一般更不容易获得测试验证条件，随着特种技术的发展，更加需要建设特种靶场。

下面以密码靶场为例予以说明。

首先应考虑密码靶标的设置，先用量子密码 QKD 应用平台。该平台兼具教学、展示和科研功能，支持从密钥源、量子密钥分发关键技术和量子密钥应用三个方面循序渐进设计实验方案，使得用户可以系统、直观地学习和理解量子密钥分发和量子保密通信的原理和架构。平台重点建设以下三个方面内容。

1. 量子随机数实验环境

该环境用于展示量子随机数的性能和作为密钥源的优点。

（1）量子随机数性能与应用研究

随机数发生器对信息安全系统来说至关重要，目前国家密码管理局（简称国密）和 NIST 都颁布了随机数性能的检测标准。随机数分为伪随机数和真随机数，伪随机数由计算机软件算法根据给定的种子生成，其随机性通常达不到要求。量子随机数发生器生成的随机数是真随机数，其随机性由量子力学的原理保证，相比于伪随机数和传统的热噪声随机数，量子随机数的随机性可以由物理理论严格证明，其随机性能不仅更好，而且还能够达到更高的速率。

实验环境主要用于验证量子随机数的随机性，包括两个实验：量子随机数性能检测（国密和 NIST）和量子随机数与伪随机数应用对比。

（2）量子随机数性能检测

如图 3-9 所示，用户在 Windows PC 上安装随机数发生器驱动程序，通过网络连接高速量子随机数生成器，通过 USB 接口连接低速量子随机数生成器。在 PC 上运行随机数获取和检测工具，即可从量子随机数发生器获取随机数并验证其随机性。

高速量子随机数生成器　　　　应用终端　　　　低速量子随机数生成器

● 图 3-9　随机数发生器工作流程

实验所需的系统组件如下。

1）量子随机数发生器。如图 3-10 所示，与伪随机数发生器和其他物理随机数生成器不

同，量子随机数生成器是基于量子物理原理产生真随机数的系统，具有不可预测性、不可重复性和无偏性等特征，是量子通信系统中的关键核心器件。

• 图 3-10　高速量子随机数生成器（左）和低速量子随机数生成器（右）

2）量子随机数获取和检测软件。量子随机数属于高可靠、高质量的随机数，但依然有伪造随机数的可能。图 3-11 和图 3-12 所示的软件专门针对量子随机数进行检测评价。

• 图 3-11　随机性检测工具

• 图 3-12　随机数采集与检测工具截图

（3）量子随机数与伪随机数应用对比

分别使用量子随机数和伪随机数作为密钥，对指定的视频文件进行加密，加密算法为

AES256，然后尝试对加密后的文件进行破解。可以发现，经过一段时间的尝试之后，使用伪随机数加密的文件可以被破解，而使用量子随机数加密的文件无法破解，如图 3-13 所示。

这里讨论的量子实验其实是利用了伪随机数的一个漏洞——种子，相同的种子生成相同的伪随机数。但是种子一般都不是完全随机的，如果种子是完全随机的，那就可以直接使用种子作为随机数了，而不要生成什么伪随机数了。一般应用通常都会选取当前的系统时间作为种子，这样能保证每次生成的伪随机数不一样。本实验也选用了系统时间作为种子，生成随机数来加密文件，这样加密文件的生成时间和用作种子的时间差别并不大，通过一段时间的尝试之后，就可以解密这个文件了。

实验系统组件：整个系统包含以下几个主要模块：脉冲激光器、光强调节器、调制解调器（不等臂干涉环）、单光子探测器和主控系统。

1）单光子探测器。图 3-14 所示的单光子探测器（SPD）是一种超低噪声器件，增强的灵敏度使其能够探测到光的最小能量量子——光子。单光子探测器可以对单个光子进行探测和计数。

● 图 3-13　文件加密和破解演示工具

2）光强调节器。图 3-15 所示的光强调节器是光调制器的一种，专门用于光束强度的调节。

● 图 3-14　双通道单光子探测器

● 图 3-15　光强调节器

3）脉冲激光器。图 3-16 所示的脉冲激光器一般具有工作频率高、脉冲宽度窄、消光比高和脉冲相位随机化等特点，是量子保密通信、单光子探测器测试等应用场景的高性能、低成本光源。

4）调制解调器。图 3-17 所示的量子调制解调器设备的功能是为"本地量子比特"和"传输中的量子比特"建立连接。

● 图 3-16 单通道高速皮秒脉冲激光器

● 图 3-17 调制解调器

5）主控系统。图 3-18 所示的主控系统是量子密码靶场的主控设备。

2. 量子密钥分发关键技术实验

该实验包括单光子探测、信息的调制和解调、量子密钥分发验证三个实验，下面将系统介绍基于相位编码的量子密钥分发的关键技术。

（1）单光子探测实验

脉冲激光器产生的光脉冲经过衰减后，通过单光子探测器进行接收并计数。通过调整不同的衰减幅度，观察单光子探测器计数的变化，测定单光子探测器的饱和计数值。

● 图 3-18 主控系统

系统拓扑如图 3-19 所示，上位机上运行单光子探测器的控制软件，通过串口与单光子探测器连接。单光子探测器的控制软件运行在上位机上，通过该软件可以设置单光子探测器的各种参数，显示单光子探测器的输出结果，其界面如图 3-20 所示。

激光器　　　　　　光强调节器　　　　　单光子探测器　　　　　　　PC

● 图 3-19 单光子探测实验拓扑

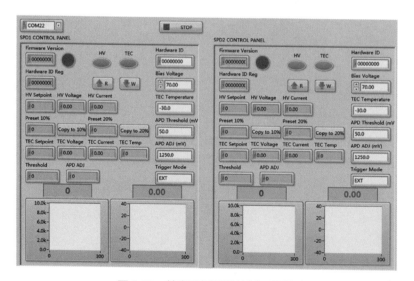

● 图 3-20 单光子探测器控制工具界面

（2）信息调制和解调实验

量子密钥分发使用单光子的某个量子态来携带 0、1 比特信息，常用的量子态有偏振和相位。本方案使用的是相位态，利用单光子的不同相位来表示 0 和 1。单光子的相位可以通过调制器内置的相位调制器来设置，常用的相位有 0°、90°、180° 和 270°。若使用 0° 表示比特 0，180° 表示比特 1，通过实验可以发现，只有当解调器的相位也设置为 0° 或者 180° 时才能正确解调出单光子携带的信息。当解调器的相位设置为 90° 或者 270° 时，解调出来的信息将具有随机性，从而验证了"未知量子态不可精确测量"的结论。

图 3-21 所示的上位机是一台运行系统所需控制软件的 PC，通过这些控制软件，可以设置调制器和解调器的相位，也可以配置单光子探测器的参数，查看单光子探测器的输出。

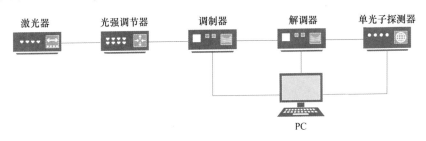

● 图 3-21　信息调制和解调实验拓扑

（3）量子密钥分发验证

与经典通信中信息的调制解调不同，在量子密钥分发系统中，需要使用两组不同的基来同时表示 0、1 比特，即 0 和 1 都分别有两个不同的量子态来表示，比如使用 0° 相位和 90° 相位表示 0，180° 相位和 270° 相位表示 1。通过这两组基的应用，再配合相关的通信协议（如 BB84），最终可以实现量子密钥的安全分发。通信协议实现在主控系统中，发送方和接收方的主控系统通过经典网络进行交互。另外，因为单光子接收的误码率较高，发送方和接收方还需要进行保密放大等后处理操作，保证发送方和接收方最终所持有的密钥完全一致。注意后处理模块也在主控系统中。

图 3-22 所示的调制器、解调器和单光子探测器的参数由主控系统来设置，上位机运行主控系统的管理软件，可以对其进行配置、查看运行状态，以及下载分发的量子密钥。

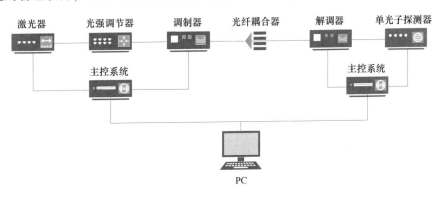

● 图 3-22　量子密钥分发实验拓扑

主控系统具有可编程功能，用户可以实现自己设计的量子密钥分发协议，并写入主控系统中验证其正确性和性能。主控系统管理软件的界面如图3-23所示。

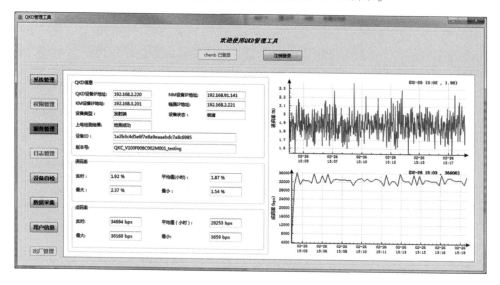

● 图3-23　量子密钥主控系统管理软件截图

量子信道具有一个性质："窃听必然被发现"。因为窃听会导致误码率的升高或者成码率下降，从而被收发双方察觉。通过使用夹在光纤上的光纤耦合夹来模拟信道窃听。此时可以发现，按下光纤耦合夹，则主控系统就会通过管理软件进行报警（见图3-24），而弹起光纤耦合夹，则解除报警。

3. 量子保密通信演示

量子密钥分发的结果是使得通信双方持有相同的量子密钥，安全应用或者设备可以使用这些量子密钥加密应用数据，实现量子保密通信。目前量子通信应用体系通常都采用了以下三层架构。

1）最底层为量子密钥产生层，该层通过量子密钥分发设备和光纤量子信道，在相邻的

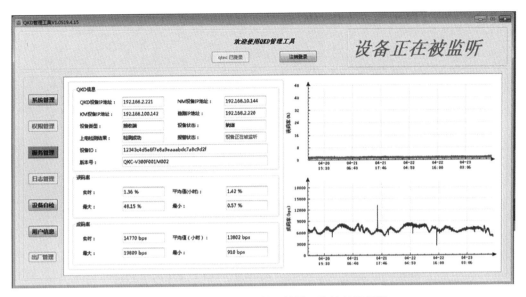

● 图 3-24 量子密钥主控系统管理软件触发报警

量子密钥分发设备之间实现安全的密钥传输。

2）中间层为密钥管理层，通过安全中继等技术实现任意两个或者多个节点之间的密钥共享，并为上层提供安全的密钥和认证服务。

3）最上层密钥应用层通过调用密钥管理层提供的接口获取量子密钥并加密数据，从而保证业务的安全。

解耦安全应用和量子密钥分发使得应用能够从繁杂的密钥管理中解脱出来，不用了解底层量子网络的细节，即可获取量子密钥，从而专注于数据的安全。

本实验以视频通话系统的数据传输加固为例，展示量子保密通信的原理和价值。实验在量子密钥分发实验的基础上增加 4 个关键设备：量子密钥管理服务器（QKM）（见图 3-25）、量子安全加密机（见图 3-26）、视频通话演示终端和窃听终端。

● 图 3-25 量子密钥管理服务器

● 图 3-26 量子安全加密机

在本实验环境中，量子密钥管理层的核心设备是量子密钥管理服务器，其主要功能是从 QKD 获取密钥进行加密存储，并通过安全中继实现任意两个网络节点之间的密钥共享，为上层安全应用和设备提供标准化的量子密钥服务。

实验环境拓扑如图 3-27 所示，量子安全加密机从主控系统获取已经安全分发的量子密钥，按照设定的规则，对通过的流量进行加密或者解密，实现视频通话数据在网络上的安全传输。窃听终端通过中间的交换机，窃取其转发的 IP 数据包，提取视频通话中的视频数据包后解码并显示。

视频通话演示终端使用宝利通的视频会议软件终端。窃听终端使用一台 PC 并入用户的视频窃听和展示工具。

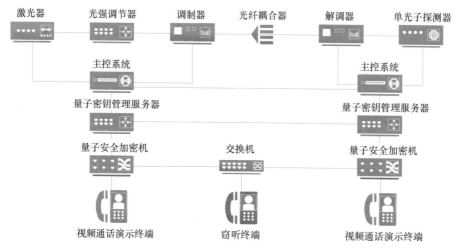

• 图 3-27　量子保密通信演示系统拓扑图

当量子安全加密机不工作时，窃听终端可以成功窃听视频通话（见图 3-28）。当量子安全加密机工作之后，窃听终端无法窃听视频通话（见图 3-29）。

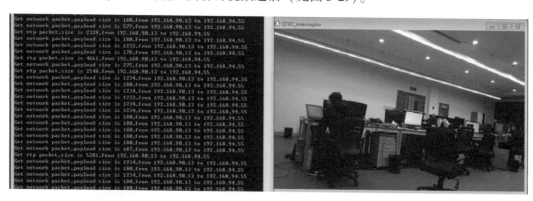

• 图 3-28　未加密时窃听终端的窃听效果

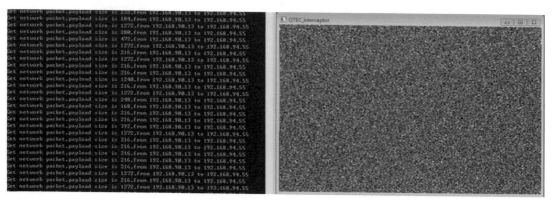

• 图 3-29　量子安全加密后窃听终端的窃听效果

3.5.2 特种靶场中的靶标分级方法

特种靶场往往涉及业务比较敏感的政府机要部门与企事业单位、特殊许可设备生产厂商、特殊许可服务厂商，以及从事特种任务与业务的单位与组织，如果其业务活动与网络靶场发生联系，则网络靶场需要做特别处理，以符合特种单位特种业务的执行要求。这将牵涉网络靶场的靶标场景、技术与业务管理流程、靶场运营人员身份审核和工作环境隔离要求等多方面的系统改造与资质认证。

除此之外，还需对靶标资源实施分级管理的制度。例如，按靶标的建设内容划分为以下四级。

1. 一级靶标系统

针对岗前人员或初级人员开展基础培训，构建以网络与大数据安全基础技战术攻防训练为主要内容的靶标系统。一级靶标系统建设内容（至少但不限于）如下。

1）靶标基础平台：构建包括（但不限于）Web 系统、邮件服务系统、数据中心系统、边界初级防御系统和终端初级防御系统等在内的靶标网络。

2）脆弱性攻击训练系统：构建包括（但不限于）基于本地或中继的目标属性扫描系统、端口与服务扫描系统、常规漏洞扫描系统、弱口令（Windows、Radmin、3389、MySQL、SQL Server 2000、POP3）扫描系统和肉鸡搜索系统等。

3）远控攻击训练系统：构建包括多级（不小于 2 级）中继通道、通信后门，具备键盘记录、文件上传下载、特征提取和行为隐匿等基本功能的反弹木马、基于主流应用软件的捆绑工具系统等。

4）社会工程学攻击训练系统：构建包括（但不限于）策略邮件制作、网页挂马和 XSS 跨站攻击等内容的训练系统。

5）SQL 注入攻击训练系统：构建包括（但不限于）网站注入漏洞攻击、服务器注入漏洞攻击、论坛漏洞攻击、编辑器攻击和配置文件提权攻击等训练系统。

6）网络渗透攻击系统：构建包括（但不限于）内网密码渗透、端口映射、域控渗透和利用相关信息进行渗透等。

7）密码暴力攻击训练系统：基于单机破解能力、在线破解能力，构建口令暴力攻击接入控制系统。

8）安全防御训练系统：包括攻击行为防御、攻击平台防御和攻击工具防御。主要技术包括文件隐藏、多级跳板、VPN 通信、日志清除、痕迹擦除、文件加密和文件粉碎等。

9）综合性实战攻防训练系统：以靶标网络为攻击目标，在靶标中设置若干漏洞和脆弱节点，想定攻防目的（以控制终端主机获取敏感材料为主），综合训练考核 2）～8）中的攻防技战术。

2. 二级靶标系统

针对初中级水平人员开展技能提高培训，构建以网络与大数据安全通用技战术攻防训练为主要内容的靶标系统。与一级靶标系统相比，突出以下变化。

1）靶标基础平台规模更大、防御更严。

2）攻击技术更加主流、先进和全面。

3）攻击行为安全性要求更高，对流量大小、保密通信和日志消痕等提出明确要求。

4）攻击目标从终端主机、用户邮箱扩展到服务器、数据中心。

3. 三级靶标系统

针对中高级人员提升实战技能，开展进阶培训，构建以网络与大数据安全先进技战术攻防训练为主要内容的靶标系统。与一、二级靶标系统相比，突出以下变化。

1）靶标基础平台仿真较大规模的典型云网络架构。

2）靶标平台采用纵深防御机制进行防御。

3）攻击技战术训练以消化吸收和创新发展"影子经纪人"曝光的 NSA 技战术为主。

4）训练系统增加"漏洞挖掘与利用系统""攻击行为取证分析系统""溯源定位反制系统""基于公开算法的密数据分析系统"等。

5）攻击目标从一、二级目标拓展到网络边界设备（防火墙、路由器、安全网关与审计系统等）、移动终端等。从获取资料拓展到遂行 DDoS 攻击。

4. 四级靶标系统

检验团队协同作战综合能力，开展专项培训，构建网密一体、攻防兼备、技术前沿、战法新颖的技战术攻防训练靶标系统。与一、二、三级靶标系统相比，突出以下变化。

1）靶标基础平台仿真复杂网络环境条件下的关键信息基础设施，将行业互联网络、行政办公内网和业务工控系统融入靶标平台。参考（或借用）关键基础设施靶场，构建靶标系统。

2）防御平台在纵深防御基础上增加主动防御、动态防御机理。

3）训练内容突出跨物理隔离网络、跨异构网络平台和跨不同操作系统条件下的复杂攻防。

4）防御训练更加突出网密一体化发展形势，密码应用深入网络攻防全过程，高强度、多样化、一次一密和多因子认证的密码思想在攻防过程中将全面体现。

5）攻击目的从一、二、三级目的拓展到干扰、阻断、欺骗、瘫痪和节点毁坏等。

综上所述，通过对靶标的级别划分，共分为一、二、三、四级攻防训练场景，将其在靶场内按安全区域部署，具有特种靶场访问权限的人员进入相应级别的靶标场景开展业务。而级别低的靶标场景，往往可以开放给更多用户使用。基于靶标级别的管控方式也很容易根据安全管理的策略变化进行灵活调整。

第4章 网络靶场的实现途径

> "归根到底，揭示未来不仅仅是人类的向往，
> 也是任何有机体，也许还是任何复杂系统所拥有的基本性质。"
>
> ——凯文·凯利《失控：机器、社会与经济的新生物学》

本章从实战角度，着重对网络靶场的架构分层、构建构件、关键技术和能力构建进行细致的阐述，并精心选取了若干现实靶场样本，分析其建设情况，以加深读者对靶场实现途径的理解。

4.1 网络靶场架构

本节总结了网络靶场的常见需求，并从靶场架构的逻辑分层、功能架构、物理架构、数据架构和信息交互等多个视角进行了讨论，同时，针对靶场建设所需的近 20 项关键技术进行了说明。

4.1.1 关键需求决定架构

网络靶场是一项投资巨大的系统工程，据 Network World 报道，美国国家网络靶场（NCR）预算 300 亿美元[⊖]。如此重大的项目，需要详细研究建设目标与具体需求，一切从需求出发，照顾到国家、地区、城市、主管部门和最终用户等多方的安全诉求，合理规划系统架构与功能特性，使得各项投入获得预期产出。

网络靶场瞄准解决网络安全领域多层面的难题与挑战，所以也需要从多角度、多维度分析影响网络靶场功能定位的各种因素，以便把握好总体需求与建设模式。

1. 迫切的网络安全现实需求

网络安全问题发生在现实网络中，但其研究分析又往往不允许在真实网络上任意进行，因此需要构建专门的环境。以下 5 个方面对此有迫切需求。

（1）高层级安全挑战的研究需求

网络空间以信息为特征，以物理空间为基础，与传统的陆、海、空、天物理空间相互交织，辐射人类生产、生活、社会活动乃至意识形态的各个方面，对国家安全产生越来越重要

⊖ www.networkworld.com 于 2008 年 6 月 6 日刊出文章：《DARPA 尝试的不可能之事：自我模拟防御训练》.

的影响。网络空间安全是全球数字化发展进程中的伴生问题，直接关系到国家安全、社会稳定、经济发展和科技进步，亟须构建高端网络安全基础设施从而支撑重大安全课题的分析研究。

（2）社会网络安全问题的应对需求

当下，网络违法犯罪活动日趋猖獗，国际国内网络犯罪互相交织将成为网络犯罪的演变趋势。世界经济论坛（WEF）在《2022 年全球风险报告》中指出，2022 年全球面临的主要风险还包括气候行动不力、社会鸿沟扩大、网络风险加剧和全球复苏失衡等。

网络安全正不断冲击着世界经济，据网络安全风险投资公司 Cybersecurity Ventures 发布的《2022 年官方网络犯罪报告》分析，未来五年全球网络犯罪造成的损失将以每年 15% 的速度增长，到 2025 年将达到 10.5 万亿美元，远高于 2015 年的 3 万亿美元。而重大的网络安全事件对一家企业带来的损失是无法想象的，Facebook 泄露 5000 万用户数据一度造成该公司市值下跌 1000 亿美元。层出不穷的网络违法犯罪活动，主动被动的数据泄露事件（见图 4-1），严重危害着社会公共安全和人民财产安全，给社会稳定和民众合法权益带来了极大危害。消除网络犯罪、维护民众利益，是网络安全工作给建设网络靶场提升应对能力提出的新要求。

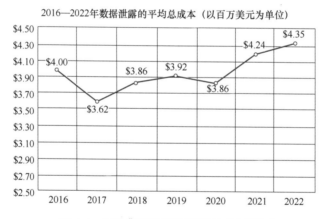

● 图 4-1　IBM《2022 年数据泄露成本报告》

（3）行业企业网络设施与信息系统安全隐患检测需求

我国的网络规模和用户规模均居世界第一，提高网络安全技术、加强安全保障能力非常重要。技术自主创新、能力发展提高都需要有特定的环境与条件，这其中存在许多亟待克服的问题：真实网络攻防行动可能造成网络瘫痪和社会安全风险，现实网络环境难以完成网络攻防实验的具体要求。有的网络信息系统属于关系国家安全和社会稳定的重要信息系统，如果在真实系统中进行测试和模拟攻防演练，将会使业务连续性遭受重大威胁。不仅如此，在真实环境中进行测试评估，人为干扰因素可能会令检测机攻防演练结果的真实性大打折扣，这就需要我国必须拿出接近真实网络信息系统环境的模拟仿真实验系统技术，并尽早应用起来。

（4）网络安全专业技能与通识认知教育需求

当前网络安全相关从业人员、高等院校网络安全相关专业学生及广大触网和用网的"网民"，都存在网络安全专业技能与通识认知教学宣贯的需求。但常规的宣传教育多通过课堂听讲、书刊阅读、多媒体播放和展厅参观等方式进行。由于缺乏针对性与体验感，这种常规做法无法取得良好效果。360 互联网安全中心对网民网络安全意识调研形成的《中国网民网络安全意识调研报告》表明：与严峻的网络犯罪违法问题形成鲜明对比，约九成网民认为当前网络环境是安全的。其中，6.9% 的网民认为非常安全，49.1% 的网民认为比较安全，32.8% 的网民认为一般安全。与之相反的是，仅有 2.0% 的网民认为当前的网络环境非常危险，9.2% 的网民认为比较危险。由此可见，网络安全教育需要借助网络靶场这类具有实战实训、实验实操环境的平台强化教学效果。

（5）网络安全技术创新与产业要素汇聚需求

随着"互联网+""IPv6+""AI+"以及新技术新应用的快速发展，网络攻击手段的演变远超人们的想象，传统的安全理念、产品技术、解决方案和防御体系都面临着更新迭代、持续创新的要求。网络靶场可以通过实网演练发现当前技术与产品的不足，并提供新技术的验证环境促进安全创新。此外，网络安全作为一种"隐性"需求，除法规标准等合规性安全要求外，更需要网络靶场作为安全可控的检测平台，发现用户网络中的安全隐患，推进安全整改，一定程度上起到唤醒安全需求、激活安全市场的效果。另外，网络靶场在日常的演练、竞赛、实训与科研中，输出安全人才与科研成果对网络安全产业的要素汇聚将起到积极作用。

2. 面向未来安全的靶场设计需求

网络靶场更应该面向未来安全需求进行设计，满足以下系统功能需求。

（1）网络空间复杂性安全试验环境需求

进行网络空间复杂性安全试验需要安全靶场具备 4 方面的能力：一是大规模复杂异构网络的快速复现能力，可以复现金融系统、工业控制系统、电信网和物联网等各类复杂异构网络；二是复杂用户行为及网络舆情复现能力，可以逼真模拟社会网络中人的行为和舆情行为；三是网络空间复杂特征的复现能力，可复现网络空间融合性、隐蔽性、复杂性、无界性、高速性和层次性等复杂特征；四是大规模网络快速灵活重组能力，可从一个试验网络结构快速灵活重组成另一个试验网络结构。

（2）成体系的测试评估能力需求

为了精确测试评估目标系统网络空间安全性、可恢复性和灵活性，操作系统、网络协议和内核等关键软硬件的安全性，国家级网络靶场需具备成体系的测试评估能力。通过国家级完备的测试评估资源库（测试工具库、测试用例库等）及先进的测试评估手段，开展渗透测试、风险评估，对目标系统安全性进行全方位、体系化和自动化测试评估。

（3）高安全隔离与高数据安全的联合试验环境需求

为了并行开展不同安全等级网络的试验而不影响各试验网络与数据安全，需要构建高安全隔离与高数据安全的联合试验环境。在联合试验环境中可并行开展多个不同安全等级的安全技术测试、各种恶意软件和恶意代码测试等试验，而不用担心试验基础设施是否安全。并行试验之间不会相互干扰，重要数据也不会在试验中泄露。

（4）资源自动配置与快速释放能力需求

为了实现网络靶场内部各类异构共用资源（网络、计算、存储和数据等）的集中管控和灵活调用，使其利用率最大化并保证用户对资源使用的有效性，需具备资源自动配置与快速释放能力。

（5）面向服务的公共服务能力需求

为了实现不同网络空间安全试验资源的即插即用、动态共享、重用和互操作，国家网络靶场需具备面向服务的公共服务能力，建立服务化、智能化、网络化和模块化的网络共用基础设施集成环境，为各功能系统面向服务的部署、集成、运行与管控提供全过程支撑。

4.1.2 网络靶场的参考架构

下面从逻辑架构、功能架构、物理架构、数据架构和信息交互关系5个方面说明网络靶场的基本架构。

1. 逻辑架构

网络靶场按照逻辑分层分为物理资源层、虚拟网络层、数据采集层、数据分析层、数据存储管理层、态势展示层和靶场应用层7个层次，如图4-2所示。

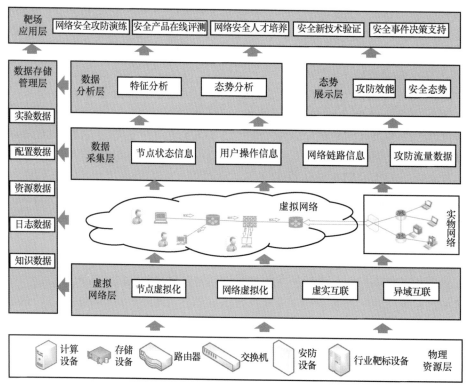

• 图 4-2　网络靶场逻辑分层架构

（1）物理资源层

物理资源层提供平台运行的硬件资源，包括虚拟计算设备、存储设备、网络设备、采集分析设备、安防设备和行业靶标设备等资源。

（2）虚拟网络层

虚拟网络层提供节点虚拟化支撑、网络虚拟化支撑、虚实互联以及异域互联的接口。节点虚拟化支撑负责生成虚拟机节点和容器节点；网络虚拟化支撑负责生成虚拟网络中各类网元和链路特性的仿真；虚实互联实现实物网络透明接入虚拟网络；异域互联实现异域的网络透明接入虚拟网络，提供更加逼真的目标网络环境。

虚拟网络层的输出是一个逼真的静态目标网络，通过目标网络中实现应用行为的仿真和模拟，进一步增强目标网络的逼真度，应用行为仿真从仿真粒度和逼真度上可以分为背景流量模拟、前景流量模拟和用户行为仿真。

（3）数据采集层

数据采集层负责从目标网络中采集节点状态信息、用户操作信息、网络链路信息和攻防流量数据。为试验进行网络安全态势分析提供数据基础。

（4）数据分析层

数据分析层负责对采集的数据进行处理和分析，通过特征分析深度挖掘安全事件，通过态势分析进行安全事件关联、安全态势计算和攻防效能评估等。

（5）数据存储管理层

数据存储管理层负责为网络靶场不同种类及模态的试验数据提供存储与管理服务，为网络安全知识提供表示、构建与管理服务，并为数据流上的关联分析提供支持。

（6）态势展示层

态势展示层对采集和分析的结果进行多维可视化展示。

（7）靶场应用层

靶场应用层提供各类应用交互界面实现网络安全攻防演练、安全产品在线评测、网络安全人才培养、安全新技术验证和网络安全事件决策支持等。

2. 功能架构

系统的功能架构由目标网络管理分系统、安全事件监测与态势评估分系统、试验管理分系统、运维管理分系统、数据存储与管理分系统，以及行业应用场景试验场等组成，如图 4-3 所示。

1）目标网络管理分系统主要支撑试验人员根据试验想定方案构建试验需要的目标网络环境，主要包括网络拓扑配置与部署、节点及网络虚拟化、虚实互联接入、试验人员接入、带内程序部署配置、资源管理与调度等功能。

2）安全事件监测与态势评估分系统主要对网络靶场上开展的试验过程进行安全检测、分析及态势可视化展示。该分系统对安全事件监测结果进行资产、漏洞、攻击的关联分析及知识在线匹配，检测有效攻击事件及复杂攻击，对多场景、多模式和多角度的态势进行可视化展示。

3）试验管理分系统负责试验全生命周期的过程管控，支撑试验准备、试验运行和试验后处理阶段的可靠运行。对试验的人员和计划文档进行管理，对试验整体过程进行精细化设计和控制，对试验进行归档、重建、回放和再分析。

4）数据存储与管理分系统为网络靶场的多模态数据提供数据加载、清洗、存储、管理、统一查询和分析服务，实现高吞吐量、高并发的数据访存。为网络安全知识的表示、构建、管理、利用提供基础组件和运行环境，并为数据流上的关联分析提供支持。

5）运维管理分系统提供完整的资源管理、拓扑管理、用户管理、故障管理、流量管理和系统管理等功能，用于保障全系统的安全稳定运行。

6）行业应用场景试验场为可选组成部分，负责提供不同行业应用场景的攻防验证环境，包括提供模拟典型行业应用场景的专用设备，提供行业场景渗透攻击工具、行业应用场景的安全测评工具、行业漏洞库，提供对典型行业场景攻击事件进行演练、复盘，以及提供对攻防测试结果进行功能和性能综合量化评估。

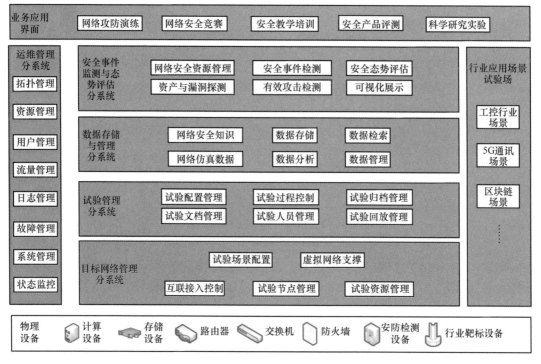

● 图 4-3　网络靶场功能架构

3. 物理架构

为确保试验的客观性和高效传输，系统的物理架构使用三网结构设计，分别为管理网、测量网和业务网，如图 4-4 所示。

管理网主要支持网络仿真平台管理、目标网络管理、试验管理、态势展示等业务运行；测量网主要用于流量数据采集和分析；业务网主要用于目标网络自身业务的运行支撑。实物设备包括被测设备、各厂商网络安全设备和终端设备等，通过网络同虚拟互联交换机相连接。网络靶场前端通过安防设备接入互联网中，异域设备通过异域接入设备同网络仿真平台虚拟网络进行互联互通。

4. 数据架构

系统的数据架构采用总线架构和接口服务的方式实现各个分系统之间的数据交互。

系统中存在两条总线：一条位于采集网，主要用于试验数据的采集和传输；另一条位于管理网，用于目标网络管理、试验管理，以及其他系统的交互数据传输。

系统采用总线架构进行数据分发，保障分系统之间的通信问题中的可靠性、可扩展性及降低耦合度。当出现一些不可预料的异常导致发送端的消息没被接收端接收到时，该架构可以进行回滚操作，该消息的队列恢复到这个异常事件的地方让接收者可以重新接收，确保每个消息都有相应的接收端接收。随着数据量的增大，吞吐率越高，那么加大其集群规模是必不可少的，该架构可以很便捷地水平扩展集群。

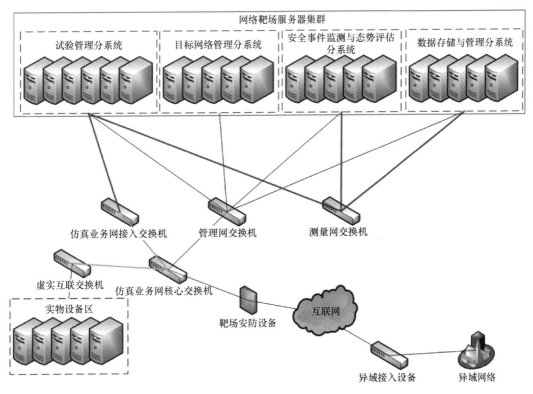

● 图 4-4 网络靶场物理架构

　　系统数据总线基于发布订阅模式来完成数据的生产发布和订阅消费，这样可以保证整个平台的高吞吐率、高可用性和可扩展性，同时也能很好地确保各分系统之间具有低耦合的特性。

5. 信息交互关系

　　网络靶场的信息交互如图 4-5 所示，其试验准备阶段、试验运行阶段、试验后数据处理阶段的数据流分别如下。

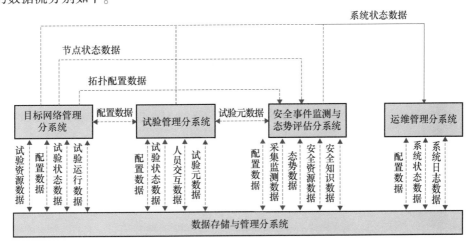

● 图 4-5 网络靶场信息交互关系

1）试验准备阶段。试验组织方（黄方）通过试验管理分系统将试验过程配置数据写入数据存储与管理分系统，试验支撑方（白方）通过目标网络管理分系统将目标网络配置数据和试验需要的资源数据写入数据存储与管理分系统。试验组织方通过试验管理分系统下发目标网络部署指令后，目标网络管理分系统将部署运行数据写入数据存储与管理分系统。评估分析方将安全资源数据写入数据存储与管理分系统。

2）试验运行阶段。试验管理分系统将试验过程状态数据写入数据存储与管理分系统，并提供数据查询给试验组织方。目标网络分析将节点运行状态写入数据存储与管理分系统，并同步发送给安全事件监测与态势评估分系统进行态势评估。安全事件监测与态势评估分系统通过目标网络管理分系统获取拓扑配置数据进行分析和展示支撑，将采集和分析的监测数据和态势数据写入数据存储与管理分系统，并提供查询接口供可视化展示，将监测分析发现的安全事件形成安全知识数据写入数据存储与管理分系统。试验组织方（黄方）和试验操作人员（蓝方、红方）还会通过试验管理分系统进行交互，人员交互数据写入数据存储与管理分系统进行统一存储。

3）试验后数据处理阶段。试验管理分系统从目标网络管理分系统获取目标网络配置数据和试验元数据进行试验归档。并在试验重建和回放的过程中将试验配置和试验元数据发送给目标网络管理分系统进行试验重建和回放。

运维管理系统在整个系统运行过程中将整个系统的配置写入数据存储与管理分系统进行运维管理，收集系统的运行状态和日志并写入数据存储与管理分系统进行运维分析与展示。

4.1.3　关键技术地图

网络靶场涉及的技术非常庞杂，根据这些技术在靶场架构中所处的层次，大致可分为三大类：基础支撑技术、核心支撑技术和关键业务技术，如图4-6所示。

● 图4-6　网络靶场关键技术全景图

1. 网络模拟技术

网络模拟（Network Simulation）技术在应用场景方面具有极大的灵活性与扩展性，在数据包级、数据流级和分布式网络级都可以广泛使用，是网络靶场构建靶标场景时较为常用的方法。

（1）包模型（Pack Models）、流模型（Fluid Models）的混合模拟技术

对于网络模拟工具而言，高性能和高真实性都是研究者努力追求的目标。而网络模拟技术研究工作往往是对二者之间如何进行有效的折中，以达到更优化的效果。对网络流量模型来说，数据包级和数据流级模型正是模拟真实性和模拟性能的代表性对象。如何有效地将两种模型混合使用，以对关注度不同的流量进行不同粒度的模拟，从而达到性能和真实性之间的最优平衡，是提升网络模拟工具可用性的重要手段。通过分析两种流量模型的各自特征，研究两种模型混合使用的模拟技术，重点研究两种流量模型在相互叠加时的流量交互过程的建模，以及两种模型交互时由于相互影响造成的网络行为特征变化的模拟技术。

采用数据包级、数据流级流量模型进行网络流量模拟是解决网络模拟效率和真实性之间矛盾的典型而有效的解决方案。对于用户关注度高的网络流量进行细粒度的数据包级模拟，最大限度地保证了用户关注的网络行为的模拟真实性。对用户关注度较低的网络流量进行较粗粒度的流级模拟，又能够在保证一定模拟真实性的基础上，尽可能地提升模拟的整体性能。而两种流量模型的共存，必然会存在二者之间的交互，从而引入二者之间的相互关联和相互影响。如何准确地反映出两种流量模型之间的交互过程，是保证网络模拟整体性能和真实性的关键因素。

（2）分布式并行网络模拟技术

网络模拟技术以全软件的形式对网络中的链路、设备、节点、协议和应用等进行模拟，具备高度的灵活性，但其对资源的消耗尤其是在大规模网络下的模拟性能往往成为限制虚拟网络规模的瓶颈。研究分布式的并行网络模拟技术，力争在尽可能少的改动模拟器的前提下，并行模拟网络，以突破网络模拟的性能瓶颈。

分布式并行网络模拟器以 NS 为基础，NS 的模型库中包含了大量的网络协议模型和流量模型，与实际网络类似，模型库分为物理链接层、网络层、传输层和应用层。建模者利用模型库生成各种网络模型进行模拟。在并行网络模拟器中，将网络模型按拓扑结构划分，每个 NS 的实例只模拟整个网络模型的一部分（即子模型）。最优的划分策略应该兼顾最优数据网络流量路径和负载均衡。为了模拟更大规模的网络，每个 NS 中只定义被模拟的那一部分模型，所以必然需要扩展 NS 现有的模型库。

2. 虚拟仿真技术及其标准

仿真与模拟是两种容易混淆的技术。根据国际标准化组织（ISO）标准《数据处理词汇》中的名词解释，"模拟（Simulation）"是选取一个物理或抽象系统的某些行为特征，用另一个系统来表示它们的过程；"仿真（Emulation）"是用另一个数据处理系统（主要是用硬件）来全部或部分地模仿某一处理系统，使得模仿的系统与被模仿的系统具有相同的数据处理能力，接受同样的数据，执行同样的程序，获得同样的结果。有时人们也把"模拟"和"仿真"统一归入"仿真"范畴，统称 Simulation。在网络靶场领域中更多地使用了虚拟化技术。虚拟化技术不能简单地归类为模拟与仿真技术，如 Bochs 这样能仿真多种 CPU 指令的虚拟机，实质上是一种模拟器（Emulator），而像 VirtualPC、VMWare、XEN 和 VirtualBox 这样的虚拟机或 Docker 容器，则采用了更为复杂的技术，既有模拟（Simulation），也有仿真（Emulation），又不能单纯地将它认为是一个模拟器。本章不刻意区分虚拟、模拟和仿真这三种技术。网络靶场中主要有以下几种使用虚拟仿真技术的场景。

（1）基于虚拟化的仿真节点建模技术

在网络靶场中，经常利用虚拟化技术构建出仿真网络中的各类主机节点以及节点之间的连接设备，包括仿真路由器、仿真交换机等，为网络仿真实验环境的构建提供基础支撑。

主机、交换机和路由器是网络中的基本元素，网络靶场应跟踪掌握当前主机、交换机和路由器虚拟化方面的研究现状和核心技术，管控这三类基本网络元素在虚拟化之后的连接方式。网络靶场平台不仅需要构建通用的主机、交换机和路由器设备，还需要支持对专用网络设备的细粒度仿真，如仿真华为某型号的交换机、思科某型号的路由器等。因此，也需要研究更细粒度的网络设备仿真及专用网络设备的仿真。

（2）大规模仿真节点快速部署技术

一般来说，安装操作系统和各类应用软件的虚拟机硬盘映像文件大小通常有几 GB 甚至十几 GB，一般操作系统的安装时间也需要半个小时左右。网络靶场中创建的虚拟网络动辄呈几百上千的规模，如果用传统创建虚拟机的方式来构建大规模的虚拟网络，其效率将是十分低下的。

实现大规模仿真节点的快速部署，提高网络仿真环境构建的效率，要重点关注虚拟机模板管理和增量硬盘映像文件，通过虚拟机模板避免每创建一个虚拟节点就需要安装一次操作系统的时间开销，通过增量硬盘映像文件可以有效利用磁盘空间减小平均每个虚拟节点的硬盘开销。虚拟机模板可按作用分为基本模板、自定义模板、预构建模板和部署模板。基本模板主要包括 Windows 与 Linux 等主流操作系统系列的模板，是其他几类模板的基础；按照每次的部署要求，在基本模板的基础之上，进行预设软件安装和其他配置形成预构建模板；管理员也可以在基本模板的基础上通过自定义设置与个性化软件安装创建形成自定义模板。虚拟机基本模板、自定义模板和预构建模板都保存在虚拟机模板服务器上，仿真节点部署指令下达后，系统需将模板按需复制到各个仿真节点服务器。

（3）仿真节点应用软件自动安装技术

仿真节点应用软件自动安装的目标是在仿真节点上实现应用软件安装自动化，以快速完成仿真节点软件环境的构建，使得网络仿真环境更加接近真实网络环境。

以 Windows 操作系统为例，软件自动安装方法主要有以下两种：软件自动安装包和软件自动安装脚本。前者通过制作安装包程序来完成正常软件安装时的文件复制和注册表设置动作，后者使用专门编制的脚本程序来完成软件安装部署过程的自动化。从软件安装的角度看，与实体计算机上安装的软件都保存在物理硬盘上相似，虚拟机上安装的软件都保存在虚拟硬盘镜像文件中。从宿主计算机角度看，保存所有虚拟机操作系统数据的硬盘镜像就是一个普通的文件，因此虚拟机具有更好的可控性，相比实体计算机也有更好的软件自动安装方法。根据软件安装时虚拟机所处的状态，可分为虚拟机离线自动软件安装和虚拟机在线自动软件安装。前者完全将虚拟机硬盘镜像当作一个可以挂载和操作的文件系统，安装软件相当于对这个文件系统的文件进行增加和修改；后者将虚拟机操作系统视为一台硬盘更加容易控制的普通计算机，这种情况可以利用普通计算机中自动软件安装的方法，但由于虚拟机硬盘镜像文件更容易控制和操作，使得软件自动安装的过程会更加高效。

3. 实物设备接入技术

针对一些受客观条件限制无法应用虚拟化、模拟仿真的靶标场景，或者虚拟仿真效果达不到业务要求的情况，只能使用实物设备接入靶场，主要有"实物设备统一接入"与"实物设备信息采集探针"两种技术。

（1）实物设备统一接入技术

为了最大限度提高网络靶场平台所仿真的虚拟网络的真实性，虚拟网络中非常关键的节点可以采用实物设备接入的技术实现。一般来说，实际的网络部署中，物理设备的接入都离不开手工的布线。比如，架设一架路由器，路由器各个端口的网线或光纤必须人为进行连接。在网络靶场环境中，如何在不改变实物设备物理连接的情况下，完成实物设备在不同虚拟网络环境的自动接入，这是要研究的一项关键技术。

这项技术的实现必然需要引入其他的软硬件，最终形成一项专用设备，称为实物设备统一接入接口。该接口的一侧有几排端口，用于连接实物设备，另一侧也有几排端口，用于连接网络靶场平台的设备接入区。实物设备统一接入接口两侧的端口之间的连接方式可以通过对该接口编程的方式任意改变。这样就可以达到在不改变实物设备物理连接的情况下，完成实物设备在不同虚拟网络环境的自动接入。

（2）实物设备信息采集探针技术

在网络靶场平台中构建的虚拟网络是完全可监控的，也就是说虚拟网络中任意节点上发生的安全事件都能被检测到，然而实物设备并不一定内嵌可以监控其上发生的所有网络安全事件的接口来研究网络靶场平台所支持的实物设备的信息采集探针技术。

实物设备的信息采集探针技术对不同类型的实物设备应采取不同的措施，对网络靶场平台所支持的实物设备进行分类，一般可以分为提供监控接口、提供 Syslog 系统日志和不提供任何监控接口三种。前两种可以基于实物设备提供的接口进行编程实现对设备的监控，最后一种只能针对具体的设备编写探针程序进行监控。

4. 虚拟网络构建技术

虚拟网络构建技术是建立具有高度仿真真实性和高性能网络靶场平台，并能够在其上进行网络行为仿真等细粒度仿真的关键技术，其核心在于虚拟网络统一化描述技术及多粒度计算资源协同构建技术。具体描述如下。

（1）虚拟网络统一化描述技术

虚拟网络统一化描述技术可将虚拟网络环境元素以结构化的、易于扩展的和统一的形式描述，形成标准描述体系，以简化虚拟网络部署的复杂性，并解决虚拟网络的复杂网络环境、多粒度资源环境的管理难题。

为实现对虚拟化网络资源的管理，可首先对多粒度计算资源的虚拟化网络环境加以形式化描述。通过对网络拓扑环境的深入研究，并经过反复设计、验证，采用标准 XML 语言描述实物资源、仿真资源和模拟资源共同构建的虚拟化网络环境。虚拟网络拓扑环境的 XML 语言描述包含基本的网络组成元素，即主机（Host）、交换机（Switch）、路由器（Router）和链路（Link）。以上元素及由其所组成的网络所构建的应用行为共同组成了一个虚拟网络实例的描述结构。该结构定义了虚拟网络环境的不同计算资源，由附加的子节点和属性描述多粒度虚拟网络计算资源的行为参数，同时定义了连接关系。根据统一描述技术，平台能够自动计算网络连接关系，实现子网划分、IP 分配和路由计算等复杂处理，并自动化分发给各计算资源子系统，各计算资源子系统分别识别描述文件，获取各自负责的部分虚拟化网络环境配置信息，并进行相应的处理。

采用基于多粒度计算资源的虚拟化网络环境统一描述技术描述一个网络可作为虚拟网络环境的定义标准。根据该标准定义的虚拟网络结构可直接被网络仿真平台所识别，实现快速构建虚拟化网络的目的。可使用转换工具将原始拓扑生成软件所生成的拓扑文件转换为标准的虚拟网络环境 XML 描述文件，这样就极大地提高了平台使用的方便性和灵活性。

（2）虚拟网络多粒度计算资源协同构建技术

针对网络靶场非实战型的研究网络，可使用数学模型（Analytical Model）、模拟（Simulation）、仿真（Emulation）和真实网络（Live Networks）等多种方法。作为研究网络行为的基础工具，最真实的仿真环境是全部利用实际设备进行仿真网络的搭建，但当需要仿真的网络规模较大时，环境搭建的成本就会随之增大，直至不可接受。为了降低成本，必须对环境中的部分属性进行一定程度的抽象（如使用虚拟机、软路由和模拟等手段）。然而抽象程度越高，成本固然越低，但相应的真实性也随之下降。为了解决仿真平台构建成本与仿真真实性之间的矛盾，实现数学模型（通常采用软件简单模拟部分虚拟网络环境的若干关键属性的变化情况）、模拟（通常采用网络模拟软件实现部分虚拟网络环境）、仿真（通常采用虚拟机实现虚拟网络中的节点）、实物（通常采用真实物理设备作为虚拟网络中的节点）之间的无感融合，使之达到一个合适的平衡状态，充分发挥数学模型、模拟、仿真和实物构建虚拟网络的优势，以研究虚拟网络多粒度计算资源协同构建技术。

（3）靶场平台中虚拟网络多实例隔离

由于物理资源的限制，靶场平台中构建的虚拟网络势必会复用同一物理链路。同一物理网卡可能会转发属于不同虚拟网络实例的数据包，这将对虚拟网络多实例隔离带来很大的挑战。

多实例隔离主要体现在各个虚拟网络实例共同占用主机或实物设备资源时的数据隔离，比如同一个物理服务器上同时运行多个不同实例的某一部分、物理服务器之间的物理通信链路承载多个实例中的虚拟网络数据流、在有实物设备参与的情况下实物接入区的交换机或链路被多个实例共用等。针对需要进行隔离的多种情况展开研究，并将技术成果运用于网络靶场平台之中。

（4）靶场平台中虚拟链路带宽控制

由于靶场平台基于多种计算资源构建，存在同类计算资源内部链路以及不同种类计算资源之间的链路，这造成了虚拟链路的多样性，同时给虚拟链路带宽的控制带来了很大的挑战。例如，模拟资源内部通信的带宽非常容易控制，但模拟资源和仿真资源之间的链路带宽，以及模拟与实物、仿真与实物、实物与实物之间的链路带宽将非常难于控制。

带宽控制主要应用于虚拟网络中节点间的通信链路，由于网络靶场平台采用数学模型、网络模拟、虚拟仿真和实物设备等多种技术实现虚拟网络，因此带宽控制针对不同的实现方式会有不同。在基于实物设备实现的链路中做带宽控制，可以在实物节点之间的链路上增设一个主机，该主机中编程控制流经的网络数据流带宽。虚拟化技术使得 VMM 对虚拟机中操作系统的运行环境有很强的可控性，因此在基于虚拟仿真方式实现的链路中进行带宽控制时，需要在 VMM 中控制虚拟网卡的收包发包速率。网络模拟利用网络模拟器模拟网络中的节点，并且网络模拟器提供了大量的编程接口，可用于控制模拟节点数据包的收发频率，从而控制模拟网络带宽。

5. 流量构建和生成技术

即使应用各种技术构建了靶标场景，网络靶场依然需要解决业务流量的问题，否则无法充分体现目标场景的业务属性，也很难满足业务逻辑层面的安全分析。根据靶场业务的具体需求，大致可分为上网用户行为仿真与真实流量回放两种方法。

（1）上网用户行为仿真

用户的上网行为因自身意愿和周围其他环境等多种因素的不同而千差万别，具有很大的不确定性。上网行为的模拟本身就是一项重要的研究课题。目前行为模拟的研究成果是否能够满足网络靶场平台的应用需求、如何将行为模拟的研究成果应用到靶场平台中，这需要进一步的调研、论证和实验。

上网用户行为仿真需要首先获得大量的用户上网操作所产生的网络数据，经过对这些数据的分析得出用户上网的操作模型。该模型既要能反映上网用户的喜好和操作习惯，又能代表绝大多数网民的基本操作。在建立模型时需要考虑统一性和多样性的结合，既要有常规的上网用户模型，又要有异常的上网用户模型，如网络攻击实施者等。

（2）面向虚拟网络的真实流量回放技术

虚拟网络的真实性体现在流量的真实性，研究面向虚拟网络的真实流量回放技术，不仅能够利用真实流量天然、真实性地解决虚拟网络的背景流量生成技术难题，更为流量数据发挥其价值提供了平台与技术支撑。

目前主要的流量回放技术有 Tcpreplay 及相关增加版本、Tomahawk 等。Tcpreplay 使用由 Tcpdump 等抓包工具所抓取的流量作为原始数据，在链路层按序回放流量，不需要知道上层协议的细节。与 Tcpreplay 等基于二层协议不同的是，由于 Tcpreplay 不能体现服务交互，Tcpreplay 的开发者开发了 Flowreplay，Flowreplay 是 Tcpreplay 的增强版，被设计用来放 4 层以上的数据包，而不是在 2 层回放。其目标是读取一个流量文件，利用连接的客户端，使用标准的 TCP/UDP 协议回放数据来连接服务端。Tomahawk 从原始流量数据中提取客户端与服务器端包，由两个节点分别发送客户与服务器数据，并尽量保证流量的发送顺序。类似工具如 Monkey、Surge 等。

尽管以上工具在回放粒度、回放层次上有所区别，但其共同特征是使用单台机器直接回放二层网络数据包，或使用双网卡在传输层上区分客户端与服务器端进行流量回放，但本质上，以上方法均不考虑实际的网络通信环境，对虚拟网络而言，无法利用虚拟网络资源，也无法将真实流量与虚拟网络产生的流量更好地融合，还无法直接用于虚拟网络中。研究设计一种面向虚拟网络的流量回放方法，使其具有如下优点：1）建立真实网络通信模型，将真实网络的 IP 按照模型映射到最优的虚拟网络节点，在虚拟网络的映射点采集的回放流量与真实流量映射后的结果一致，更真实地还原真实流量的通信场景；2）实现其他流量回放工具所无法完成的真实流量与虚拟网络平台的流量相融合；3）利用基于 IP 映射的虚拟网络流量回放方法，完善虚拟网络的流量生成机制，充实虚拟网络的流量体系，为虚拟网络使用者研究复杂网络空间环境及应用场景提供更有效的手段，提高虚拟网络的真实性与可用性。

6. 网络仿真过程的记录和回放

网络仿真过程的记录和回放分为两个递增的方面：虚拟节点的行为回放和整个虚拟网络的行为回放。

目前对单台虚拟机运行过程的日志记录和回放已经成为国内外的一个研究热点，但该技术尚未完全成熟，主要存在以下几方面的问题：1）日志记录阶段，日志文件的大小随着时间的推进不断增加，特别是对于多处理器的情况，日志增加的速度更加迅速，这势必限制了可记录和回放的虚拟网络运行时间；2）回放阶段的实现一般都屏蔽了外部输入，特别是网卡输入，这使得虚拟机的日志记录和回放无法应用于靶场平台。单台虚拟机的日志记录和重放尚且如此困难，整个虚拟网络环境的日志记录和重放将是一项更加艰巨的任务。

CPU 执行指令的过程在没有任何中断的情况下是确定的，也就是在不考虑中断等不确定因素的情况下给定一条指令，那么 CPU 以后每个时刻所执行的指令是完全确定的。因此只需要记录虚拟机中不确定事件就能实现虚拟的回放。这些不确定事件主要有基于端口的 IO 事件（Port based IO Event）、基于内存地址的 IO 事件（Memory based IO Event）、RDTSC 事件（RDTSC Event）、中断事件（Interrupt Injection Event）、寄存器访问事件（CPU Registers Load Event）和内存请求事件（Memory Record Request Event）等。虚拟机行为回放可以分为日志记录和回放两个步骤，在记录阶段以一定的格式记录不确定事件的时间戳、指令指针（Instruction Pointer）和涉及的数据内容。回放阶段在完全可控的环境中进行重放，CPU 能够向所有的设备进行写操作，这个和记录阶段的写操作一致。任何时刻 CPU 从设备进行读操作，读的值都是由 VMM 从日志文件中获得并提供的，在记录阶段记录的中断 VMM 会在恰当的时刻发起同样的中断。虚拟网络中全部节点按照统一的全局时间进行行为重放，即有可能实现整个虚拟网络的行为重放。

7. 虚拟网络安全监控技术

网络靶场大量使用了虚拟化与模拟仿真技术，包括计算、存储、网络的虚拟化，以及网络节点的模拟仿真，并且需要对靶场业务活动进行全方位的监控。因此，要构建虚拟网络中特定事件和行为的识别能力，以及模拟节点与仿真节点的监控能力。

（1）虚拟网络中的特定事件和行为识别

虚拟网络中的特定事件和行为识别是一种分类问题，虽然存在大量机器学习和数据挖掘的算法用于解决分类问题，但网络攻击中的行为往往会持续一段不定长的时间，这段时间中会有大量正常的数据包或网络事件发生，这种情况下常规的分类算法并不能很好地解决行为识别的问题。另外，对于未知的网络攻击行为识别更是一项艰巨的调整任务。

虚拟网络中的特定事件和行为识别可以分为已知事件和行为识别、未知事件和行为识别。已知事件和行为识别主要通过数据标注、构建新的适用于虚拟网络特定事件和行为识别的机器学习算法建立可靠的识别模型；未知事件和行为识别也可利用机器学习和数据挖掘的技术，通过大量实验积累，设计出高效的机器学习算法。未知事件和行为识别可以分为以下几步：1）以待识别的网络数据包为输入，并将每个网络数据包表征为可用于分类的特征向量；2）以获得的特征向量为输入，形成特征向量数据集，利用主动学习方法对该特征向量数据集进行学习，获得针对待测网络事件和行为的分类器；3）利用得到的分类器，对待识别的网络数据的事件和行为属性做出判别。

（2）模拟节点行为实时动态监控技术

由于网络模拟无法像虚拟机、实物设备所构建的虚拟网络那样可在虚拟网络进行过程中控制和按需监控其行为，必须研究模拟节点行为的实时动态监控技术以解决模拟节点行为可控性问题，提高监控的灵活性及解决无法动态监控模拟节点所带来的大量垃圾数据所造成的时空资源浪费问题。

网络模拟行为的监控技术必须解决以下几个问题：1）可自定义待监控的网络模拟行为参数；2）对监控到的网络模拟行为的变化必须能够自定义处理方式；3）避免垃圾数据，能够在需要的时刻对需要的网络模拟行为进行动态实时监控。

目前 NS3、Omnet++等主流的网络模拟器的监控手段主要以日志机制和追踪机制为主。日志机制较为常见，对模拟过程的监控更为宏观，但无法细粒度地监控网络模拟行为，可扩展性和可复用性较差，无法对监控到的模拟行为执行更多操作；追踪机制相对来说更为灵活，但无法动态实时监控网络模拟行为，造成大量的资源浪费。针对以上网络模拟监控机制所存在的不足，研究模拟节点行为监控技术，可在模拟过程中动态实时监控网络模拟行为，为虚拟网络构建者与使用者解决网络模拟行为监控问题提供技术框架。

模拟节点行为监控技术具有以下特点：1）动态监控，即可在需要的时间对需要的网络模拟行为动态地进行监控，细粒度监控网络模拟过程，避免不必要的监控；2）实时监控，即可在模拟过程中实时响应监控需求，实时输出监控结果，提高网络模拟监控的可控性，剔除了垃圾数据，降低了资源消耗；3）在可自定义监控参数和监控动作的基础上，该方法还提供接口供使用者按需添加监控参数，大大提高了网络模拟行为监控的可扩展性；4）该监控方法提供了一种网络模拟行为的动态实时监控框架，可基于该框架构建虚拟网络环境，完善网络模拟行为的监控体系。

（3）面向仿真节点的集中式行为监控技术

研究仿真节点动态变化特征，通过动态发现仿真节点的启动、关闭及迁移等状态，解决仿真节点难以高效监控管理这一难题。研究仿真节点自省技术以进一步消除攻击行为对安全监控的影响，从多个角度监控仿真节点的内部行为，以解决仿真节点内部攻击行为难以有效追踪的难题。

集中式行为监控技术能够对虚拟化计算资源进行集中式的网络行为监控管理，并能够对监控范围内的虚拟机节点进行网络检测手段的自动化部署。在监控能力方面，集中式行为监控能够适应虚拟机节点的动态启动、迁移以及关闭等特点，实时自动化调整监控点的部署位置，并能够在运行过程中动态更新监控策略。在监控粒度方面，集中式行为监控支持针对虚拟机节点的不同网络接口进行细粒度的网络检测及网络流量获取。

8. 虚拟仿真技术及其标准

虚拟仿真是基于虚拟化技术基础的系统软硬件功能与业务数据模型仿真技术。虚拟化是一个广义的术语，在计算机科学领域中，其代表着对计算资源的抽象，而不仅仅局限于虚拟机的概念。大数据安全靶场所需要的虚拟化技术主要分为以下几个大类。

1）平台虚拟化（Platform Virtualization），针对计算机和操作系统的虚拟化。

2）资源虚拟化（Resource Virtualization），针对特定的系统资源的虚拟化，如内存、存储和网络资源等。

3）应用程序虚拟化（Application Virtualization），包括仿真、模拟和解释技术等。

4）业务数据虚拟化（Business and Data Virtualization），包括业务模型、工作流与数据交互等。

网络靶场要求技术架构具备综合的虚拟仿真能力，涉及以下各个方面，包括灵活透明的网络虚拟化技术、可扩展的异构平台虚实互联技术、大规模虚拟网络快速构建技术、背景流量行为仿真技术、靶标行为模拟技术、低损/实时的靶场数据实时采集与管理技术、准确可量化的攻防效果评估技术、多任务并发的任务调度管理机制，以及多层次动态隔离的安全管控架构等。网络靶场技术面临包含人、物、信息的虚实互联网络靶场的灵活快速构建问题，面向不同的攻击模拟真实网络中用户、服务和协议行为模拟问题，低损、实时攻防数据采集和准确分析评估问题、攻防试验多任务并发运行与安全隔离问题等。

9. 数字孪生技术及其标准

数字孪生技术也称为数字双胞胎和数字化映射，目前尚无业界公认的标准定义，其概念也还在发展与演变中。NASA 给数字孪生的定义：数字孪生是指充分利用物理模型、传感器和运行历史等数据，集成多学科、多尺度的仿真过程，它作为虚拟空间中对实体产品的镜像，反映了相对应物理实体产品的全生命周期过程。数字孪生是采用信息技术对物理实体的组成、特征、功能和性能进行数字化定义和建模的过程。数字孪生体是指在计算机虚拟空间存在的与物理实体完全等价的信息模型，可以基于数字孪生体对物理实体进行仿真分析和优化。数字孪生是技术、过程和方法，数字孪生体是对象、模型和数据。数字孪生的本质就是在信息世界对物理世界的等价映射，是对物理实体或流程的数字化镜像。创建数字孪生的过程应用了人工智能、机器学习和传感器数据，其创建结果是可以实时更新的、现场感极强的"真实"模型，用来支撑物理产品生命周期各项活动的决策。

数字孪生与仿真技术、数字线程（Digital Thread）技术有很强的关联性，但又存在区别。仿真是一种基于确定性规律和完整机理模型来模拟物理世界的软件方法，是数字孪生的核心技术之一，但不是全部。仿真技术仅能以离线的方式模拟物理世界，主要是用于研发、设计阶段，通常不搭载分析优化功能，不具备数字孪生的实时同步、闭环优化等特征；数字线程广泛应用于航空航天业，是覆盖复杂产品全生命周期的数据流，集成并驱动以统一模型为核心的产品设计、制造和运营。数字线程是实现数字孪生多类模型数据融合的重要技术。与既有的数字化技术相比，数字孪生具有以下 4 个典型技术特征。

1）虚实映射。数字孪生技术要求在数字空间构建物理对象的数字化表示，现实世界中的物理对象和数字空间中的孪生体能够实现双向映射、数据连接和状态交互。

2）实时同步。基于实时传感等多元数据的获取，孪生体可全面、精准和动态地反映物理对象的状态变化，包括外观、性能、位置和异常等。

3）共生演进。在理想状态下，数字孪生所实现的映射和同步状态应覆盖孪生对象从设计、生产、运营到报废的全生命周期，孪生体应随孪生对象生命周期进程不断演进更新。

4）闭环优化。建立孪生体的最终目的是通过描述物理实体内在机理，分析规律、洞察趋势，基于分析与仿真对物理世界形成优化指令或策略，实现对物理实体决策优化功能的闭环。

10. 网络弹性可重组技术及其标准

网络弹性可重组的核心技术是 SDN（软件定义网络）。SDN 是一种新的网络架构，将网络设备的转发和控制能力分离，利用软件灵活的优势，将网络能力开放给用户，以快速满足用户新的需求。SDN 安全有两层含义：一方面是对 SDN 网元自身及网元之间的通信进行安全防护；另一方面是利用 SDN 技术来提升网络的安全防护能力。

首先，SDN 引入了集中控制节点，针对系统的劫持、控制和后门植入等问题，可利用可信计算等技术协同解决；SDN 架构引入了新的 API 接口，需要对北向和南向接口使用

DAC/RBAC/MAC 等模型，进行严格管控，以防止对接口的误用和滥用。其次，SDN 控制机制普遍采取了服务化、微服务化架构，需要设计相应的安全架构，包括认证鉴权、访问控制、智能路由、灰度升级和流量控制等。同时针对复杂系统的安全防护，需要威胁情报体系来协助定位和响应攻击。另外，利用 SDN 进行全程全网的控制能力，可以借助大数据与机器学习对网络攻击进行检测、定位和溯源，并利用 SDN 的全网控制能力将攻击流量分而治之，实现近源清洗及协同响应，避免系统性风险。

11. 靶场节点保密通信技术及其标准

由于靶场涉及攻防流量、军民融合和创新研究，因此核心设施、通信方式及相关数据要求具有良好的保密性。首先，国家公共靶场、城市靶场、军民融合靶场、关键基础设施专业靶场和新兴靶场等之间采用安全保密的链路接入。其次，靶场与靶场之间、靶场与用户之间采用 SSL 或 TLS 加密传输，密钥保护采用 RSA-2048。另外，特殊通信链路按照特定要求采取符合规范的安全保密链路接入。在跨城域网分布式应用的场景下，要求靶场运行在 VPN 网络上，VPN 网络应基于 MPLS 技术构建，并确保性能与冗余性。

12. 大数据态势感知技术及其标准

大数据态势感知技术是指广泛地采集和收集广域网中的安全状态和事件信息，并加以处理、分析和展现，从而明确当前网络的总体安全状况，为大范围的预警和响应提供决策支持的技术。态势感知技术主要是应对大范围广谱威胁，与 APT 检测技术的主要区别在于后者主要应对高级的针对性攻击。态势感知相关的技术包括海量异构数据分析、深度学习、网络综合度量指标、网络测绘、威胁情报、知识图谱和安全可视化等。

态势感知的技术概念源于美国空军的人因研究，此后在核反应控制、空中交通监管及医疗应急调度等领域被广泛应用。网络安全态势感知在安全业界的定位相对模糊。国内外有一系列专业领域的安全企业提供能力支持，如网络测绘领域的 Shodan、ZoomEye、Quake，APT 检测领域的 Fireeye，威胁情报领域的 VirusTotal、RiskIQ PassiveTotal、Symantec DeepSight、ThreatBook，安全知识图谱领域的 Palantir 等。这些专业化的能力，有些可通过 API 服务获得，有些需要采购厂商提供的综合解决方案。靶场可以结合自有的多维度海量样本数据，进行自动化挖掘与云端关联分析，洞悉各种安全威胁，向客户推送定制化的专属威胁情报。

当前，态势感知技术发展的不足一方面在于数据源，只有充足可靠的数据输入，才能得出有效的分析结果。另一方面在于态势感知产生的结果如何高效地与用户自有预警和响应体系联动。随着威胁情报交换技术和产业协同的不断进步，这两点不足将被逐步解决，态势感知技术会在国家和社会安全领域中起到更大的作用。

13. 大数据密码攻防技术及其标准

在大数据密码攻防技术方面，靶场除了需要实现常规密码的破解之外，还需要利用量子密码技术对核心设施进行保护。量子密码是指基于单量子态或纠缠态的量子密钥分发协议，通过完成单量子态或纠缠态的信号产生、信号编解码、信道传输及信号探测等一系列功能，结合采用经典通信技术的密钥纠错、隐私放大等过程，实现一种可由量子物理基本原理保证的理论上无条件安全的新型点对点通信技术。量子密码技术涉及的关键技术主要有弱相干光诱骗态信号产生技术、纠缠光子对产生技术、单光子信号调制技术、量子随机数产生技术、单光子信号传输技术、单光子信号探测技术、量子密钥提取技术、量子信道复用技术和量子密码系统组网技术等。

从应用效果来看，量子密码技术克服了经典加密技术内在的安全隐患，是迄今为止唯一被严格证明是无条件安全的通信方式，可以从根本上解决国防、金融、政务和商业等领域的信息安全问题，特别是有效解决了数据安全传输问题。

目前，量子密码技术已经得到了产业化方面的初步应用。未来，量子密码领域仍需在大幅度提升点对点通信距离及通信速率、量子信道与经典信道的复用、超大规模组网及密钥管理、超大容量数据加密与传输等方面得到进一步的技术突破，真正使得量子密码技术得到成熟的大规模产业化应用，并与经典通信实现无缝衔接及融合，最终服务于网络空间下的信息安全这一国家重大战略。

14. 大规模作战推演技术及其标准

靶场需要提供大规模作战所需的推演技术。实战攻防演练实际上是一种策略游戏，被称为战争游戏。最原始的兵棋可以算是沙盘模拟。兵棋不同于沙盘之处在于它需要设置实际的数据，如地形地貌对于行军的限制和给养的要求、不同兵种和武器的战斗力、不同规模和兵种间战役的伤亡数据等。有了这些数据，就相当于有了游戏规则的限制，然后游戏双方通过排兵布阵的调度，进行战争游戏模拟，不断进行迭代演算。

推演规则按以下维度建立迭代算法进行：参加演练队伍、攻防兵力配置、攻防兵力总结、实战演练规则、攻防武器规则、攻防场景规则和防护设施分布。

15. 安全性检测分析技术及其标准

安全性检测分析技术是指用于检测各类系统信息安全问题或信息安全风险的技术，包括漏洞扫描、漏洞挖掘、单向隔离、认证与加密、防火墙、入侵检测、网络审计、应用白名单、防病毒、容灾与备份和在线设备非法联网监测技术等。

安全漏洞扫描、漏洞挖掘技术用于发现信息系统的安全漏洞，前者检测已知漏洞，后者检测未知漏洞；单向隔离、认证与加密和防火墙用于解决系统的边界安全问题；入侵检测主要用于信息系统内部的网络攻击检测；应用白名单、防病毒都是解决主机恶意代码问题，两者原理不同；在线设备非法联网监测用于发现非法接入互联网的各类信息系统；网络审计用于对控制行为进行记录、审计。

16. 风险与效能评估技术及其标准

靶场所需要的风险与效能评估技术来自于两个方面：首先是靶场自身安全保障体系需要控制各种风险、确保运行效能；其次是靶场对外提供风险与效能评估服务，要有科学方法与服务质量，故需建立一整套技术架构与操作标准。

从靶场的网络信息系统属性来说，风险评估是其一项基础性工作，也是等级保护的重点体现，要突出保护重点，对这些要害部位进行分级分层实施，如风险评估对信息系统生命周期的支持，生命周期有几个阶段，有规划和启动阶段，设计开发或采购阶段等。

信息安全风险评估的基本要素用"信息资产"来描述靶场的组成部分，以实现可量化。信息安全威胁方面，当前信息化过程中有来自很多方面的威胁，既有人为的，也有自然的，都可能对信息系统造成威胁。信息安全事件是大家现在比较关注的一个话题，通过调研发现，人们只有在具体的事件中才能逐渐认识信息安全的利益所在，所以在评估的时候要关注以往发生的事情和别人发生的事情。

此外，需要分析残余风险的可能性。残余风险是指在实现了新的或增强的安全控制后还剩下的风险，实际上任何系统都是有风险的，并且也不是所有安全控制都能完全消除风险。

如果残余风险没有降低到可接受的级别，则必须重复风险管理过程，以找出一个将残余风险降低到可接受级别的方法。在进行了充分的风险评估后，将得出如下结论。

1）没有必要采用所有的安全保护措施。因为这些措施要解决的风险可能并不存在，或者可以容忍和接受。

2）没有必要防范和加固所有的安全弱点。因为很多弱点可能由于成本、知识、文化与法律等方面的因素，而没有人能利用它们。

3）没有必要无限制地提高安全保护措施的强度。只需要将相应的风险降低到可接受的程度即可，并且对安全保护措施的选择还要考虑到成本和技术等因素的限制。

17. 指挥系统与可视化技术及其标准

网络攻防对抗中的信息化指挥控制技术是指网安指挥体系中，采用以计算机为核心的技术设备与指挥人员相结合、对部队和武器指挥与控制的"人-机"相融合，实现"全域实时动态"高效指挥的系统。网安的信息化指挥控制技术综合运用了现代科学技术和设备，把指挥、控制、通信、情报和信息紧密地联系在一起，形成了一个多功能的统一系统。信息化指挥控制技术是一种重要的高科技军事装备体系，也是网安信息化的主要标志之一，其基本功能实现了战场指挥的自动化、实时化和精确化。

高效能的指挥控制系统，需要有强大的可视化支撑能力。可视化技术的核心理念是综合安全域、安全策略、合规基线等一系列与安全相关的因素，整合各个不同视角的安全可视化平台，根据安全的视角叠加网络探针、网络回溯和业务质量分析等功能，以满足不同角度人对于安全的不同理解，从而对安全状况有感知，动态做出快速响应，防止危害进一步扩大，迅速弥补漏洞。靶场安全可视化的实现必须要有专业的网络分析、高性能的探针、海量存储和大数据分析等技术支撑，并具备对靶场业务的深度理解和"内观""外察"有机结合的经验积累，做到网络、流量、业务域和身份可视，行为可视、异常可视，以及路径可视。

18. 扩频通信技术及其标准

靶场使用扩展频谱通信（Spread Spectrum Communication，简称扩频通信）作为紧急备份通信手段。

扩频通信的特点是传输信息所用的带宽远大于信息本身带宽。扩频通信技术在发端以扩频编码进行扩频调制，在收端以相关解调技术收信息，这一过程使其具有诸多优良特性。扩频通信技术是一种信息传输方式，其信号所占有的频带宽度远大于所传信息必需的最小带宽。频带的扩展是通过一个独立的码序列来完成、用编码及调制的方法来实现的，与所传信息数据无关。在接收端则用同样的码进行相关同步接收、解扩及恢复所传信息数据。根据国家无线电管理委员会"关于 336～399.9MHz 频段频率规划及其管理办法的通知"（国无管[1996] 1 号）和"关于 2000MHz 频段部分地面无线电业务规划及有关问题的通知"（国无管[1996] 22 号），现将 336～344MHz 及 2400～2483.5MHz 频段扩频通信主要技术指标规定如下。

1）有效辐射功率：EIRP≤500mW。

2）处理增益：≥10dB。

3）发射机输出功率：≤100mW。

4）峰值功率密度：≤−10dBW/100KHz EIRP（跳频调制）；≤−20dBW/MHz EIRP（直扩调制）。

5）频率容限：7×10^{-6}（336～344MHz 频段）25×10^{-6}（2400～2483.5MHz 频段）。

6）杂散发射：≤-30dBm（1μW）。

7）跳频速率：≥2.5跳/秒。

4.2 网络靶场安全能力构建

在很多人的认知里，觉得网络靶场就是对各种网络环境业务系统的模拟与仿真。如果仅仅是从IT层面去理解网络靶场，那建成的靶场可能只是软硬件的堆砌，三五年就过时了。如果着眼于网络靶场的核心能力构建，就能实现常用常新，持续积累起靶场的核心竞争力。

4.2.1 攻防兼备

网络靶场绝不只是纯粹的IT环境，而是集成了攻击、防御、检测、评估和试验等多种能力的平台，其中尤以攻防对抗能力最为重要。

因此，需要用"物化"的方式，把攻防能力以工具库、知识库与资源库等方式沉淀到靶场中，这是网络靶场建设的核心支撑内容。

重要的攻防能力资源库分列如下。

1. 工具库

工具库是靶场系统的重要组成部分，以支撑靶场的攻防对抗实训、竞赛演练、人才培养、认证与检测、研究与实验等各类业务或功能。工具库分为攻击工具库、防御工具库、测试工具库三大类，其中攻击工具库与防御工具库尤为重要。

1）攻击工具库包括端口扫描工具、漏洞验证工具、提权工具、SQL注入工具和DDoS类工具，它们可以由平台管理方提供，也可以由平台使用者提供，还可以由其他方式提供，但是，都必须经过平台管理者验证和授权才能使用。

2）防御工具库包括防火墙、WAF、病毒查杀、恶意代码专杀、漏洞防护、IDS、IPS和SOC等，它们可以由平台管理方提供，也可以由使用者提供，但是，都必须经过平台管理者验证和授权才能使用。

3）测试工具库中的工具分为以下几类。第一类是流量生成型仿真工具，用于实现向所定义的路由和节点发送包含特定内容的特定数据流。所送的数据流可以是真实网络环境下采集的数据流量的回放，也可以是基于特定规则实时生成的数据流量；第二类是"传感器"型数据采集工具，用于放置在特定节点，或者用来采集某种特定数据或特定行为，以便触发下一步仿真测试动作，或者是作为仿真测试结果记录器，在特定节点记录全部或指定的协议和内容的数据；第三类是基于模型的网络应用仿真器，按照从特定实际环境中，针对特定的网络应用所建立的网络行为模型，在该仿真环境中反向实现该项网络应用；第四类是各种测试仪表。

2. 知识库

知识库为虚拟靶场环境构建、攻防对抗实训、信息安全新技术研究与检测等提供支持，主要有安全漏洞库、威胁情报库，以及相关的专家系统。

其中安全漏洞库与业界重要的漏洞平台（CNVD、CNNVD和CVE等）保持同步，从开源安全社区收集安全漏洞信息，积累每届攻防演练挖掘的安全漏洞成果，形成"漏洞银行"；威胁情报是指网络空间中一种基于证据的知识，包括情境（Context）、机制（Mechanisms）、指标（Indicators）、隐含（Implications）和实际可行的建议（Actionable Advice）⊖。威胁情报描述了现存的，或者是即将出现针对资产的威胁或危险，并可以用于通知主体针对相关威胁或危险采取某种响应。当前阶段重点关注以下方面的威胁情报：恶意代码样本与安全漏洞技术信息、安全信誉数据（IP 信誉、DNS 信誉、Web 信誉、文件信誉和邮件信誉等）、恶意代码的静态特征码、IPS 特征规则、恶意软件行为数据、网络攻击行为数据、高级威胁检测模型、攻击工具 Profile 和黑客组织 Profile 等。

3. 其他知识库

其他知识库包括想定生成库、安全模型库、演练脚本库、安全基线库和应急预案库等。

4. 资源库

资源库包括基础镜像资源库、行业应用场景资源库、私有镜像资源库、私有场景资源库和试验结果库等，详情如下。

1）基础镜像资源库包括存储各种标准的操作系统库、中间件库、数据库和虚拟化资源等常见的应用环境，一般制作为虚拟机镜像，可以供所有的试验者调用。

2）行业应用场景资源库包括具有行业背景的业务系统应用场景库，由"网络拓扑+虚拟机镜像+相关安全设备硬件+安全配置"组成，由系统管理员决定分配给哪些用户使用。

3）私有镜像资源库包括各个试验者自己制作并仅应用在自己所从事的试验中的专用镜像资源，这些资源要提交给系统管理管理，但是按照提交者的要求分配应用权限。

4）私有场景资源库包括由各个试验者自己制作并仅应用在自己所从事的试验中的专用场景资源，这些资源要提交给系统管理管理，但是按照提交者的要求分配应用权限。

5）试验结果库提供了一定的文件空间给各个试验者，由他们存放试验过程中所产生的试验数据，这个空间是有权限的，只能由申请人自己来管理。

4.2.2 能力地图与获取途径

靶场的核心能力构建是一项长项、复杂的工作。靶场运营者需要通过常态化的业务活动不断更新迭代设备设施，通过多种渠道持续沉淀资源与能力。上述靶场多种安全能力的获取来源主要有以下途径。

1. 通过安全公司采购

靶场所需的威胁情报基础数据可以向某些推荐情报数据服务的安全公司购买，或采取合作方式进行数据交换，然后将获取的这些威胁情报数据进行分析处理，集成到靶场的核心能力中，从而提高靶场自身的安全能力。这种方法最直接有效，不过获取的数据是否有效和准确就需要靶场安全人员自行分析处理了。

2. 开源威胁数据采集

靶场安全运营人员可以从不同的开源威胁情报平台或网站收集各种开源的威胁情服，将

⊖ 此处使用了 2014 年 Gartner 在其《安全威胁情报服务市场指南》（*Market Guide for Security Threat Intelligence Service*）提出的威胁情报定义。

这些开源的威胁情报数据加入靶场的安全资源库中，如以下常用的开源威胁数据网站。

1）https://www.malware-traffic-analysis.net 的样本更新比较及时，网站提供了大量恶意样本及流量数据包，可以从这个网站收集到各种恶意样本的 HASH、IP 地址、域名和流量信息等，通过分析整理集成到安全产品中。

2）https://virusshare.com/ 是一个恶意样本分享网站，里面包含大量恶意样本 HASH 或 MD5 值，网络靶场可以把这些 HASH 或 MD5 值快速集成到靶场的威胁情报库中，以提高靶场的安全能力。

3）靶场安全人员还应该密切关注国内外安全公司的博客，这些博客会经常发布各种安全分析报告，有些报告会提到 IOC。及时收集这些信息，从中提取有价值的威胁情报数据，如样本 HASH、新披露漏洞、恶意 URL 与 IP 地址、IOC，其中的威胁情报数据可以增强靶场的安全能力。

上面列举了几个简单的开源威胁情报数据网站和相关来源，更多威胁情服数据信息可以参考 https://github.com/pandazheng/SecuritySite，里面包含各种威胁情报数据的网站、平台、查询网址及数据资源等。

3. 通过靶场安全运营实现自我积累

靶场的核心安全能力需要通过安全运营实现自我积累。靶场的核心资产是持续积累的安全数据，这些安全数据的积累需要一个长期的过程，逐步形成自己的安全数据库，如样本库、URL 库等。积累的方法要向业内的安全公司学习。我们注意到，某些安全公司会向另外一些安全公司购买或合作交换相应的数据，那么这些安全公司的原始数据又是从哪里来的呢？

先看终端安全公司。这些公司都有端点产品，甚至有些安全公司的终端数量达几千万、几亿之多，这些终端安全产品会从用户那里收集数据。以前 2C 的安全公司终端安全产品通过引擎扫描，会收集客户主机上的恶意样本，然后上传到服务器端，这些收集的恶意样本会经过安全公司的后台分析处理，形成不同的样本库、黑库和灰库等。还有一些安全公司会建立自己的白库。同时有些样本是客户自己提交的，客户直接将样本提交到了这些安全公司的论坛网站，客户只要认为是恶意样本，就会提交给安全公司，然后由安全公司进行分析和处理。通过建立自己的安全论坛，也可以收集大量的恶意样本、HASH 值、IP 和 URL 等。

安全公司对收集回来的样本大部分是通过自动化沙箱处理的，然后将得到的相关数据存到威胁情报数据库平台中，不过这部分威胁情报数据还需要专业的人士进行鉴别，自动化沙箱处理的威胁情报很难保证精确性和有效性，同时也不能保证数据都是恶意的，所以需要安全人员进行二次筛选。还有一少部分样本是经过人工分析的，这部分人工分析的样本，主要是看样本的灰度，如果是灰度比较大的恶意样本，说明样本感染范围比较大，也比较紧急，就需要专业的安全分析师对样本进行详细分析，对捕获的这些样本进行精确分析提取。这些通过人工提取的威胁情报，具有很高的实时性，价值也最大，可以直接应用到安全产品中，可以及时有效地解决客户的安全问题。同时通过人工分析的威胁情报数据，还可以作为相应规则的原始数据应用于威胁情服系统中，进行关联分析，这种通过人工分析出来的威胁情报是对企业帮助最大的，也是一些专业威胁情报公司收费最高的威胁情报数据。

还有一些专业的安全公司会通过蜜罐系统来捕获样本，对捕获的恶意样本进行分析处理后，从中获取威胁情报数据。

也有一些安全公司会推出各种线上服务，如开发一些在线的沙箱，通过这些沙箱可以用来收集客户上传的恶意样本。有些客户发现了恶意样本之后，无法进行分析处理，不知道样本是否存在恶意行为，或者是否为恶意样本，可以将样本提交给这些在线的自动化沙箱，通过这些在线的沙箱运行这些恶意样本，分析其是否为恶意样本。同时安全公司的这些在线沙箱也可以通过这种方式获取更多的恶意样本等。

4.2.3 核心能力的自我积累

网络靶场高频次举办各类网络安全攻防实战活动，有极好的条件构建实战大数据，再从实战大数据中提炼各种安全能力，形成自我积累的良性循环模式，这种模式可考虑由实战大数据采集与脱敏子系统、EB 级海量数据存储子系统、多源异构数据协同服务子系统和海量数据秒级检索引擎集成构建。

1. 实战大数据采集与脱敏子系统

实战大数据采集与脱敏子系统相当于在网络靶场部署摄像头，感知多种安全威胁痕迹数据，并传输给大脑。目前靶场实战大数据采集子系统的数据主要来自靶场业务、共享渠道的威胁情报与样本数据、靶场运营支撑单位与合作生态企业的贡献。

网络靶场需要高度重视收集数据的合法性，靶场运营管理中心安全管理部专门负责处理实战数据中可能涉及的用户数据，保证在采集过程中、采集后的用户数据的安全性。

在制度保障的框架下，网络靶场采用先进的技术手段保护数据隐私，对需要共享的生产数据或时效性要求很高的数据应用场景，采用基于网关代理模式的动态脱敏技术，达到实时模糊敏感数据的效果。动态脱敏可对业务系统数据库中敏感数据进行透明、实时脱敏。

动态脱敏可以依据数据库用户名、IP、客户端工具类型、访问时间，以及业务用户身份等多重身份特征进行访问控制。动态脱敏对生产数据库中返回的数据可以进行放行、屏蔽、隐藏和返回行控制等多种脱敏策略。相比传统脱敏技术，该技术与元数据相结合，对敏感数据识别更好。

2. EB 级海量数据存储子系统

存储计算子系统实现安全大数据的实时汇聚存储及计算平台支撑，用于存储由安全大数据采集系统采集的程序文件样本、程序行为日志、DNS 解析记录、网络流量数据和物联网安全数据等，为上层系统提供多维数据支撑。

为了解决 EB 级海量数据高效存储的难题，存储计算子系统可考虑采用靶场云架构，如图 4-7 所示。

靶场云架构综合采用数据智能分级存储、磁盘故障智能预测和纠删码等技术，可有效节省大量的存储空间，对数据的冷热分级存储方案提升了数据存储效率，比普通三副本冗余存储节省约一半以上存储成本，使用同等硬件资源存储约多出一倍的数据。该子系统所用的可持久化大容量高性能 KV 存储服务 Pika，通过采用具备 Redis 兼容性的存储服务技术，解决了 Redis 由于存储数据量巨大而导致内存不够用的容量瓶颈。整个架构采用了自主研发的基于 DPDK 的高性能四层负载均衡器，性能超越传统 LVS 负载均衡数倍。基于 Docker 和 Kubernetes 打造出一套完整的 STARK 容器服务平台，使应用开发者像使用一台超级计算机一样使用整个集群，极大地降低了资源管理门槛。

基础云服务	容器服务	数据库服务	大数据服务
云主机	集群管理	关系数据库	Hadoop
Web服务	持续部署	缓存数据库	Spark
块存储	流程编排	消息队列	日志分析
对象存储	代码发布	NoSQL	数据仓库
负载均衡	一致性管理	文件存储	ElasticSearch

运维平台	脚本管理	配置管理	资源管理	计量统计	编排审批	架构拓扑	环境管理
	主机监控	网络监控	服务监控	日志监控	告警分级	事件触发	故障分析

基础设施 （IaaS）	服务器虚拟化	分布式存储	SDN软件定义网络	NFV网络虚拟化
	机房	机柜	服务器	存储	交换机	路由器

• 图 4-7　靶场云架构

在运行维护方面，该子系统将人工智能技术与标准的运营场景、数据、经验和技术相结合，实现报警收敛、低利用率主机推荐、机器画像和磁盘空间预测等多项实用的智能化运维功能，实现整体系统运营工作的效率提升与成本降低。

3. 多源异构数据协同服务子系统

多源异构数据协同服务子系统采用自研的异构大数据动态融合方法，对原始安全大数据从对象、属性和关系等多个层级进行抽象、描绘和关联，以分层聚类和迭代演进的方式，对海量异构数据的结构进行全自动梳理和融合，最终实现信息安全业务逻辑数据模型的自动构建。

该子系统架构如图4-8所示，主要包括数据处理平台（TITAN）、资产管理（QDAM）、机器学习平台（QMiner）、报表分析系统（QReport）、知识管理系统（QProfile）、在线查询工具（QNote）和数据开放服务。所有数据首先经过数据处理平台（TITAN）进行数据的二次处理加工，处理完的数据统一纳入数据资产进行管理，同时作为其他子系统的数据来源。

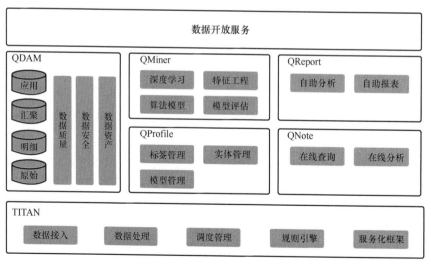

• 图 4-8　数据服务子系统

数据资产分为原始、明细、汇聚和应用4层，原始层主要完成对于原始数据的映射和对于原始文件的校验等，其格式和原始文件格式保持一致；明细层主要按照业务分类完成对于数据的分类，在原始层的基础上，按照规范完成数据的标准化以及数据层面的分类；汇聚层主要围绕多个维度的主体域完成对数据的汇聚，形成统一视图；应用层以明细和汇聚层的数据为基础，形成上层应用所依赖的数据视图。

4. 海量数据秒级检索引擎

将原始数据以 Parquet（基于组装算法的列式存储格式）形式存储于 HDFS，然后对数据建立外部索引，查询引擎为 Spark。由于数据的存储和计算都是可保证在横向扩展上没有瓶颈的分布式系统中进行，因此需确保数据导入的速度，并且兼容现有的数据处理流程。

在目前各类分布式查询引擎之上，建立了一个可支持多源数据联合、高效快速的轻量统一查询入口，支持 Hive、Spark-SQL、ES、Druid 和 Presto 等各种基础查询引擎。能通过简单的配置兼容不同执行引擎下的元信息，从而实现对不同数据源的联合访问，解决处理多数据源的复杂性问题。在基于不同数据源查询引擎优势的基础上，采用分布式处理能力的计算框架，获得超大数据量查询的处理能力。

4.3 网络靶场现实样本

现实中基于各种需求建设的靶场类型非常丰富。在此重点选取三类比较有代表性的网络靶场样本，方便读者了解靶场的全貌。

4.3.1 国家级网络靶场

美国在 2008 年率先开展国家网络靶场（National Cyber Range，NCR）建设，作为国家网络安全综合计划的重要组成部分，是极具代表性的国家级网络靶场。

1. NCR 的建设背景

2008 年由 DAPRA（美国国防部高级研究计划局）牵头主导，60 多家企业、研究机构参与建设的"国家网络靶场"，作为网络攻击与防御的有效性评估、网络武器有效性评估、网络战士训练、网络演习任务开展和网络战术/技术/过程（TTP）的开发等提供靶场化解决方案的基础设施，分为初步概念设计、交付靶场原型、交付基础设施和运行 4 个阶段实施。2012 年 10 月起，美国国防部实验资源管理中心（TRMC）正式从 DARPA 接管 NCR，标志着 NCR 从实验室演示阶段正式进入部署应用阶段。

TRMC 负责将美国国防部测试、培训和试验的使用能力"操作化"，NCR 负责为试验鉴定部门提供网络试验鉴定基础设施，目标是为美国国防部、陆海空三军和其他政府机构服务，为它们提供虚拟环境来模拟真实的网络攻防作战，针对敌对电子攻击和网络攻击等电子作战的手段进行试验，以实现网络空间作战能力的重大变革，打赢未来网络空间战争。

2. NCR 所提供资源的最低标准

NCR 针对特定试验分配资源，建立试验平台，支持多任务测试、同步测试、单元测试及平台测试等多种测试模式。测试任务完成后，NCR 将清理、拆除测试平台，以便靶场回收资源。为实现这一目标，NCR 制定了提供资源的最低标准。

1）设计、操作与维护场的相关人员，包括（但不局限于）靶场管理人员、测试管理人员、系统管理人员及工程师。

2）所有必要的管理职能，包括所需的资格认证、操作概念的展开、安全管理、测试计划以及测试过程的管理。

3）复制大规模军事与政府子网的能力。

4）复制商业与战术无线网络与控制系统的能力。

5）连接分布式、自定义设备的能力，以及兼容特定功能、任务或基础条件的能力。

6）用于设计、配置、监测、分析及释放测试资源的交互式测试套件。

7）强健稳定的靶场管理套件。

8）大规模异构系统（节点），并可快速集成新加节点。

9）快速生成与集成新设备复件的能力。

10）集成最新标准与协议的能力。

11）测试工具箱、知识库，可重用配置方案与基本架构。

12）用于论证的高质量数据采集、分析与演示。

13）真实地复制人类行为及弱点。

14）真实的、高级的国家级高质量攻防对抗力量。

15）有针对性的现场支持，提供安装、故障排除与测试帮助。

16）加速与减缓相关测试时间的能力。

17）封闭与隔离测试能力、数据存储与网络能力。

18）用于知识管理的、存储测试用例与历史经验的知识仓库，可为未来工作提供帮助。

19）攻击软件工具集。

3. NCR 的关键能力与核心组成

NCR 使用多个独立安全级别的体系结构支持不同分类级别的多个并发测试，能够快速模拟复杂的具有作战代表性的网络环境，自动化高效率地支持更加频繁和精确的网络活动，并能够清理与恢复系统到已知的干净状态，通过支持不同类型的活动（开发、作战试验鉴定、信息保障、合规性和恶意软件分析等）满足不同用户群对 NCR 的需求（测试、培训和研究等）。

NCR 主要由基础设施、封装架构与操作流程、集成网络活动工具集，以及一流的网络测试团队组成，如图 4-9 所示。

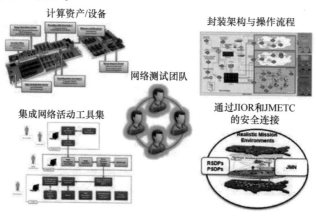

● 图 4-9　NCR 的核心组成

NCR 的基础设施支持现场及远程访问，提供无线测试环境。

NCR 提供了一系列自动化测试工具集，提供端到端支持，包括支持活动规划的工具集，支持资源需求定义与管理的工具集，支持环境的自动化构建/验证及清理以及活动执行的工具集，如图 4-10 所示。

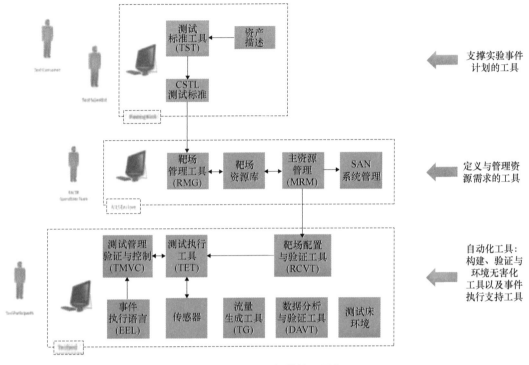

● 图 4-10　NCR 提供的工具集

NCR 能够支持自动化测试，并定义了测试程序，如图 4-11 所示。

1）定义测试，即利用工具定义测试的各个方面。

2）分配资源，即确定需要资源池中的哪些资源并进行分配。

3）配置硬件，即利用工具实现硬件的自动化配置。

4）配置软件，即正确配置执行测试活动所需的软件。

5）执行测试，即活动团队利用程序执行工具联合活动定义系统执行测试并采集分析数据。

6）清理资源，即释放资源并重新放回资源池。

NCR 最有价值的资源是一支多元化、经验丰富的世界级网络安全工作人员，由专业的团队提供服务，包括但不限于端到端的测试支持、测试床设计支持、网络与测试技术、威胁向量研发、自定义流量生成、自定义传感器与可视化支持、自定义数据分析、自定义硬件/软件/有线与无线资产的集成，以及远程蓝方与红方支持。

4. NCR 的应用范围

NCR 作为典型的国家级网络靶场，具有广泛的应用场景，以下几个方面的任务方向是其主要应用范围。

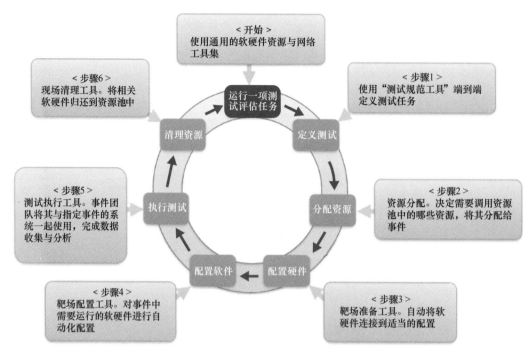

● 图 4-11 NCR 的自动化网络测试过程

（1）应用于产品、技术的测试评估

NCR 提供网络环境来测试新技术、产品是否满足实际作战环境的需求，是否能够减少网络安全威胁，发挥多大的作用，从而帮助用户了解还有多少剩余风险。

（2）帮助系统架构设计并在系统应用前及早洞察系统性能

系统设计者希望能够尽早了解该架构是否支持预期的用户负载，以及大规模环境下可能发生的潜在问题（通常这些问题只在测试过程中很晚才被发现），通过 NCR 提供的服务能够最大限度减少开发测试（DT）晚期或作战测试（OT）早期的意外性能故障，减少重复工作，并评估系统是否能在实际环境中按预期运行。

（3）应用于开发过程中的系统测试

许多情况下，所开发的系统往往需要依赖外部服务并与外部系统相连，当系统连接整个体系时，对网络攻击和故障有多大的容忍弹性，当外部系统发生故障时，所开发的系统是否能够稳定运行，采用 NCR 进行测试，能够增强系统对网络攻击和失效的抵御能力，减少重复工作，并评估系统是否按照预期运行，了解系统和环境间的依赖性对系统满足任务需求的影响。

（4）提供真实安全的网络安全训练环境

在真实网络环境中开展网络武器试验和网络战术/技术/过程（TTP）测试等是极其危险的。NCR 能够提供安全真实的训练操作环境，重复性评估多个 TTP 的相对有效性，并能够按需、低成本地改变环境以迅速响应真实环境的变化。

NCR 为美军的多种网络活动提供了支持，包括研发测试、产品评估、系统与目标仿真、任务演习、架构分析、开发试验鉴定、作战试验鉴定、恶意软件分析和取证分析等，充分说明了网络靶场对于国家网络空间安全的重要意义和作用，对于国家层面的网络靶场规划建设具有指导意义。

4.3.2 城市级网络靶场

贵阳国家大数据安全靶场（一期）是国内首个以城市网络空间真实系统为靶标，结合虚拟仿真与数字孪生技术，经过迭代升级，形成的"虚实结合、弹性重构、攻防兼备、安全可控"的国家级大数据安全综合靶场。

1. 一期建设情况： 共享共建的虚实结合靶场

2016 年以来，作为全国首个大数据综合实验区的核心区，贵阳市在贵阳国家经济技术开发区布局大数据网络安全产业，探索建设全国首个大数据安全靶场。2018 年 5 月，"贵阳国家大数据安全靶场"在贵阳国家经济技术开发区大数据安全产业园正式揭牌。至 2021 年，贵阳靶场已连续举办 6 届贵阳大数据及网络安全精英对抗演练。

利用国家大数据（贵州）综合试验区的区位优势与产业基础，贵阳国家大数据安全靶场规划了仿真、虚拟和真实多种形式的多级靶标系统，基于共享共建的开放发展思路，建设了多用途靶场环境，为区域网络安全防御能力的提升、技术与产品的测试验证创新等方面提供了支撑平台，在探索大数据安全体系、培训网络安全人员技能、拓展网络安全市场等方面发挥了积极作用，对于提升区域网络空间安全水平，保障大数据产业发展具有重要的现实意义。

2. 二期规划： 国家大数据安全靶场

根据国发〔2022〕2 号文"建设国家大数据安全靶场"的明确要求，贵阳靶场在一期建设基础上，依托数字城市的全域感知，重点建设数字孪生城市靶场，以全生命周期数据安全防护为特色，形成"靶场即服务"的能力输出体系。截至 2022 年，贵阳国家经济技术开发区预期已聚集众多大数据安全企业，产业规模呈现快速发展态势，形成大数据安全、软件、硬件和服务四大产业集群。贵阳靶场将真正打造为大数据安全产业与区域数字经济集群的安全底座，支撑开展常态化攻防演练、培训竞赛、测试验证和科研实验等业务活动，立足贵州，辐射全国，输出大数据安全服务。

4.3.3 行业级网络靶场

与国家级或城市级网络靶场相比，行业级网络靶场在建设规模、功能定位、应用范围和管理模式等方面都有很大区别，需要按照自身的业务需求来规划设计。行业靶场大致可分为两种类型：一类是行业单位自建自用，面向内部客户运营的靶场，如金融机构的内部靶场、电网企业的安全靶场等；另一类是作为产品与解决方案开发的靶场，提供给外部客户使用，如国外 Cyberbit、IBM X-Force、AWS Cyber Range，国内 360、永信至诚和赛宁网安等厂商的产品。

1. Cyberbit： 靶场即服务

2018 年 9 月，Cyberbit 和 Cloud Range Cyber 联合宣布了一个商业化的网络攻击模拟培训平台即服务（CASTaaS），在线平台 Cloud Range 既能用于远程培训，也支持客户现场的培训服务，由 Cloud Range 讲师提供课程管理。培训课程的范围从入门到高级，涵盖最重要的安全场景，包括事件响应、取证、工业控制系统（ICS）攻击，以及自定义场景功能。

2019 年，Cyberbit 也上线了自己的网络培训靶场即服务（Cyberbit Cloud Range）。此外，美国 Circadence 公司上线了基于 Project Ares（战神项目）的网络培训靶场即服务（CyRaaS）。美国 Circadence 公司在云环境中提供了丰富的模板和工具，用于构建模拟环境以仿真实际场景。

综上来看，网络培训靶场即服务（CyRaaS）就是使"逼真的仿真环境"场景可以在封闭的虚拟网络中作为 Web 应用程序使用，并通过模板用户可以复制"真实"网络、"真实"企业甚至"真实"城市，或者用户也可以自定义构建旨在与其企业相似的定制环境。

2. AWS Cyber Range： 基于公有云的网络靶场框架

在 2019 年 6 月，开源 AWS Cyber Range 的作者 Thomas Cappetta 在伦敦的 Security BSides 上首次分享了 AWS Cyber Range，使其第一次为安全社区所熟知。这是一组开源的基于 AWS 的网络靶场的虚拟机和网络场景构建脚本，基于 AWS 的 AWSCLI 工具进行构建，如图 4-12 所示。该作者为全球知名的网络安全公司 Tenable 的漏洞研究工程师，最初目标是使用 DevOps 工具、方法和框架，为社区提供可信赖的开源 AWS Cyber Range 框架，供红蓝团队成员使用。现在通过不断的版本完善和迭代，这个框架也将支持更多功能，平台化、支持更多的云平台等。目前正在开发针对 Azure 的支持。

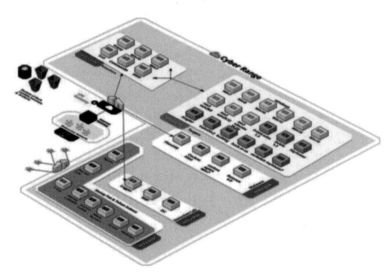

● 图 4-12 开源 AWS Cyber Range 概念图

利用虚拟机及容器实现靶场所需的各种资源程序的构建，这些资源主要包括一个靶场仿真所需的企业网络环境资产及攻击和防御工具。通过脚本，在权限允许的情况下可在 5min 内完成目标环境的复制部署。

目前市场可见的国外"靶场即服务"平台，包括 Cyberbit 的网络培训靶场即服务（CyRaaS）产品、美国 SimSpace 公司的网络培训靶场即服务（CyRaaS）及美国的弗吉尼亚网络靶场，大多基于 Amazon Web Services 或 Azure Virtual Network 构建。

 # 第5章 虚拟演兵

> "战争是充满不确实性的领域。
> 战争中行动所依据的情况有四分之三好像隐藏在云雾里一样，
> 是或多或少不确实的。因此，在这里首先要有敏锐的智力，
> 以便通过以准确而迅速的判断来辨明真相。"
>
> ——卡尔·菲利普·戈特弗里德·冯·克劳塞维茨

网络靶场一个极其重要的应用就是攻防演练。常见的攻防演练有实网攻防、应急演练、沙盘推演和复盘推演等。本章开始将重点讨论基于网络靶场的攻防演练活动如何策划、想定、实施、保障和总结。

5.1 实验室里的网络战争

战争的历史过程大致经历了以下4个阶段。

1）战事决策者与指战员对交战过程从逻辑层面进行预测推演。

2）野战演习。

3）沙盘对抗作业。

4）现代兵棋、计算机作战模拟和虚拟现实战场仿真。

网络战争因网络空间全方位融入社会活动而起，以网络攻击为基本手段，目标是通过计算机网络洞悉敌方的核心情报，限制对方的作战能力，控制对方的军事目标，达成作战意图。

从技术角度看，由于网络设施的IT属性，"虚拟演兵"与网络战争的结合度具有天然的契合度，在实验室里"打"一场网络战争的想法极为可行。更何况当前已经有了各式各样的网络靶场。

5.1.1 作战模拟的可能性

随着全球化进入信息化时代，战争也从体能较量、技能较量步入了智能较量时代。具体而言，在"二战"之后，一场新的技术革命在全球范围展开。这场革命的特点之一，就是用密集的科技知识代替人的部分脑力劳动。它在军事上引起的后果，就是将进一步从根本上改变军队的作战能力，未来军事系统的主要元素间将由功能互补走向智能互补，成为一个既

能发挥人的主观创造性，又能发挥机器系统高速度、大容量等特性，从而可以充分发挥人和机器各自特长的"综合人机智能系统"。从体能较量、技能较量到智能较量是人类认识战争本质规律的一次飞跃。当然，这次飞跃是借助了科学技术的"翅膀"。

时至今日，无论是作战决策的思维方法，还是组织控制的物质手段，无不在科技巨浪的推动下，开始由单纯的"精于权谋"向"器良技熟"转变，更加侧重于用数理科学——特别是各种新兴的科学方法和先进技术——去研究如何指导战争。如现代利用高度信息化的测量技术手段，已能构建出精确到厘米级的数字地球模型。在这个储藏着海量数据的"人造地球"上，不仅可以融合全球地理、气象、水文和电磁等自然信息，而且可以融合各国人口、建筑、交通乃至军事、经济、文化等各类社会信息。这就为运用科学实验方法研究战争提供了重要依托。

正是基于这一大背景，我们才敢于断言，计算机与网络仿真技术正在为探索网络战争世界的奥秘提供着"望远镜"和"显微镜"。如果说过去由于缺乏信息资源与手段，采用沙盘推演、实兵演习等传统方式进行战争研究，依然无法克服实物模拟、物理等效、经验参照的时空局限性，那么现在就能以较高的逼真度虚拟战场、虚拟军队及虚拟作战，从而在数字化的作战仿真环境中，直观展现风云变幻的全维战场。正因为此，近年来，美国把军事建模与仿真技术列为战略性关键技术，加强技术开发与资源整合，打造先进的网络靶场，构建大规模联合作战训练环境。这些系统普遍采用了先进的信息网络技术，可与实战系统互联，具有平时实验、战时实战的平战转化功能。

5.1.2 网络搏杀从作战实验室开启

发端于 18 世纪的工业革命，在确立了科学活动于社会生活中独特地位的同时，也将科学实验活动引入了军事领域。从此，各国便开始相继探索建立作战实验室。在模拟实验室中进行科学与艺术的综合创造，并将所得出的知识及方法在军队中推广运用。进入 20 世纪后，各种作战实验室开始在军队不断发展壮大。

1992 年 5 月，美国陆军训练与条令司令部实施的"战斗实验室计划"标志着现代美军作战实验室建设工作的正式启动。很快，美国陆军便先后建立起包括"战斗指挥"在内的多个现代作战实验室。根据三军联合作战原则及作战方案，美国陆军又建立了"空中机动战斗实验室""空间和导弹防御战斗实验室"，一直到现在的网络靶场，这些现代作战实验环境不断被升级、建设并投入使用，在现代军事转型的过程中发挥着不可替代的重要作用。

首先，网络靶场是武器装备的试金石。如美国建立在内华达州内利斯空军基地附近的空军无人机（UAV）作战实验室，与附近的 MQ-1"捕食者"无人机使用单位密切合作，利用该地区各种试验场所及南部地区的宇航工业研发机构的技术优势，为美军试验新型无人机做出了重要贡献。

其次，网络靶场是复合型军事人才的孵化器。信息时代的战争更趋一体化，相应地对复合型军事人才也提出了需求。现代军事人才还是主要由军事院校先期培养，然后才分到各军兵种岗位上，尽管也有跨部门的人员流动，但有限的交流依然难于培养出高度复合型的新型军事人才。而现代网络靶场的出现与不断成熟，从某种程度上将解决这个难题。因为来自诸军兵种部队、拥有多学科专业背景的军事人才聚合到一起，必将产生 1+1>2 的系统效应，有助于培养知识广博、能力复合及思维创新的复合型军事人才。

最后，网络靶场是创新军事理论的演练场，以支撑探索未来网络对抗之路。

总之，充分运用计算机仿真技术而建立起来的网络靶场，在发达国家军事转型中正扮演着重要的角色。这也从另一个侧面印证出，现代网络战争的搏杀从靶场打响，已不再是传说。我们需要密切关注全球虚拟演兵所指引的作战模拟发展动向，因为今天虚拟演兵场上的惊心动魄，很可能就是明天真实战场上的腥风血雨。

5.2 网络战场空间的技术视图

网络靶场模拟现实网络目标是其基础功能，模拟复杂多变的对抗环境则是其高层级要求。如果把"网络战场"看作是整合了各种对抗要素的网络空间，那么不但要研究网络空间自身的特点，更要研究内化在网络空间之中的网络安全设施，以及叠加在网络空间之上并对其产生深刻影响的攻防对抗活动，以此建立网络战场空间的全面认知与技术视图。

5.2.1 网络靶场对网络战场空间的模拟

网络空间的复杂性决定了网络战场要素及其关系的复杂性。本节从技术维度分析了 CyberSpace 的要素与分层、空间特征和主要挑战，提出了网络靶场模拟网络战场空间的要点。

1. CyberSpace 的要素与分层

CyberSpace 是指相对独立的一个域，如图 5-1 所示，其特征是通过网络化的系统或者相关联的物理基础设施，采用电子或电磁频谱的方式存储、修改并交换数据。

● 图 5-1 CyberSpace 三要素构成

CyberSpace 不是物理域，但与物理域中网络设施密切相关，是建立在该域相关系统之上的数据域。CyberSpace 实际上可以解释为"数字空间"，可以进一步从物理网络层向上划分为三层，如图 5-2 所示。

● 图 5-2　CyberSpace 的域要素组成的三个层次

- 物理网络层。其组成要素包括电磁环境、电子系统和网络基础设施。
- 逻辑网络层。包括软件代码、数字数据及封装方式。
- 用户网络层。包括感知、知识和用户关系。

在 CyberSpace 域内，人们修改、存储并交换数据，共享信息和知识，从而实现决策。

其中第一层更接近物理域，与电子对抗有密切关系。第三层更靠近信息域，与信息战有对应关系。但这三层又在 CyberSpace 的框架下形成独立的体系。

从网络靶场的角度来看，这三个层次分别关联着网络空间攻防对抗实施的三个重点：规划、执行与评估。

首先，物理网络层由物理域中的 IT 设备和基础设施组成，包括计算设备、存储设备、网络设备及有线无线链路等内容。这些设备设施需要物理安全措施来保护其不受物理损坏或未授权的物理访问，而物理损坏和未授权的物理访问可被利用来进行逻辑访问。

物理网络层是网络空间对抗过程中用于确定地理位置和治理范围的首要参考因素。虽然人们在网络空间中可以轻易跨越各种边界，但与物理域相关的法律问题依然存在。网络空间中的每个物理组件都由公共或私营实体拥有，它们能够控制或限制对其组件的访问。在网络靶场实战演练的规划阶段，需要认真考虑这些独特的网络环境特征。

其次，逻辑网络层由存在关联关系的网络要素组成。这些关联关系可以从物理网络层中运行的软件逻辑（代码）中抽象出来，它们构建在链路或节点之上，而逻辑处理方式和数据交换处理能力相关。无论是单独的链路和节点，还是网络空间内各种分布式要素，如与单个节点无关的数据、应用程序和网络进程，都能体现在逻辑网络层中。例如，某在线信息系统部署在物理域中多个位置的多个服务器上，但是在万维网上只表现为一个 URL（统一资源定位符）。对于目标定位而言，任务规划人员可能知道虚拟机和操作系统等某些目标的逻辑位置，这些目标允许具有单独的 IP 地址的多个服务器或其他网络功能运行在某台物理计算机上，而无须知道其地理位置。

最后，用户网络层是通过从逻辑网络层提取数据而形成的网络空间视图，由人为或自动生成的网络或信息技术用户账户及其之间的关系组成，代表着个人或实体身份的数字化表示。网络角色与现实中的人或实体存在相关性，包含某些个人或组织的数据（如电子邮件和 IP 地址、网页、电话号码、系统或资金的账户密码）。通过在网络空间中使用多个标识符，一个人可以创建和维护多个网络角色，如单独的工作和个人电子邮件地址，以及在不同网络论坛、聊天室和社交平台上的不同身份，这些身份的真实程度可能不尽相同。反过来，一个网络角色也可能具有多个用户，如多名黑客使用相同的恶意软件控制别名，多名极端主义分子使用一个银行账户，或者同一个组织的全体成员使用相同的电子邮件地址。网络角色的使用使得在网络空间中的行为追责变得困难。因为网络角色能够很复杂，多个虚拟地址中的要素与单个物理地址或形式没有关联，因此识别其身份需要通过大量的情报搜集与分析来提供足够的洞察力与态势感知，才能有效地进行目标定位或实现网络行动的理想效果。就像逻辑网络层一样，网络用户层比物理网络层的变化更复杂，也更难以实时跟踪。

2. CyberSpace 的空间特征

从 CyberSpace 的三层分析已看到，网络空间充满复杂的变化。网络靶场想要完全真实地模拟现实场景难度极大，只有充分研究其空间特征，才能在具体业务中按实际情况很好地把握。

（1）网络空间与物理域的关系

网络空间属于信息环境的组成部分，依赖于空、天、地、海等各个物理域。物理域中的行动需要依赖物理设施，以便充分利用自然界的特征。与之类似，网络空间内的攻防对抗也要依赖于网络化、数字化信息技术与相关设施，以及这些设施产生并交换的数据，从而在人造域内完成行动任务。这些行动利用物理域中的链接和节点来发挥逻辑功能，首先在网络空间中产生效果，再根据需要在物理域中产生效果；或者通过影响电磁频谱或物理基础设施，让物理域中的活动在网络空间中产生效果。在网络靶场的业务规划中，这些互动关系要予以足够的重视。

（2）网络空间的连通性与可访问性

网络空间由大量不同但常有交集的要素组成，包括网络、节点、链路，以及相互关联的应用程序、用户数据和系统数据等。尽管网络空间的"全连接性"越来越强，但还是有些网络因设置了访问控制、加密、私有协议或物理隔离等方式而被人为隔离，成为网络"孤岛"与"飞地"。对于网络空间对抗来说，网络的可访问性往往意味着充分接触、连接或进入某个设备、系统或网络并实施进一步行动的可能性。在网络靶场的实战业务中，在得到监管部门的授权下，虽然针对某些目标的访问可以在网络所有者允许或未允许的情况下远程创建，但对封闭网络和隔离系统，可能还得采取物理抵近方法，或者其他更复杂更耗时的手段。这其中需要充分考虑法律、政策或技术限制的影响。

（3）网络对抗环境

网络对抗环境是指影响能力运用和行动决策的条件、环境和影响的综合体。信息环境渗透到物理域中，并因此存在于真实的网络对抗环境中。信息技术的更新迭代，带来了使用成本不断降低，网络空间能力的快速扩散，使极具挑战性的对抗环境愈加复杂。例如，某项行动需要通过特定网络通道进行传输，有可能会受到网络拥塞、用户业务、安全事件与电磁干扰等的严重影响。理解网络空间与物理域和信息环境的关系，对于网络靶场模拟网络战场的工作非常重要。

（4）网络空间中的关键地形

在物理域中占据关键地形能使任何交战方获得具有显著优势的地位。网络空间中显然没有特征地形的概念，对抗双方很大程度上只需要在特定位置或者特定进程中保持安全驻留，不需要物理上夺取、占领并在这个位置或进程，往往不需要完全排除他人的存在。值得注意的是，网络空间对抗中，攻击方和防守方可能在不知道对方存在的情况下，"占领"同一地形或者使用同一进程。网络空间"地形"的另外一个特点是，其位置是虚拟的，是在逻辑网络层甚至是在用户网络层里识别、定义出来的。关键地形识别是制定计划的一个重要方面。物理域中的障碍、进入通道、隐蔽和隐藏、火力观测范围及关键地形等，军事地形学都能用可视化方法进行描述。对应于网络空间，障碍物可以指防火墙和未开放端口，进入通道可通过识别连接特定站点的终端节点和链路来获取，隐蔽和隐藏可指隐藏的 IP 地址或者受密码保护的入口，网络空间的火力观测范围指能够被监视、拦截或者记录网络流量的区域，关键地形可以指主要通信线路的接入点、观测来袭威胁的关键路径站点、网络攻击的发起点和重要网络资产等。网络靶场可以据此对网络战场的要素、条件与状态进行设置。

（5）信息环境

信息环境是搜集、处理、分发或使用信息的个人组织和系统的集合体。信息环境可划分为物理、信息和认知三个维度，并且包含存在于赛博空间之外的多源信息。尽管随着数字化的推进，网络空间以外的信息类型在不断减少，但在网络空间之外仍存在很多高价值的信息源。在对安全性、持久性、成本和范围等方面要求较高时，需要考虑使用。

3. CyberSpace 的主要挑战

网络空间的复杂性源于无数高度自治的网络与节点，在标准规范的网络协议约束下连接成为一个超级系统。这种复杂性又产生了一系列独特而持久的挑战。

（1）安全威胁

网络空间存在从国家行为体到个人行为体、再从自然危害到人为意外等多种威胁。

- 国家级威胁。国家级威胁是网络空间安全的最高形式，因为国家拥有其他行为体可能无法获取的资源、人力和时间。在国家利益的驱动下，一些国家可能会运用先进的网络空间能力发动网络渗透或攻击行为，从而威胁到战略对手，也可能危及伙伴盟友。其行动方式，有时由攻击方直接实施，也经常外包给第三方或代理方间接实现其行动意图。

- 非国家级威胁。非国家级威胁来自不受国家边境限制的正式或非正式组织，包括合法的非政府组织，以及犯罪组织、极端组织或其非法组织。

- 个人或小型团体威胁。个人或小型团体会基于不同的利益诉求，使用容易获得的技战术和工具软件实施攻击，利用漏洞进入系统，从而发现更多漏洞或敏感数据以实现其他目标。

- 人为意外和自然危害。网络空间的物理基础设施常常会由于操作失误、工业事故和自然灾害而遭受破坏。这些不可预测的事件对实战效果的影响有时比对手行动造成的影响还要大。

（2）匿名和溯源困难

对网络空间安全威胁进行溯源归因是一项极其重要的能力。网络空间溯源行动面临的最大挑战是如何将特定的网络角色或行动主体与现实社会中具体的个人、团体或国家行为体进行关联。这不但需要进行大量的数据分析，而且通常要与非网络空间机构或组织合作。互联网的环境天然有助于匿名，再加上各种用于用户身份隐藏的工具软件，使得溯源归因在可预见的未来都将是重大的挑战。

（3）地理挑战

由于网络空间行动通常可通过有线或无线链路访问虚拟设备远程实施，不需要物理抵近目标即可产生效果，因此无形中扩大了行动范围，这在物理域中是不可能实现的。不过需要注意，如果这些网络空间行动的协调、整合和同步脱离了集中的监管与调度，是独立实施的，其累积影响可能会超出最初的目标，这种不可控因素，有可能最终会导致严重的安全风险与行动失败。

（4）技术挑战

网络空间的行动能力依赖于利用目标的技术易损性，行动能力在使用的过程中可能会暴露此项功能的易损性，从而降低该能力在未来任务中的效能。这对攻防双方的后续任务都会产生影响。技术上的挑战还包括纯软构成或纯知识性的网络空间行动能力有可能以极低成本或零成本进行复制，这意味着行动过程一旦被发现，相关能力就有可能被对手获取。此外，由于全球范围内同一软件部署了大量拷贝，该软件的某个漏洞可被同一攻击者利用同一恶意软件或相同战术同时对多个目标进行攻击利用。恶意软件可被人为或自动修改，使得探测和清除变得困难。

5.2.2 战场的感知

网络空间中入侵行动的检测和防御就像"大海捞鱼",需要一个精心编织的"渔网"来捕获网空攻击行为。图 5-3 所示的态势知识参考模型(Situation Knowledge Reference Model,SKRM)在一定程度上起到了"渔网"的作用。

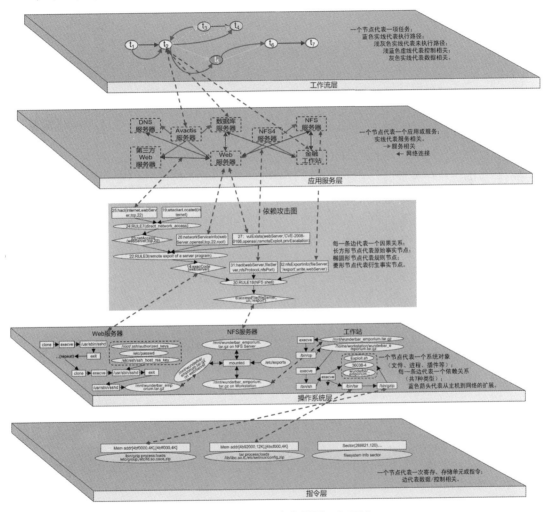

● 图 5-3 态势知识参考模型(SKRM)

SKRM 的主要作用是解决了异构数据之间的"相互孤立",使"全局图景"能够提供宏观的视角和整体的洞察。

1. SKRM 概述和特性

SKRM 自下而上地整合了网络空间态势知识的 4 个抽象层次:工作流层、应用/服务层、操作系统层和指令层。各个抽象层次中技术细节的颗粒度越来越小。以下是 SKRM 模型的基本概念与主要特性。

1)每个抽象层次生成一个图,每个图覆盖整个目标网络。

2）记录跨层次的关系，将各个图相互连接成为一个图模型栈。

3）图模型栈支持跨区隔诊断和跨层次分析。

4）每个抽象层次都是从不同视角以及在不同颗粒度上对同一个网络形成的视图。

5）在不同层次/粒度上获得的孤立观察被整合到一个更全面且更可规模扩展的系统中，以支持更高层级的态势感知，即理解和预测。

（1）SKRM 的层次

根据计算机和信息系统语义的不同层级，以及根据相应的专家知识，基于对孤立态势知识的分类从已检索的文献中抽象出层次。具体来说，工作流路径在对日常业务/任务流程进行建模和管理方面非常有用。多服务网络环境基于稳定与效率的原因，需要实现故障或问题的局部化，其中应用或服务依赖关系的作用非常重要。操作系统对象（文件或进程）依赖关系在对入侵传播进行后向或前向跟踪方面非常有用。动态指令污点跟踪有助于细粒度的入侵危害分析。

（2）工作流层

工作流被广泛用于对组织的业务流程进行建模和管理。为了完成业务流程，工作流由几个必不可少的操作任务组成，其中操作任务按照特定的顺序进行排列，以确保彼此之间的正确依赖关系。组织的工作流程应该是一致和可靠的，以确保正确的执行路径。如果工作流受到破坏，其中的操作任务或数据可能也已经被损坏（可能基于恶意的注入或修改），或者路径中的执行顺序也已经被修改。因此，建议将工作流层作为 SKRM 中的顶层来描述目标网络的业务/任务流程。图 5-4 所示的工作流层可以视作一个具有 7 个操作任务的示例。

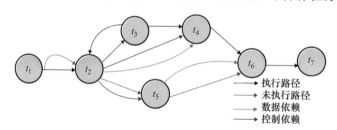

• 图 5-4　工作流层的图模型

定义 1　工作流层

工作流层的图模型可以用有向图 $G(V, E)$ 表示。

- V 是节点（操作任务）的集合。
- E 是有向边（直接紧前关系）的集合。
- 如果 $(t_i, t_j) \in E$，则 (t_i, t_j) 是从操作任务 t_i 指向操作任务 t_j 的有向边，t_i 之后就执行到 t_j。有向边导出任务之间的数据和控制依赖关系。
- 工作流 $G(V, E)$ 有一个入度为 0 的开始节点和一些出度为 0 的结束节点。从开始节点到结束节点间的任何路径都是执行路径。

（3）应用/服务层

工作流的运作最终在于操作任务的执行，而操作任务的执行又进一步依赖于特定应用软件的正确执行。此外，特定应用的功能、性能和可靠性会依赖于运行在网络中其他相关节点上的多个先决服务。因此，SKRM 提出了一个应用/服务层，用于描述应用/服务及其依赖关系。

定义 2 应用/服务层

应用/服务层的图模型可以用有向图 $G(V, E_1, E_2)$ 来表示。

- V 是节点（应用或服务）的集合。
- E_1 是单向边（依赖关系）的集合，E_2 是双向边（网络连接）的集合。
- 服务节点被表示为一个三元组（IP、端口、协议）。
- 如果 $(A_i, S_j) \in E_1$，则 (A_i, S_j) 是应用 A_i 对服务 S_j 的一个依赖关系；如果 $(S_m, S_n) \in E_2$，则 (S_m, S_n) 是服务 S_m 与服务 S_n 间的一个网络连接。

（4）操作系统层

在承载应用程序或服务以执行工作流的具体主机被定位之后，在这些主机中可以做出进一步的探索，因此，将操作系统层引入 SKRM 模型，以构建操作系统层依赖关系图。图 5-5 所示为操作系统层的一个实例"OpenSSL 暴力破解密钥攻击"。

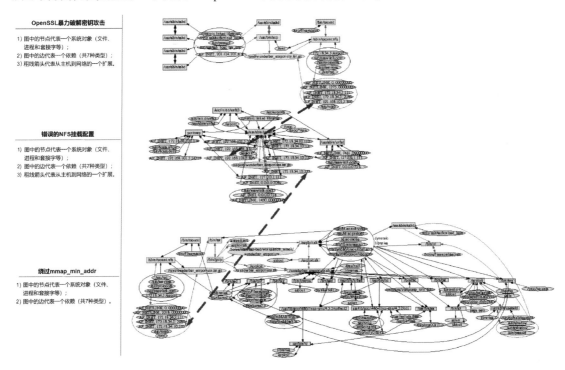

● 图 5-5 操作系统层的实例模型

定义 3 操作系统层

操作系统层依赖关系图可由有向图 $G(V, E)$ 指定。

- V 是节点（系统对象，主要是一个进程、一个文件或系统内的一个套接字）的集合。
- E 是有向边的集合，其中有向边意味着直接依赖关系。
- 如果 $(N_A, N_B) \in E$，节点 N_A 以某种方式影响 N_B，称之为依赖关系，表示为图中的边。

（5）指令层

在指令层进行细粒度的入侵影响诊断，可能有助于在进程–文件级找到被遗漏的入侵行动。因此，SKRM 模型中定义了一个指合层来对内存单元、磁盘扇区、寄存器、内核地址空间和其他设备进行指定和关联。通过将每个指令流映射到对应的系统对象，可以生成指令层的图模型。此外动态污点分析的语义也可应用于此。

定义 4 指令层

指令层的图模型也可以由有向图 $G(V,E)$ 指定。

- V 是节点（指令、寄存器或内存单元）的集合。
- E 是有向边的集合，其中有向边意味着直接的数据或控制依赖关系。如果 $(N_A,N_B)\in E$，则节点 N_B 是依赖于节点 N_A 的数据或控制。

2. 生成 SKRM 图模型栈

上述定义的层次实际上是"水平烟囱"，而层次上的区隔（操作任务、服务主机、操作系统层对象和指令层对象）是"垂直烟囱"。为了打破它们，分别需要跨区隔和跨层次的相互连接。

（1）跨区隔的相互连接

跨区隔的相互连接实际上是在对应的抽象层次上生成网络级图模型的过程。

（2）工作流设计/挖掘

生成工作流层的图模型有两种方法。

1）由业务管理人员对工作流进行手工设计和预先指定，因为"已定义"的业务结果是工作流希望通过执行一组逻辑顺序排列的操作任务来实现的，这种方法由于人类存在局限的效率和准确性而受到影响。

2）应用工作流挖掘方法，通过运用各种数据挖掘技术，由业务流程实际执行的日志数据中提取出工作流，这种方法在效率（自动化）和准确性方面更具有前景。

（3）服务依赖关系的发现

生成应用/服务层的图模型也有两种方法。

1）利用人员专业知识来手工绘制依赖关系，但该方法并不能随着目标网络中应用服务的数量增多而扩展。

2）作为替代方案，可以使用该领域几种可用的自动化服务依赖关系发现方法。

（4）跨主机的操作系统层依赖关系跟踪

可以通过对系统调用进行解析来确定两个操作系统层对象之间的依赖关系类型。按照这种"依赖规则"，可以从系统调用的审计日志中为每个主机构建出操作系统对象级的依赖关系图。可以进一步扩展单主机的操作系统对象依赖关系图，通过包括远程程序之间基于套接字的通信来覆盖整个网络。这对于揭示未知攻击轨迹具有较好效果。

（5）指令层污点跟踪

指令层可以包含两部分工作内容。

1）细度污点分析可以用来生成指令流依赖关系，其中包含有价值的二进制信息。

2）跨层次进行感染诊断可以消除指令层与操作系统层之间的"语义鸿沟"。

（6）跨层次的相互连接

跨层次的相互连接被用于描述跨层次的关系，可以从一个 SKRM 层次穿到另一个 SKRM 层次，从而获得新的信息，并最终获得对整个场景的整体理解。

（7）跨层次的语义桥接

基本上，两个相邻抽象层次之间的语义桥接（如映射和翻译）可以用来描述跨层次的关系。工作流层的工作流操作任务和应用/服务层的特定应用之间的双向映射，可以通过从网络跟踪数据和工作流日志中挖掘它们之间的关联关系来实现。操作系统层对象和指令层对象之间的映射可以基于重构引擎来完成。

（8）攻击图的表示和生成

为了将应用/服务层和操作系统层相互连锁起来，两者之间垂直插入一个依赖关系攻击图层，用于描述应用/服务层的先决条件（网络连接、服务器配置和漏洞信息）与操作系统层成功攻击利用所体现症状/模式之间的因果关系。

定义 5 依赖关系攻击图

依赖关系攻击图 (A,G) 可以用有向图 $G(V,E)$ 表示。

- V 是节点（派生节点表示为椭圆，原始事实节点表示为矩形，派生事实节点表示为菱形）的集合。
- E 是表示节点之间因果关系的有向边的集合。
- 一个或多个事实节点可以作为一个派生节点的先决条件，并可以使该派生节点生效。一个或多个派生节点可以进一步使派生事实节点变为真。

图 5-6 所示为依赖关系攻击图与相邻两个层次的相互连接。

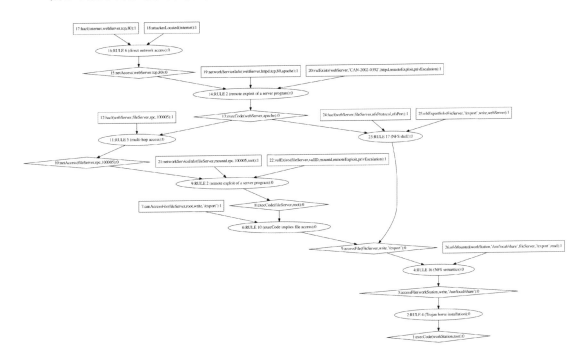

● 图 5-6　依赖关系攻击图与相邻层次的连接

1）图中生成的 Datalog 表现形式可知，应用/服务层信息（网络连接、服务器配置、漏洞信息）成为攻击图中的原始事实节点。

2）基于网络级的操作系统层依赖跟踪，将图中的派生事实节点映射到操作系统层的入侵症状（如入侵模式或检测特征），其中这种依赖关系跟踪的输入是主机或服务配置的操作系统层实例。

5.3　基于兵棋的作战模拟思路

本小节参考美国海军研究生院团队研制的"网络战：2025"兵棋[⊖]设计思想来讨论面向网络对抗的兵棋原理。

5.3.1　"网络战：2025"兵棋的基本机制

"网络战：2025"兵棋的目标是激发、建立和增加玩家的知识库和经验，以及在网络空间作战的规划和实际应用，如防御性网络空间作战、进攻性网络空间作战和计算机网络开发。"网络战：2025"兵棋见图 5-7，通过加强国防部设定的关键学习目标，将条令和教义训练作为严肃的兵棋进行推演，也通过虚拟环境中独特而平衡的多人互动来鼓励玩家参与和激励。

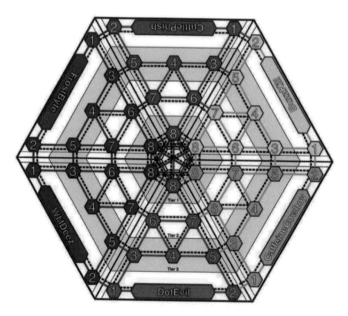

● 图 5-7　"网络战：2025"兵棋概念图

在大约 30~60 分钟的回合制兵棋推演中，玩家要充分运用联合出版物《JP 3-12（R）网络作战》中列出的一系列基本概念。进攻性网络作战（OCO）、防御性网络作战（DCO）和计算机网络利用（CNE）的巧妙结合可以使玩家即便处于相对弱势的位置也能取得胜利。

"网络战：2025"兵棋为实现网络空间行动训练提供了平台，可以在政府和军事机构内部大规模使用，其运行界面如图 5-8 所示。兵棋的逻辑流程如图 5-9 所示。

⊖　"网络战：2025"的更多细节请参阅 https://apps.dtic.mil/sti/pdfs/AD1053350.pdf。

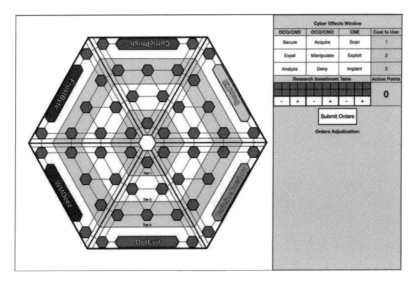

● 图 5-8   "网络战：2025"兵棋运行界面

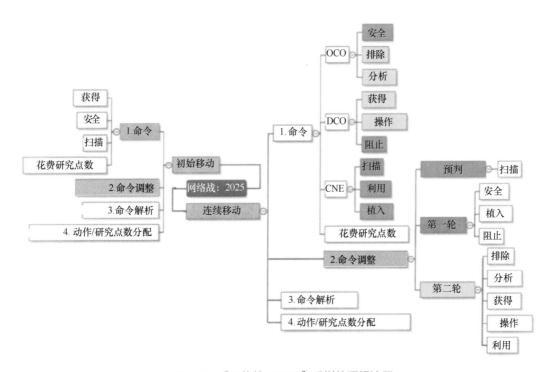

● 图 5-9   "网络战：2025"兵棋的逻辑流程

1）不可知的网络域角色是"网络战：2025"兵棋的基本机制。

在兵棋棋盘上所有对阵员都是平等的网络行为体，而非扮演国家或非国家行为体等反映当前网络威胁问题的角色。对阵员可以在推演过程中随时调整自己的角色以适应网络战略要求，还可以自由试验策略并逐渐适应不断变化的兵棋环境。

在各连续回合中，对阵员可能获取、失去或者重新获取服务器节点。对阵员可能在一分钟之内拥有大量服务器节点，然后又在下一回合因为其中一个关键服务器节点被其他对阵员夺取或完全从兵棋棋盘上移除，立即失去访问其他对阵员领域的权利。

2）依赖网络效应的随机性是"网络战：2025"的另一机制。

该兵棋通过整合掷骰数、对阵员攻击/防御基础值、服务器节点实力实现，可模拟 100 面骰子得出 1~100 的随机数。投掷数主要利用对阵员在裁决列表上按顺序排列的各个行动，通过软件代码进行计算。然后结合基础值和掷骰数得出对阵员的进攻/防御值。如果这一数值高于对手，那么行动成功。这种随机性也确保了尽管兵棋推演结果可能非常相似，但任意一场兵棋推演都是独特的。

3）单个对阵员视角和"战争迷雾"构成了该兵棋的最关键方面。

"网络战：2025"提供了 1 个旁观者视角和 6 个单个对阵员视角。旁观者可以看到整个棋盘上的推演情况，单个对阵员仅能看到自己的行动，在没有使用"利用效应"的情况下，则无法查看其他对阵员的私人网络。

在现实中网络空间并不可触摸，网络领域的行动并不容易被察觉，兵棋的这一机制就是对这一现实情况的模拟。另外，单个对阵员视角能确保对方对阵员无法作弊或干扰他人的行动计划。

"战争迷雾"效果直接通过单个对阵员视角实现：对阵员只能看到自己域内发生的所有行动，域外部的行动是不可见的。当对阵员在兵棋棋盘上扩大探索范围，或者通过进攻性网络空间行动和计算机网络开发效应扩大网络范围时，作战环境的可见范围会随之扩大。

4）除了上述机制，对阵员还需要克服资源管理和时机等挑战。

对阵员要获得推演胜利，必须投入资源获得执行网络战略所需的网络效应。开发并启用网络效应要付出成本，位置关系不同成本也不同。而且跨过防御方和攻击方服务器节点之间的边界跨域实施网络效应时，成本会累加。例如，对阵员以域外的 4 级服务器节点为目标实施某一效应，网络效应成本增加 4 个行动点。现实世界中首次访问网络所需的运行成本（如避开防火墙、入侵检测系统或网络网关的成本）是这一机制背后的逻辑依据。

5.3.2　兵演量化分析中的数学语言

兵棋推演（简称兵推或兵演）在网络对抗中需要使用到随机过程、评价模型等数学工具。

在指令裁决过程中，所有的行动信息均被收集，并同时调用一个数学方程进行分析计算。所有"网络效应"减去"安全""扫描"和"分析"，使用下述名为"尼尔斯方法"的不等式来计算所有玩家的行动，如图 5-10 所示。

$$d100 > Defense\ Odds => d100 > \frac{100 \times Defender\ Level}{Defender\ Level + Attacker\ Level}$$

● 图 5-10　尼尔斯方法不等式

这个不等式以其在"网络战：2025"工作组阶段的创造者命名，并使用防御和攻击玩家的服务器节点值及 100 面骰子点数（d100）。这种掷骰子的方式是每个玩家行动成功或失败的随机因素，大致模拟了在网络空间中发动网络效应的不确定性。

在"网络战：2025"的软件程序中，使用了一个伪随机数生成器作为 100 面骰子，并将其整合到游戏中每个玩家（即对阵员）对玩家（PvP）的互动中。在游戏过程中，如果两个或两个以上的玩家掷出相同的骰子结果，那么软件将自动重新掷骰子，直到其中一个玩家获胜。在下面的代码片段截图中（见图 5-11），Math.floor()函数即随机掷骰子中可能的最小值，被设置为最小值 1，因为 100 面骰子的最小值是 1。

当玩家决定攻击对手时，攻击的概率取决于防御者的水平与攻击者的水平。这些概率被插入到一个 100 面骰子中。在下面的示例中，防御服务器节点的安全级别为 3 级，

```
/**
 * 100 sided die for calculation
 *
 * @returns {number}
 */
function diceRoll() {
    return dice = Math.floor(Math.random() * 100) + 1;
}

/**
 * This is an A->B scenario, in which A is the sole attacker.
 *
 * @param defender
 * @param attacker
 * @returns {boolean}
 */
function captureOddsOneVsOne(defender, attacker){
    dice = diceRoll();
    odds = Math.round(defender / (attacker + defender) * 100);

    // this.resultOdds = "Dice: " + dice + ' ' + "Odds: " + odds;

    if(odds > dice) {
        console.log('Dice: ' + dice + ' Odds: ' + odds + ': Success to Defender!')
        return true;
    }
    else if (odds <= dice) {
        console.log('Dice: ' + dice + ' Odds: ' + odds + ': Fail to Defender!')
        return false;
    }
}
```

● 图 5-11   "网络战：2025"兵棋项目的代码片段

攻击服务器节点的安全级别为 4 级。因此，如果 100 面骰子掷出的点数等于或大于 43（软件取最接近的整数），则攻击服务器节点判定成功，否则防御方默认获胜，如图 5-12 所示。

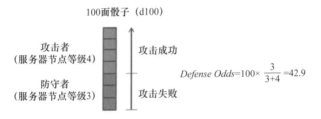

$$Defense\ Odds = 100 \times \frac{3}{3+4} = 42.9$$

● 图 5-12   玩家对玩家行动裁决

在多人攻击中，每个玩家的防御概率与玩家对玩家攻击的计算方法相同。然而，因为所有的移动都是同时判定的，所以使用了基于玩家对玩家行动的相同防御概率的成功边际。对于他们的特定防御赔率，具有最高正边际的玩家赢得判决，如图 5-13 所示。如果攻击者的成功边际高于他们的特定防御概率，那么防御者就赢了。如果两个或两个以上的攻击者拥有相同的防御胜率，那么将被标记为平局，然后那些处于平局的攻击者将再次被选中。

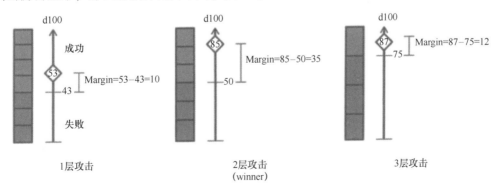

● 图 5-13   多玩家行动裁决

在"网络战：2025"中每个可玩动作都有6种可能移动的场景。在图5-8中已经确定了游戏识别和裁决的6种场景。此时，除这6步之外的任何移动都被认定为无效。上述两项裁决行动涵盖了上述6种移动场景，如图5-14所示。

```
1. A -> B (A attacks B)
2. A+[n] -> B (A[1] + A[2] + [All Server Nodes belonging to A] attack B)
3. A <-> B (A and B attack each other)
4. A -> B <- C [...] (A attacks B and C, and possibly other players, attack B)
5. A -> Empty Space <- B (A and B attack an empty space at the same time)
6. A -> B -> C [...] (A attacks B and B attacks C and so on in a chain attack)
```

● 图5-14　6种可能的棋路

5.3.3　兵演工具在网络战争中的运用

图5-15所示为"网络战：2025"兵棋在网络安全、军事与教育领域的应用可能性。这个兵棋将侧重于支持由美国陆军网络司令部（ARCYBER）主办的课程，以及作为网络支持团和下网（CSCB）的一部分进行的训练。网络司令部目前举办多个课程，为网络电子磁活动（CEMA）领域的专家和高级领导者提供培训，包括陆军网络作战规划师课程（ACOPC）、陆军领导网络空间作战课程（ALCOC）、执行网络空间作战研讨会（ECOS）和网络空间作战规划师研讨会（COPS）。

● 图5-15　"网络战：2025"的应用模式

"网络战：2025"兵棋初始版本的推演板是一个二维的自上而下的矩形板，而棋盘内部是六角格，代表了开放的网络空间。最重要的是，玩家域是该板上的一个子集区域，并且每个玩家在棋盘上的位置或域都是随机的。其中最多六名玩家将被迫扫描网络空间域，在平面六角格地图上保存关键位置，保护他们的网络免受对手的攻击，并攻击其他玩家以获得行动/研究点。

（1）推演板初始设计

每个玩家域内都有一个小型网络基础设施，它修改了玩家的网络效应和属性，就像建筑物和结构以类似于战略游戏"帝国时代"的方式修改资源获取和使用一样。玩家必须通过网络监听本地域和附近的玩家域，或在这种情况下捕获点，并最终获得区域或情报，以改善整体网络态势。为了将玩家进一步融入推演，玩家还被分配一个背景故事，担任网络空间作战监视的指挥官，其任务是寻找囊中玩家（其他玩家）中的未知角色，并评估其威胁潜力和漏洞，同时保护他们自己的网络相关资产，如接入点、研究服务器和情报数据库。此版本使用预算和资源管理要素，这是通过从对方玩家收集情报获得的，作为玩家推进其网络工具和效果的动力，以提高他们在这个模拟版本的网络空间作战中成功对抗对方玩家的机会。时间也是网络工具/效果研发的一个限制因素。

（2）重新设计的"网络战：2025"

新版"网络战：2005"兵棋为了简化设计，将推演图板改变为六边形，里面包括敌我双方域所在的位置。在六边形的6个三角形中，单个三角形表示服务器节点的单个网络（也称为本地域）或属于一个玩家的 8 个较小的六边形点。作者希望通过两个外国域在左右两侧的近距离接近，展示对玩家的本地网络威胁的想法。这些接近的玩家可能会影响玩家的领地和即时的网络策略。这允许相邻玩家通过棋盘上的域间线水平穿越对方玩家的领地。但是，所有玩家都可以通过棋盘中心的服务器节点轻松访问彼此的域。

5.4　基于桌面沙盘的网络安全场景模拟

兵棋推演是比较理想的虚拟演兵方法，但对于网络安全领域来说，还没有一款现成的网络兵棋可以直接支撑人们开展灵活多样的靶场业务。另外，如何设计、应用网络兵棋也还存在不少挑战。这种情况下，除了利用靶场构建实战环境之外，也可以寻求低成本的桌面沙盘模拟方法。当然，桌面沙盘也可以与其他方式结合使用。

5.4.1　网络安全桌面沙盘的基本概念

相比其他虚拟兵演的工具，网络安全桌面沙盘（简称桌面沙盘）是成本相对较低且简单便捷的演练工具了，它很可能是大家在考虑举办此类活动时的首选。下面通过多种演习形式的对比，以及对桌面沙盘适用场景的讨论，帮助大家对这种工具建立起基本概念。

1. 桌面沙盘的定义与适用场景

顾名思义，网络安全桌面沙盘就是在桌面用道具构建沙盘，以模拟网络安全攻防对抗的情形，研究与解决网络安全问题的方法。其得名也是由于活动的策划者和参与者都坐在一张桌子前，完成预设的活动任务。

这里用网络演习的不同形式来做一对比，大家可能就比较容易理解桌面沙盘这种形式了。表 5-1 总结了不同演习类别的特点及其用法。

表 5-1　网络演习的形式对比

形　式	说　　明	复 杂 度	时 间 编 排	所 需 资 源	组 织 要 求
桌面沙盘	演习过程由纸张驱动。由演习计划员编写、并通过纸张（卡片/讨论）交付	根据涉及的组织数量，可以快速规划和执行此类演习	规划：1~2 月 执行：1~3 天	所需资源比较有限，具体取决于活动内容与组织数量	新参加训练和评估的人员；需要验证流程/方案的组织；相关评估组织
混合演习	演习科目以靶场或桌面沙盘形式实施，两种形式配合使用	混合演习比桌面沙盘需要更多的规划和执行时间	规划：3~6 月 执行：3~5 天	需要组织较多参与者、IT 资源、差旅与会务预算等	部分熟悉演习的专家、战队与机构组织
靶场演习	利用靶场或类似平台，基于真实场景实施演习	需要进行详细的协调和规划	规划：6~12 月 准备：2~3 月 执行：7~14 天	需要组织大量参与者、IT 资源、差旅与会务预算等	熟悉演习的专家、战队与机构组织

理想情况下，随着组织的成熟与能力的提升，会选择合适的形式来组织演习，以满足特定阶段的业务需求。网络安全桌面沙盘的典型使用形式有以下几种。

1）用于测试各类工作计划与行动方案的有效性。

2）作为小组讨论工具，在有经验的人员引导下，审查战略和战术的有效性。

3）对所提出的方案引入其他网络安全挑战，以突破客观条件的限制，增加问题的广度与深度。

网络安全桌面沙盘可帮助组织找到最佳实践，以应对检测到的威胁和正在发生的攻击，根据预期的威胁验证现有的事件响应计划。同时，也为安全团队和利益相关方提供了相互分享安全知识的机会，引入第三方专业知识和威胁情报，最终加强组织的网络安全能力。

网络安全桌面沙盘可以提供以下实用的价值。

（1）改进威胁和漏洞管理

- 识别网络安全差距，尤其是事件响应计划中的差距。
- 缓解网络安全漏洞。

（2）评估快速反应措施有效性的方式

- 在威胁事件发生后查看现有恢复计划。
- 验证网络安全规划协议和优先级。
- 激发创新思路以缩小威胁事件恢复能力的差距。
- 改进网络安全培训效果。

网络安全演练方案的有效性往往取决于对组织方式、行业场景和常见威胁等行动方案关键因素的设定。有些方案聚焦常见事件，有些方案强调新威胁，有些方案取决于组织性质、资产状况。

桌面沙盘对于如下情况都有其适用的场景。

1）关键数字资产（如网络设施、应用程序、敏感数据）。

2）业务运营（如数据处理、数据传输）。

3）第三方交易与合作（如供应商、业务合作伙伴）。

2. 桌面沙盘的"脚本化事件"

桌面沙盘常用于事件的推演，其目标明确，参与人员数量受限，环境适合参与者之间的交流，有助于验证与计划、执行和演训相关的业务流程，见表5-2。许多组织使用桌面推演来加强组织内部的关系，与其他组织、合作伙伴共享信息，测试特定场景下的活动能力与准备程度，针对某些事件增进理解与认识。

在桌面沙盘活动中一般需要预先设定注入活动中的事件，记录在卡片上。这些推动活动发展的关键信息，可称之为"脚本化事件"。

表 5-2　桌面沙盘概要

总体目标	· 为以后的活动建立良好的基线 · 提高网络安全意识和技能
具体要求	· 确定网络安全人员如何互动和对事件做出反应 · 验证程序 · 观察并描述过程用于检测、响应和从模拟事件中恢复

（续）

可能收益	• 哪些好于预期 • 哪些达到预期 • 哪些不如预期，需要改进
未来行动	• 基于桌面沙盘演习，确定未来在多大程度上可通过现场演习来加强效果

5.4.2　网络安全桌面沙盘应用示例

本节设计了 4 个精简的网络安全桌面沙盘应用示例，以帮助读者掌握这种简单便捷的演练工具使用方法。

1. 桌面演习示例Ⅰ：补丁管理

安全补丁有助于防止威胁参与者利用安全漏洞，减少威胁攻击的发生。此外，补丁程序管理有助于识别组织的关键资产中需要安全补丁程序的区域。

设计安全漏洞加固流程管理演习方案时，需要考虑补丁管理的任务事项与可能的执行情况，从而想定具体场景。例如，网络管理员的任务是在度假前几个小时安装关键的安全补丁；他快速部署补丁，忘记在部署之前测试补丁；有问题的补丁程序安装在关键系统上，导致用户登录出现问题；随后，值班的技术服务人员负责解决问题。

与上述情况相对应的问题包括：

1）值班技术服务人员如何应对该问题？

2）值班技术服务人员是否具备处理此类情况的能力？

3）如果没有，是否有已建立的事件响应协议？

4）是否已建立更改控制策略来缓解此类事件？

5）是否有针对员工的明确培训程序？

6）对于不遵守规定程序的员工，是否有适当的纪律处分程序？

7）组织是否可以在部署修补程序后卸载修补程序，以防出现不可预见的负面后果？

8）修补程序回滚是否会影响关键系统或业务运营？

9）是否有定义的补丁回滚协议？

10）如有必要，用于补丁管理的网络安全桌面演习有助于培训员工部署和回滚的最佳实践。

2. 桌面演习示例Ⅱ：恶意软件

针对恶意软件的网络安全桌面演习有助于提高组织防范与响应恶意软件的能力。

当参与者模拟恶意组织部署恶意软件或实施恶意软件攻击时，通常指向其窃取信息或监视目标网络的意图。演习中可以选取常见的恶意软件类型，如计算机病毒、勒索软件、特洛伊木马、间谍软件和广告软件等。

以下是脚本事件需要预先设计好的恶意软件入侵时的具体情况。

一名员工将便携式 U 盘插入个人计算机以下载文件，在不知情的情况下恶意软件感染了这些文件。这名员工又将同一个 U 盘插入其工作站，并将受感染的文件下载到联网的工作站上。文件中的恶意软件由此在整个网络中传播，并感染符合恶意软件要求的计算机节点。

与上述情况相对应的问题包括：

1）组织如何通过上述媒介识别恶意软件感染？

2）有哪些流程来识别恶意软件入侵？

3）还有哪些其他联网设备构成类似威胁？

4）是否已建立恶意软件检测机制？

5）是否在所有联网设备上都安装了恶意软件防护？

6）如何防止未来的恶意软件入侵事件？

7）是否有既定的培训规程和政策？

8）已建立的策略是否适用于所有联网设备？

上述针对恶意软件的桌面网络安全演习有助于制定在恶意软件检测和预防方面的安全策略。

3. 桌面演习示例Ⅲ：云安全

云安全对于依赖于云资源开展业务的组织至关重要。

1）存储（如文件、数据）。

2）托管（如应用程序、软件和网络服务）。

实施云安全的网络安全桌面演习可以帮助识别云安全能力短板与潜在的安全风险。

以下是云存储桌面演习的场景设定。

您所在组织的某个部门将客户数据存储在第三方云服务器上。但是，其中某些数据资产被主管部门识别为敏感数据。最近的一份安全研究报告指出，该部门正在使用的外部云平台遭到破坏，大量数据被窃，导致用户密码和个人数据泄露。

与上述场景相对应的网络安全桌面演习问题包括：

1）是否有针对外部云存储（尤其是针对第三方供应商）的既定策略？

2）这些策略是否考虑了敏感数据存储？

3）是否有第三方遵守数据保护法规的策略？

4）谁应该对违规行为负责？组织还是第三方供应商？

5）如何通知受影响的各方所涉及的违规行为？

6）是否已制定策略，用于将违规通知转发给敏感数据遭到泄露的客户？

7）第三方云提供商是否建立了安全机制来防止违规的发生？

8）这些安全机制是否固化在合同或政策中？

同样，云存储主题的桌面演习有助于确定组织和第三方云存储提供商的云安全策略，弥补其中的安全漏洞。

4. 桌面演习示例Ⅳ：外部威胁

一个组织对外部威胁的抵御能力，相当程度上取决于是否实施了有效的威胁和漏洞管理。采用网络安全桌面沙盘的形式针对外部威胁场景进行演习有助于提高管控能力与安全意识。

以下是可能的外部威胁场景设想。

您的组织收到来自某黑客组织的消息，威胁要攻击某个系统。但是，您不知道计划内攻击的性质或目标系统。您如何回应？基于此演习场景的相关问题包括：

1）能确定潜在的攻击媒介吗？

2）入侵检测和防御系统是否到位？

3）是否具有检测和防止恶意软件攻击的内部功能？

4）所有系统是否都使用最新的安全补丁进行了修补？

5）是否已建立事件响应协议以通知帮助台和支持服务？

6）是否建立了将威胁通知整个组织的机制？

外部威胁是不可控的，稍有不慎就会给组织的资产带来重大损失。针对外部威胁的网络安全桌面演习有助于提高安全准备度。

5.4.3 网络安全桌面沙盘最佳实践

桌面沙盘虽然是一种可以就地取材、方便快捷地拿来就用的轻量级工具，但为了取得较好的实践效果，依然需要尽量按照事物的多面性去策划设计、组织实施，以便让潜在的问题能在演习中暴露出来，予以研究解决，实现预期目标。

1. 角色指定

网络安全桌面演习有一些技术性，需要熟练和经验丰富的人员来支撑方案开发、方案验证、活动实施过程推进等各项工作。至少需要以下多种人员扮演具体角色。

1）项目主管：在网络安全方面接受过培训或经验丰富的人员，以帮助推动桌面演习的规划，并具有以下特质。

- 熟悉桌面演习的实施细节。
- 较强的领导意愿、责任心与协调能力。

2）方案设计：负责设计网络安全演习的场景与脚本，包括以下内容。

- 演习目标与过程的可行性。
- 具有良好的网络安全专业知识。
- 根据演习需求，设计各类可有效输入的脚本事件。

3）资源主管：负责协调资源分配，以成功实施桌面网络安全演习。角色职责如下。

- 提供场地、设施或用品（如书写材料、食品）资源。
- 获取必备的 IT 设备（如计算机、视频音响设备）。

指定好桌面演习所需的关键角色并明确其职责，有助于确保活动过程的顺利进行。

2. 桌面网络安全演习设计要点

把控好以下环节有助于提高网络安全桌面演习设计方案的有效性。

1）方案设计：设计适当且相关的方案对于有效实施至关重要。方案设计的具体注意事项如下。

- 目标受众构成（即组织内的角色、具有网络安全技术专长）。
- 情景叙述的背景（如事件的时间和地点）。
- 场景的真实性和可行性，特别是需要从参与者角度来进行审视。

2）审查现有事件响应机制：评估现有事件响应计划在推动网络安全桌面演习中的作用。

- 针对检出事件与可疑活动的响应预案。
- 待测试的功能。
- 评估演习的指标与标准。

设计高质量的方案有助于实现组织目标，此项工作也可以考虑引进领先的专业安全服务机构来提供专业帮助。

3. 演习分析和评估

完成网络安全桌面演习任务后，负责规划和执行的团队应开会评估演习进度和结果。

分析和评估的目标如下。

1）确定需要改进的领域：为参与者提供的一组开放式问题可以帮助指导有关桌面网络安全的讨论，以解决如下问题。

- 网络安全政策修改的决策点。
- 演习参与者的主要学习要点。
- 参与者的实际行动要点（无论其在组织中的角色如何）。

2）改善未来的网络安全桌面演习：从参与者那里收集反馈（无论是否匿名）可以帮助加强未来的演习并确定以下内容。

- 演习对参与者的感知价值。
- 对演习方案的建议与意见。

3）评估演习交付情况：负责领导演习的团队应在参与者离开后开会讨论以下内容。

- 活动交付机制（如参与者参与、场地适宜性）。
- 趋势和要点（如参与者的要点、意外的学习）。

如果不仔细分析领导者、利益相关者和参与者的反馈，就很难对活动提供真正有益的改进意见。

4. 网络安全桌面演习注意事项

网络安全桌面演习是增强网络安全意识与解决网络安全问题的有效形式。但是，在规划此类演习时必须考虑以下注意事项，具体取决于选择的演习方案。

1）资源：适当的资源分配可提高整体效率。因此，在开始执行桌面演习工作之前，应确保有足够的资源来支持演习的完成。

2）时间：网络安全桌面演习的有效性取决于参与的人数与参与程度。只要把参与人数进行适当控制，不影响活动效果，则应尽可能多地邀请活动相关方。然而，人数增加将使协调工作复杂化。具体而言，组织者应该考虑提前计划、安排和通知参与者有关桌面演习的信息，以便满足以下情况。

- 来自组织内不同角色的参与者可以参加。
- 组织领导层可以参加。
- 演习在分配的时间内完成。

3）预算：为了让桌面演习参与者充分参与，需要准备一个良好的活动环境。预算考虑因素如下。

- 演习场所（如会议室）。
- 活动经费。
- 餐饮与运输，特别要考虑活动持续时间较长的情况。

4）专家帮助：大家可能不具备进行有效演习的内部专业知识，那么，与经验丰富的专业服务机构的合作将得到特定组织的以下指导。

- 相关方案。
- 演习的最佳实践。

最终，演习组织将受益于策划周密、资源充足的网络安全桌面演习活动，这将有助于提高组织与个人的安全意识与行动能力。

第6章　愈演愈烈的攻防演练

"夫决胜之策者，在乎察将之材能，审敌之强弱，断地之形势，观时之宜利，先胜而后战，守地而不失，是谓必胜之道也。"

——《卫公兵法·将务兵谋》

本章精选了多个全球极具代表性的综合演练、行业演练和应急演练案例，对其演练情况与执行要点进行了梳理总结、分析讨论，以帮助读者把握攻防演练的内容策划、操作细节与发展趋势。

6.1　综合演练

本节介绍的"网络风暴"与"锁定盾牌"是大规模综合演练的代表性案例，充分体现了运作层次高、演练规模大、实施难度大和任务复杂度高等综合演练的典型特点。

6.1.1　网络风暴

"网络风暴"（Cyber Storm）演习以美国为主导，涉及全球多个合作伙伴（主要是五眼联盟、北约等国家），旨在加强公私领域、跨国间的网络应急协调和情报共享能力。网络风暴系列演习重点演练参演方对网络攻击的准备、防护和应急响应能力，评估信息共享机制和通信途径等。

1. 演习概览

（1）基本情况

"网络风暴"系列演习从 2006 年开始实施，迄今已经举行过 8 次。演习分为攻、防两组模拟网络攻防战，如图 6-1 所示。攻方通过网络技术甚至物理破坏手段，攻击渗透能源、信息科技、金融和交通等关键基础设施，以及业务性质关键、敏感的民营公司网络的模拟仿真环境。守方负责搜集攻击部门的反应信息，及时协调并制定对策。

● 图 6-1　"网络风暴"演习现场

演习的主要目标不同于国际和国内众多的CTF（攻防比赛）以选拔技术人才为主，"网络风暴"系列演习更加侧重于考察跨国家、政府机构和公私部门等针对基础设施靶标遭到网络攻击情况下的协调应急能力（主要为加强两个层面的协同关系：政府和私营伙伴之间的关系，以及政府与其在州、地区和国际政府伙伴之间的关系）。

演习的主要考察指标如下。

1）考察预案的设置是否合理，持续改进预案成熟度。

2）考察政府-私营伙伴之间、政府部门之间网络安全信息共享是否充分、及时。

3）考察应急团队对网络攻击的最终处理效果（补救用时、产生损失）。

参演单位如下。

1）政府部门（如国防部、财政部、交通部和国家安全局等）。

2）行业信息共享和分析中心（各种行业的ISAC）。

3）州、国际政府伙伴（如蒙塔纳州、五眼联盟政府等）。

4）私营合作伙伴（如关键基础设施类企业和高科技企业）。

（2）演习动机（应对针对关键基础设施的网络威胁）

该演习就是美国国土安全部（DHS）为了推动关键基础设施安全监测、应急响应能力，而举行的一个多国家、多联邦政府部门、多安全能力机构和多私营企业等的协同演练。

（3）法律支撑（保障关键基础设施法律定义和执法框架）

保障关键基础设施安全，美国自克林顿政府以来，出台了较多法律文件，下面分阶段进行介绍：

1）克林顿政府时期（1992—2001年）。

1996年7月，颁布第13010号行政令，初步划定了关键基础设施的范围（主要包括电信、电力系统、天然气及石油的存储和运输、银行和金融、交通运输、供水系统、紧急服务和政府连续性8类）。

1998年5月，颁布63号总统令，明确相关责任部门。

2）小布什政府时期（2001—2008年）。

2001年10月，颁布了第13231号行政令，成立了"总统关键基础设施保护委员会"作为具体责任部门。

2002年11月，颁布了《国土安全法》，成立了国土安全部（DHS）具体负责关键基础设施安全工作（其子部门国家网络安全通信整合中心由CNNIC具体负责）。

2003年2月，颁布了《关键基础设施和重要资产物理保护国家战略》，明确了政府和私营机构在保护关键基础设施方面的不同职责。

2006年6月，颁布了《国家基础设施保护计划》，为政府和私营机构提供了关键基础设施保障的实施框架。

3）奥巴马政府时期（2008—2017年）。

2013年2月，颁布了13636号行政令《提高关键基础设施的网络安全》，明确要求国土安全部（DHS）采取措施推进政企合作，以及网络安全信息共享机制的建立。

2013年2月，颁布了第21号总统令《提高关键基础设施的安全性和恢复力》，重新确定了17类关键基础设施领域（包括化学、商业设施、通信、关键制造、水利、国防工业基地、应急服务、能源、金融服务、食品和农业、政府设施、医疗保健和公共卫生、信息技术、核反应堆、材料和废弃物、运输系统以及污水处理)。

4)特朗普政府时期(2017—2021 年)

2017 年 5 月,特朗普总统签署了名为《增强联邦政府网络与关键性基础设施网络安全》的总统行政令,从关键基础设施网络安全、联邦政府信息系统安全和国家安全三个层面来制定相应的网络安全政策,拉开了美国全政府范围内的网络安全风险评估和政策部署的序幕。

2017 年 9 月,颁布了《2018 财年国防授权法案》,明确要求政府加强网络和信息作战、威慑和防御能力,并要求在网络空间、太空和电子战等信息领域发展全面的网络威慑战略。由此,美国在网络空间的行动方式开始发生了激进的转变。

2018 年 8 和 9 月,先后颁布了《国家网络战略》与《国防部网络战略》。前者在"以实力求和平"的理念指导下,概述了美国政府将如何处理网络问题的广泛愿景,并强调对实施网络攻击的对象施加"迅速、代价高昂和透明的后果"的重要性;后者强调军方应当"在威胁到达攻击目标之前"将其消灭,甚至可以采用"前置防御"(DefendForward)的战术来摧毁美国境外的"恶意网络活动源头"。上述政策文件扭转了奥巴马政府时期相对"克制"的网络行动纲领,美国网络力量的行动策略从主动防御转变为"前置防御",即通过先发制人的网络攻击来威慑对手,同时赋予美国网络力量在网络行动领域更大的权限和行动范围。

2. 网络风暴 Ⅰ 演习(CyberStorm Ⅰ)

(1)基本情况

演习时间:2006 年 2 月 6 日至 10 日(共 5 天)。

组织单位:国土安全部(DHS)、国家网络安全局(NCSD)。

演习目的:提升联邦、州、国际政府及私营部门之间应对网络空间重大攻击事件的应急响应能力。

参演方:五眼联盟成员、11 个联邦部门、4 个州政府、9 个 IT 公司、6 个电力公司、2 个民航公司,以及 4 个行业信息共享和分析中心(300 余人)。

演习内容:绝密级,目前尚未公开。

攻击手段:DoS、BOTNET、FISHING、黑客入侵、域名重放和电子攻击等。

演习场所:指挥部设在华盛顿,具体演习场所共 60 余处。

(2)演习目标

1)提升国家应急团队协作能力。

2)跨政府事件管理中心(IIMG)。

3)国家网络应急协调中心(NCRCG)。

4)提升政府内部及政府之间的协调响应能力。

5)国内:联邦政府 & 州政府。

6)国际:五眼联盟。

7)提升公-私部门之间的协同能力。

8)识别、定义可能影响应急、恢复能力的策略。

9)识别、定义关键网络安全信息共享的路径和框架。

10)提升对网络安全事件可能造成电力系统破坏的安全意识。

(3)演习场景设置

1)利用网络攻击(包括工业控制系统、网络、软件和社会工程学等手段)摧毁能源和交通运输基础设施组件。

2）利用网络攻击破坏联邦政府、州政府及五眼联盟政府网络。

（4）演习安排

"网络风暴Ⅰ"演习从 2006 年 2 月 6 日至 10 日，共 5 天时间，其间攻守两方会各有具体职责安排，如图 6-2 所示。

● 图 6-2 "网络风暴Ⅰ"演习安排

在这 5 天攻防对抗中，攻守双方在 54 个场景中（包括运输、电信、能源、IT、州政府和五眼联盟）演练不同层面的协同应急响应能力，具体如图 6-3 所示。

（5）重要发现

1）联邦政府内部应急响应团队协作十分重要（IIMG & NCRCG）。

2）制定业务连续性预案（BCP）及常态化风险评估工作十分重要。

3）政府与私营机构之间的协同、信息共享十分重要。

4）需要建立通用的应急响应和信息获取框架。

5）需要进一步优化应急响应体系中的过程、工具和技术。

3. 网络风暴Ⅱ演习（CyberStorm Ⅱ）

（1）基本情况

演习时间：2008 年 3 月 10 日至 14 日（共 5 天）。

组织单位：国土安全部（DHS）、国家网络安全局（NCSD）。

演习目的：提升联邦、州、国际政府及私营部门之间应对网络空间重大攻击事件的应急响应能力。

参演方：五眼联盟成员、14 个联邦部门、7 个州政府、2 个国家实验室、6 个电力公司、2 个民航公司、3 个铁路公司，以及 9 个行业信息共享和分析中心。

演习内容：绝密级，目前尚未公开。

攻击手段：较网络风暴Ⅰ演习，加入物理攻击手段。

演习场所：指挥部设在华盛顿（国土安全部、特情局、DHS、USSS）。

（2）演习目标

在目标设置上，本演习相较网络风暴Ⅰ演习，区别如下。

1）更加注重国际政府之间的应急响应协调能力演练。

2）更加注重态势感知、响应、恢复等关键信息分享机制的建立。

3）更加注重尝试敏感、涉密信息分享的安全机制设立。

（3）演习场景设置

本次演习主要围绕以下 3 个想定的场景进行设置。

1）互联网中断。

2）通信中断。

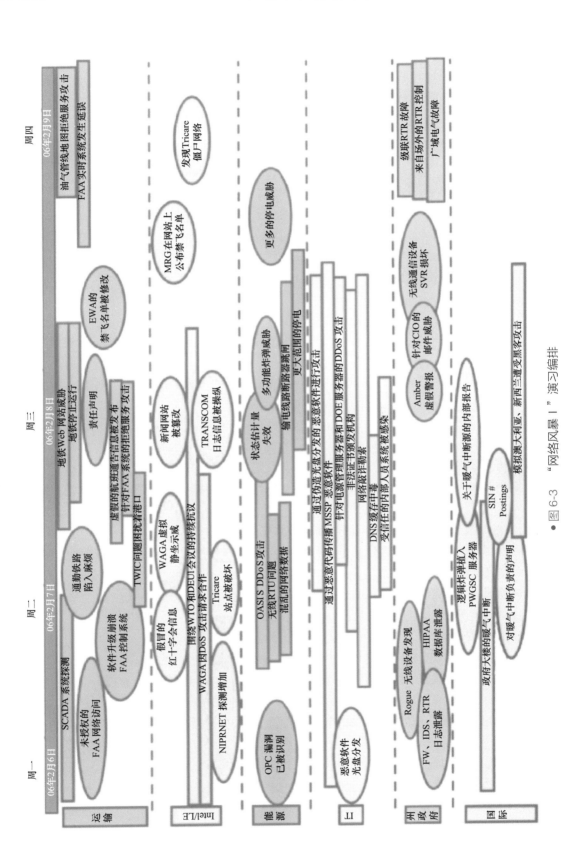

● 图 6-3 "网络风暴 I" 演习编排

3）工业控制系统问题。

（4）演习计划

本演习共经过了 18 个月的计划编制，具体见表 6-1。

表 6-1　网络风暴 II 演习（CyberStorm II）日程表

日　　期	内　　容	描　　述
2006 年 12 月	概念设计	设定演练范围、目标及相关组织框架
2007 年 3 月	初始计划开发	确定参演单位、基本场景
2007 年 7 月	中期计划开发	确定主要场景及场景细节设计任务
2007 年 12 月	全部计划开发	开发详细跨部门工作时间进度表，定义通信路径和数据收集需求
2008 年 1 月	演练场景开发	演练场景开发完毕，并进入预演练（PRE-EX）阶段
2008 年 2 月	预演练阶段（PRE-EX）	开始进行内部演练测试

（5）重要发现

在网络风暴 I 演习制定预案、跨部门协同和信息共享等重要发现的基础上，又提出了如下结论。

1）不同部门之间必须深入理解对方的角色、责任和需求，从而促进预案成熟度的提升。

2）物理和网络具有互依赖性（破坏物理特性会影响网络功能，破坏网络功能会造成物理损伤）。

3）明确单位的角色和责任的边界（行业协调委员会、信息共享和分析中心、US-CERT、ICS-CERT、国家网络响应协调中心等单位职责模糊不清，会严重降低应急响应的效率）。

4）良好的策略和程序是跨部门协同和信息共享的关键。

5）大规模网络攻击事件的公共事务处理，需要联邦政府、技术专家和行业机构的合作，从而有效地教育、通知和指导公众。

4. 网络风暴 III 演习（CyberStorm III）

（1）基本情况

演习时间：2010 年 9 月 27 日至 10 月 1 日（共 5 天）。

组织单位：国土安全部（DHS）、国家网络安全局（NCSD）。

演习目的：提升联邦、州、国际政府及私营部门之间应对网络空间重大攻击事件的应急响应能力。

参演方：12 个国际政府机构、12 个联邦部门、13 个州政府和 60 家私营企业（2000 余人）。

演习内容：绝密级，目前尚未公开。

攻击手段：较网络风暴 I 演习，加入物理攻击手段。

演习场所：指挥部设在华盛顿。

（2）演习目标

本次演习是国家网络安全通信整合中心（NCCIC，美国国土安全部下属机构）成立后的第一次演练，是对其协调组织能力（US-CERT、ICS-CERT 均为其子部门）及相关计划（如国家网络事件应急响应计划 NCIRP 等）可行性的一次检验，主要目标如下。

1）演练"国家网络事件应急响应计划"（NCIRP）。

2）演练针对网络事件，美国国土安全部（DHS）的整体职责、角色。

3）演练跨机构间的信息共享事务。

4）演练跨机构间的行政、技术协调事务。

（3）演习计划

演习计划见表 6-2。

表 6-2　网络风暴 Ⅲ 演习（CyberStorm Ⅲ）日程表

日　　期	内　　容	描　　述
2009 年 6 月	概念设计	设定演练范围、目标以及相关组织框架
2009 年 10 月	初始计划开发	确定参演单位、基本场景
2010 年 1 月	中期计划开发	确定主要场景及场景细节设计任务
2010 年 6 月	全部计划开发	开发详细跨部门工作时间进度表，定义通信路径和数据收集需求
2010 年 9 月	正式演习	正式演习阶段（共 5 天）
2010 年 10 月	演练总结阶段	10 月 15 日，DHS 组织进行总结

（4）演习场景设置

1）互联网场景：互联网关键更新服务被攻陷（如微软周二补丁更新、各种数据源等）。

2）关键基础设施场景：能源管理系统（EMS）被攻陷（可以通过设置逻辑炸弹的形式）。

3）关键基础设施场景：化学和运输类行业订单系统被攻陷，影响生产和货物运输。

4）联邦政府场景：阻碍联邦政府正常网络功能（如通过 DDoS），并发布虚假信息。

5）国际合作场景：模拟澳大利亚和加拿大遭受黑客攻击。

6）国防部场景：模拟感染病毒笔记本计算机接入国防部内部网络，从而攻陷国防部访问节点。

7）公共事务场景：随着攻击的深入，展开公众报道。

8）州政府场景：模拟黑客试图中断政府服务，并尝试获取敏感信息（如身份信息等）。

（5）重要发现

1）国家网络事件应急响应计划（NCIRP）提供了事件响应框架，不过成熟度仍需要提升。

2）私营部门之间的响应合作已经比较默契，公私营机构之间的合作仍然需要提升。

3）需要在所有利益相关方之间共享一个态势感知图谱，从而支持决策，这被称为通用操作图（COP）。

4）需要在所有利益相关方之间维护一个国家网络风险警告级别（NCRAL），从而保障对不同程度安全事件的合理影响。

5）政府、私营部门及公众都应该依靠国家发布的及时、准确和可操作的网络安全预警，实现对其自有网络威胁的管理。

5. 历届网络风暴的对比

自"网络风暴Ⅰ"至今，已举行 8 届，每一届都是上一届的迭代，在演习意图、场景任务和组织规模等多个方面都有发展，对比见表 6-3。

表 6-3　历届网络风暴演习对比

演习名称	时　间	特　点	规　模
网络风暴Ⅰ	2006 年	首次由政府主导的全面网络演习	覆盖联邦、州/地方政府及私营部门的 115 个组织
网络风暴Ⅱ	2008 年	注重个人应对能力和领导决策能力；新增物理攻击手段	五眼联盟、18 个联邦内阁级机构和 9 个州
网络风暴Ⅲ	2010 年	重点关注国家级框架的响应，首次对国家网络安全协调中心能力实施了实战测试	全政府参与，11 个州、12 个国际合作伙伴、50% 以上的私营部门合作伙伴
网络风暴Ⅳ	2011—2014 年	避免和 2012 年国家级演习 NLE2012 重复，从 2011 年底至 2014 年初，其间设计了 15 项规模较小但重点突出的演习活动	来自 16 个州、11 个国家和 14 个联邦机构的 1250 多名参与者
网络风暴Ⅴ	2016 年	回归到网络风暴Ⅰ-Ⅲ的顶峰分布式演习形式 在网络风暴演习系列中，该演习首次由医疗保健和公共卫生部门及商业设施（零售子部门）专门参与。信息技术和通信部门也在此次演习中发挥了重要作用 来自执法、情报和国防界的联邦机构和组织也参加了演习 8 个州作为正式参与者参加，其他州通过多州情报和分析中心（MS-ISAC）参与	全球 100 多个组织、1200 多名参与者
网络风暴Ⅵ	2018 年	对影响非传统 IT 设备的重大网络事件进行了联邦、州、私营部门和国际响应 将新的利益相关者纳入演习，包括关键制造新的行业和一个新行业组成部分——汽车 提高了对迅速扩大的网络攻击形势及对影响物联网（IoT）和运营技术（OT）设备的事件响应的细微差别的认识	新的关键基础设施（重点是制造和交通运输行业）合作伙伴加入演习，包括信息技术和通信部门的参与；执法、国防和情报机构；州和地方政府；国际合作伙伴
网络风暴Ⅶ	2020 年	对针对互联网基础核心服务的重大网络事件进行了联邦、州、私营部门和国际社会的响应 计划在以下关键基础设施部门的组件中执行事件响应：化学、商业设施、通信、关键制造、能源、金融服务、医疗保健和公共卫生、信息技术（IT）及运输系统 测试了参与的州和地方政府通过多州信息共享和分析中心（MS-ISAC）响应网络事件和协调的能力 组织获得了确定分布式通信和协调流程的改进机会	规模再次扩大，包括来自关键基础设施部门的 210 多个组织的 2000 多名参与者，在远程环境中执行事件响应程序

（续）

演习名称	时 间	特 点	规 模
网络风暴Ⅷ	2022 年	检查网络事件响应的各个方面，包括针对关键基础设施的协同网络攻击的潜在及实际物理影响 为组织提供独特机会以评估其内部网络事件响应计划，同时也能与联邦、州和私营部门级别的组织进行协调 参与者共同确认需要改进的领域，以加强美国国家网络弹性	1000 多名参与者，分布式参加

6. 总体分析

从 2006 年的"网络风暴Ⅰ"演习以来，美国将"网络风暴"系列演习作为重要的手段，全方位加强网络空间安全能力，其活动意图，在保证"提升应对网络空间重大攻击事件的应急响应能力"的总体目标保证不变的基础上，包含了一系列由当时国际关系、自身认识、外部需求等造成的特点，具体如下。

（1）事件触发，推动演习进程

美国从 2001 年开始推动了一系列的国内、国际事务快速发展，其中就包括策划有"国际联合反恐演习"味道的"网络风暴系列演习"。这也为其后续逐步发展"网络北约"提供了一个基本的平台。

（2）立法保障，铺平法律基础

开展"网络风暴系列演习"的一段时期，美国先后通过了多部立法（如《爱国者法案》《外国情报共享法案》《关键基础设施和重要资产物理保护国家战略》等），从而为"网络风暴系列演习"提供了基本的法律依据，并进一步推进了国家间情报共享机制的建立。

（3）逐步深入，"网络北约"呼之欲出

国际参演单位从"网络风暴Ⅰ"演习的五眼同盟，发展到 2010 年 9 月"网络风暴Ⅲ"演习的 12 个伙伴国家（包括英国、加拿大、澳大利亚、法国、德国、匈牙利、日本、意大利、荷兰、新西兰、瑞典和瑞士）。

美国一直在推进网络空间领域的情报共享工作，利用其在技术领域的领先，先后推出了网络威胁情报共享协议（STIX、Cybox、TAXII），并准备推广到国际标准化组织 OASIS，从而实现"网络北约"的情报共享。

（4）重在协同，促进网络联合防御

与传统攻防演练比赛（如 DEFCON 及各种 CTF 大赛）注重个人能力与对抗技术有所不同，网络风暴系列演习更加聚焦于组织协同、情报共享、公共事务处理等方面的内容，这更加符合军事演习的一贯风格。

此外，需要注意，在网络风暴的背后，政府的主导性发挥了极其重要的作用：

1）协调多方参演：从网络风暴Ⅱ开始，美国协调全球多国多机构参演，包括五眼联盟和其他国家，一定程度上能发现更多安全问题，提升了攻防演练的有效性。

2）前期立法铺垫：美国先后颁布了大量保障关键基础设施的法律文件，如《国家基础设施保护计划》《提高关键基础设施的网络安全》《提高关键基础设施的安全性和恢复力》

等，此外还推出了网络威胁情报共享协议（STIX、Cybox、TAXII），成立网络威胁情报共享国际标准化组织 OASIS，为攻防演练的开展提供了支撑。

从这个角度也可以看出，美国已经把网络空间纳入其国防体系中进行统筹规划了。

6.1.2 锁定盾牌

Locked Shields 即"锁定盾牌"（简称"锁盾"），是由北约组织的国际性网络安全实战演习。这场没有硝烟的虚拟网络战是全球最具影响力、规模最大、最复杂的国际性实战网络防御演习之一。对于网络靶场举办攻防演练活动，具有很高的参考价值。

1. 组织背景

"锁盾"演习的主办方为北约，具体组织机构为北约合作网络防御卓越中心（The NATO Cooperative Cyber Defence Centre of Excellence，CCDCOE）。该机构位于爱沙尼亚的首都塔林（著名的网络安全国际法《塔林手册》便以此为名），在成立之后的第 2 年（即 2010 年）便开始策划"锁盾"年度演习，至今已举办了 12 届，其目的是为北约各国网络防御专家提供保护国家信息技术系统和重要基础设施的演练机会，同时评估大规模网络攻击对民用和军事领域的 IT 设施与信息系统所造成的影响。

2. 参与国家

"锁盾"演习的国际性是其重要特色。最开始仅有少数几个北约成员国参加，随着演习知名度的提升与影响力的扩大，参与国家逐年增多，近年已覆盖北约大部分成员国，并且也不限于北约成员国参加了，比如，2018 年澳大利亚便在塔林设立了临时大使馆，亲临现场作战。

3. 合作方与参演方

"锁盾"演习的合作方包括北约通信和信息局、爱沙尼亚国防部与国防军、北约网络靶场 CR14 中心、美国国防创新机构、新加坡科技设计大学 iTrust 研究中心、欧洲反混合威胁卓越中心、北约战略通信卓越中心、欧洲防卫局、太空信息共享与分析中心、美国联邦调查局（FBI）、芬兰 VTT 技术研究中心、北约建模与仿真卓越中心等官方组织，以及西门子、爱立信、微软、思科、Palo Alto Networks、Stamus Networks、Sentinel、TalTech、Atech、Avibras、STM、Bittium（芬兰）、Arctic Security（芬兰）、Clarified Security（爱沙尼亚）和 SpaceIT（爱沙尼亚）等众多公司。

此外，演习合作机构金融服务信息共享和分析中心（FS-ISAC）专门召集了一个方案专家计划小组，其成员包括国际清算银行（BIS）网络弹性协调中心（CRCC）、万事达卡（Mastercard）、NatWest 集团和 SWITCH-CERT。

"锁盾"演习的参演人员规模很大。2018 年即有来自 30 多个国家的 1000 多名"网络战士"参与，2022 年约有 2000 多名网络安全专家和决策者参与演习。参加演习的国家将扮演不同的角色，除了最主要的蓝队和红队外，还有白队、绿队等，角色各不相同，如图 6-4 所示。

1）蓝队：防御方，需要保护一个预先建立的、含有漏洞的网络。每组蓝队都会配备 1~2 名法律顾问，即法律组。

2）红队：攻击方，任务主要是入侵或干扰蓝队的系统。红队预先知道蓝队系统的漏洞，并允许在演习开始之前扫描蓝队的网络以发现更多漏洞。

　　3）白队：负责整个演习的组织工作。制定演习目的、场景，与红队一起开展攻击活动、编写规则。

　　4）绿队：负责准备演习的技术设备与演练设施。

　　5）黄队：负责搜集、分析演习的信息，并向指挥控制室同步最新的演习情况。

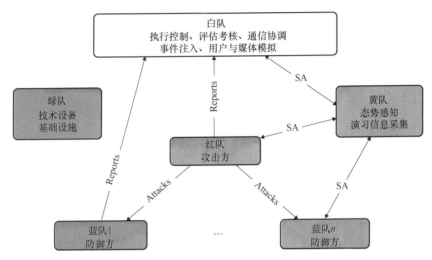

●图 6-4　"锁盾"演习中的角色分工

4. 场景设定

　　"锁盾"演习的想定场景以虚构岛国"贝里里亚（Berylia）"的主要军事和民用 IT 系统遭受了协调性网络攻击为背景，该国军事防空、卫星任务控制、水净化、电网以及金融体系的运行均遭受重大破坏。演习涉及约数千个虚拟系统（见图 6-5），这些系统遭受了频繁而严重的网络攻击。在 2021 年的演习中，演习目标首次引入卫星任务控制系统，该系统的功能是为军事决策提供实时态势感知能力支撑。

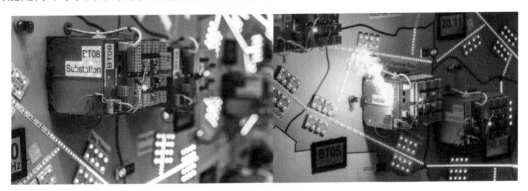

●图 6-5　"锁盾"演习中的工控靶标

　　演习的性质是红蓝队对抗演习，蓝队负责帮助"贝里里亚"处理大规模网络事件，每个团队除维护 150 多个复杂的 IT 系统外，还必须高效地报告事件，执行战略决策，解决取证、法律和媒体方面的挑战，以及应对敌对信息行动。

上述场景需要参与团队能快速适应并随时应对多种复杂的网络攻击，为各国提供在安全环境中实际测试其指挥链的机会，考验了相关国家保护重要服务和关键基础设施的能力，为战略决策者和网络防御者提供了研究各国 IT 系统之间相互依赖关系的平台，在一定程度上满足了技术专家、民间和军事参与者与决策层之间日益增长的对话需求，如图 6-6 所示。

● 图 6-6　"锁盾"演习满足多层次网络安全对话需求

演习组织者会为战略决策要素设定各种挑战科目。在 2021 年的演习中，金融服务部门被突出为敌人攻击的媒介，通过演习检验不断发展的创新技术将如何影响未来的冲突，如人工智能引发的深度伪造（Deepfake）等问题，以及如何克服不同时区分布对世界各地团队协调指挥工作的挑战。

5. 演习平台

"锁盾"演习所使用的平台是名为 CR14 的北约网络靶场（见图 6-7）。该靶场建在爱沙尼亚的北约合作网络安全演习和培训中心，该中心在国防部的领导下运作，CR14 作为北约加强网络领域核心任务的重要设施，为爱沙尼亚国防军、北约网络靶场及盟友和合作伙伴提供服务。

● 图 6-7　"锁盾"演习使用的 CR14 网络靶场

CR14 的电路板地图描绘了一个虚构的岛屿（见图 6-8），其上的街道被称为"区块链街""麦金塔街"。一名手持笔记本计算机的士兵按下按钮，就会在电路板上发射火花，使发电机发出亮红色的闪光，同时警报声越来越大。这是网络靶场中对某国电力基础设施遭受网络攻击事件的直观展示，而在现实生活中，网络攻击则不可能这么直观。此时的网络攻击对关键信息基础设施的破坏可以是毁灭性的，如导致房屋断电。

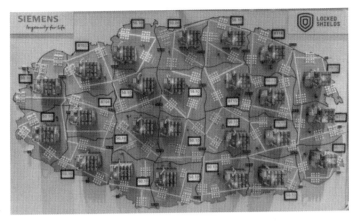

● 图 6-8　CR14 Wall 描绘的一个虚构岛屿

上述场景是网络安全攻防演习中的一个模拟场景，它发生在位于爱沙尼亚首都塔林的北约网络士兵训练场。

在北约网络靶场 CR14，每年都有来自 30 多个国家的数百名现场指挥官接受如何防止网络攻击的能力培训。其所在的三层建筑内，一楼提供创新展示，二楼用于技能培训，三楼是真正的靶场所在地，对人员出入有严格管控。

CR14 于 2021 年进一步启动了一个名为"开放网络靶场（Open Cyber Range，OCR）"的项目，将持续到 2024 年 2 月。项目发起人为爱沙尼亚国防部，OCR 涉及 CR14 基金，由挪威绿色 ICT 项目资助，预算为 330 万欧元，计划支持爱沙尼亚和挪威在绿色产业创新、信息技术和福利技术方面的合作。

网络靶场是一种专用的虚拟环境，网络安全人员可以在其中研制试用创新工具和功能来应对未来的安全威胁。虽然市场上已经有商业网络靶场产品，但爱沙尼亚国防部及其合作伙伴希望构建一个新环境，用于试验中小型企业、工业行业和科研机构开发的工具。OCR 的不同之处在于，其包括不属于标准云服务（如亚马逊云）的工具和产品。此外，特定的威胁（如计算机病毒）不能部署在商业网络中，但 OCR 可以支持快速测试和验证环境的设置。另外，学术组织和行业用户能够向 OCR 库引入随时部署的工具，这将允许他们创建特定环境来测试其产品的功能。

6.2　行业演练

本节重点介绍能源行业的 GridEx 演习，从中可以考察该演习项目的场景组成与执行过程，以及看到一场演习可以如何基于各项成果为行业客户给出有益的建议。

6.2.1　GridEx 演习的背景与目标

电力系统是现代社会结构的关键组成部分，其可靠性、安全性对国家安全至关重要。北美 GridEx（电网安全演习）以范围最广的电网安全演习著称。通过演习，北美电力可靠性协会（North American Electric Reliability Corporation，NERC）发布"北美电网故障"演习报告，对电力行业、跨部门合作伙伴和政府提出网络安全行动建议。

1. GridEx 演习的背景

电力可靠性组织（Electric Reliability Organization，ERO）是美国致力于确保电力系统安全、可靠的组织，由北美电力可靠性协会和六大区域实体（Regional Entities，RE）组成（见表 6-4），ERO 的愿景是建立一个高度可靠和安全的北美大容量电力系统（Bulk Power System，BPS）。

表 6-4　GridEx 参演单位

地区/组织	说　明
MRO（Midwest Reliability Organization）	中西部可靠性组织
NPCC（Northeast Power Coordinating Council）	东北部电力协调委员会
RF（ReliabilityFirst）	ReliabilityFirst 公司
SERC（Southeastern Reliability Corporation）	东南部可靠性公司
Texas RE（Texas Reliability Entity）	德州可靠性公司
WECC（Western Electricity Coordinating Council）	西部电力协调委员会

为了提高电力行业的安全性和恢复力，NERC 于 2019 年 11 月 13 日至 14 日在北美举行了第五次两年一次的 GridEx，分两天进行。自 2011 年以来，经过一段时间的发展，GridEx 已经在战略、运营和战术层面上演进到关注工业、政府、电力可靠性组织和相互依赖的关键部门之间的安全协作与信息共享。同时，参与人数变多且各级参与者多样化，意味着对于工作的重视。

2. GridEx Ⅴ 演习目标

2020 年，GridEx V 由 NERC 的电力信息共享和分析中心（Electricity Information Sharing and Analysis Center，E-ISAC）领导，是迄今为止地理范围分布最广的电网安全演习。GridEx V 的目标及达成情况概述见表 6-5。

表 6-5　GridEx Ⅴ演习目标达成情况评估表

序　号	目　标	达成情况
1	执行事件响应计划	达成
2	扩大地方和区域响应	达成
3	建立关键的相互依赖的密切关系	达成
4	增加供应链参与	部分达成
5	促进沟通	达成
6	总结经验教训	达成
7	加入高层领导	达成

其中，增加供应链参与目标部分达成，虽然参与供应商的数量可能更多，但只有三大电力行业供应链供应商正式注册了 GridEx Ⅴ。

6.2.2　GridEx Ⅴ的场景组成与执行

GridEx Ⅴ演习模拟了一个场景,在美国东北部和加拿大安大略省南部的电网遭到严重的网络和物理攻击之后,美国和加拿大的首席执行官和行政人员与政府官员合作,讨论恢复电网所必需的非常操作措施,确定修复优先事项,实现与天然气和电信行业的"统一努力",并确保与加拿大当局的适当协同。这些建议可以帮助两国政府和工业界在事件发生时加强行动协同。

为确保合理关注跨多个行业层次的各种目标,演习设计师划分了管理层桌面会议和分布式演习场景执行两部分,以最大限度地提出建议和意见,并实现对公共事业网络和物理安全准备至关重要的培训目标。

1. 管理层桌面会议

GridEx Ⅴ管理层桌面会议与分布式演习场景执行分开进行,目标是让行业和政府高级领导人全面讨论保护和恢复大 BPS 可靠运行所需的特殊运行措施,为此 GridEx Ⅴ制定了五大目标,讨论了安全和电力可靠性挑战、与其他关键基础设施的相互依赖性以及与政府机构的协同,这在历史上是第一次。会议围绕针对公共控制系统的网络攻击、针对主要发电和输电设施及天然气输送的物理攻击、针对网络攻击和人身攻击的影响(包括影响大型人口中心的大面积和长时间停电)、多组织的响应行动和协同(包括电力公司和其他关键基础设施部门,如供应链、E-ISAC、执法部门和政府机构)等场景设计了三个阶段来模拟工业和政府如何应对复杂、协调良好的网络和物理攻击场景。

第一阶段:美国东北部和加拿大安大略省南部在第一个小时内发生大面积、无法解释的停电事故。

第二阶段:美国东北部和加拿大安大略省南部地区的电力中断持续存在,其他重要基础设施也受到影响。

第三阶段:在第一天恢复部分电力供应后,采取了非常措施,但基础设施的严重中断依然存在。

2. 分布式演习场景执行

在 GridEx Ⅳ中,分布式规划取得了成功。在此基础上,NERC 鼓励规划者定制演习基线场景以满足其组织的需求。不同组织需要不同的规模和准备水平,因此分布式规划的方法非常适合。组织能够根据基准情景确定自己参与的范围和程度,并推动在演习期间将经历的活动。规划者决定他们的组织是以"积极"还是"观察"的方式运作,他们的组织将经历哪些物理或网络攻击,以及在演习期间将与哪些其他参与组织协同,使得每个组织能够根据其角色、可用资源和真实的运作环境参与,而不会造成巨大的后勤和通信障碍。

GridEx Ⅴ计划团队于 2019 年 11 月 13 日至 14 日在弗吉尼亚州麦克莱恩的演习控制设施的中心指挥分布式演习。规划小组监督和监测演习工具的状况,以确保它们在整个演习期间保持运作。基线场景时间线图说明了整个演习期间的一般电网可靠性水平,如图 6-9 所示。

1)第 0 步:演习在开场为各参与方提供了信息,表明针对电力行业的网络和物理安全威胁正在增加,尽管没有信息确定目标设施。各种报告指出,欧洲输电运营商经历了一次网络攻击引发的系统干扰,影响了 10 多个国家,包括至少一次影响电力公司的网络攻击。来自 E-ISAC、FBI 和 DHS 对电力行业的报告表明，对手正积极地对北美的电网、电信和天然气设施进行网络和物理侦察。对手资源充足，拥有相当多的技术知识、技能和动力。

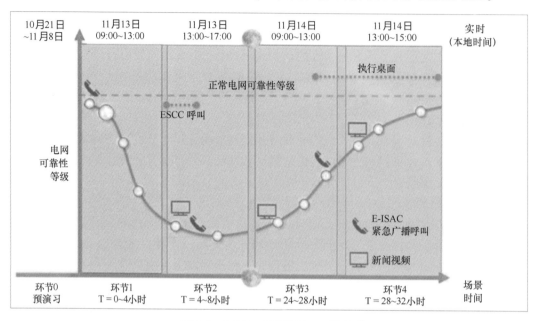

● 图 6-9 GridEx V 网络演习时间编排

2）第 1 步：2019 年 11 月 13 日上午，E-ISAC 通过 E-ISAC 演习门户发布了一个关于关键广播节目（CBP）呼叫的通知，告知玩家由于北美电力行业的威胁报告明显激增，可能对电网构成迫在眉睫的威胁。E-ISAC 共享了有关针对工业控制系统的主动恶意软件活动的信息。公用事业公司报告了其运营技术网络中的异常行为，其他公司报告了物理监视活动和小规模物理攻击。公用事业运营商报告其控制系统存在严重问题，并怀疑有网络入侵危害了它们。运营商已经受到发电不足的挑战，失去了态势感知能力，转而采用人工方法来监控和操作电网。更严重的人身攻击通过直接攻击和燃料供应中断破坏了发电、输电和配电设施。电网运营商减少了用户负荷，避免了可能导致互联范围大停电的连锁停电。

3）第 2 步：用一段预先录制的模拟媒体报道视频描述了这次演习中的攻击和停电范围（见图 6-10）。媒体在报道超过 500 万户停电家庭时，依靠未经核实的报道和社交媒体信息。ESCC 秘书处与联邦政府合作伙伴（即能源部、国土安全部和联邦调查局）及发挥受影响实体作用的两个公用事业单位举行了一次工作人员级协调电话会议。在这一呼吁之后，经济、社会和文化委员会的联合主席与成员、受影响实体的领导层和联邦政府高级官员举行了一次行政级别的电话会议，以分享有关情况的信息并协调公共信息。电子安全援助委员会进行了一次 CBP 电话会议，分享迄今为止工业和政府

● 图 6-10 GridEx V 网络演习中的模拟新闻广播

伙伴所报告的情况,并为各组织提供下一步行动。对手继续使用社交媒体来描述他们的成功。电力公司高管和政府回应了客户和媒体的要求,告诉他们发生了什么,以及正在做什么来确保公共安全和恢复电力。

4)第 3 步:从另一个预先录制的媒体报道视频开始,该视频描述了前一天发生的攻击和断电事件。在这一点上,NERC 和 DHS 对新闻媒体做出回应,因为对手在后续协调攻击中继续对抗电力基础设施。一个新的 E-ISAC CBP 呼叫分享了来自 DHS 的关于恶意软件活动细节的新信息,并建议了缓解措施。停电的影响继续扩大,没有电力或备用发电机燃料供应的水处理厂停止运转。幸运的是,电信服务已基本恢复。人身攻击仍在继续,这次是针对燃煤发电厂、输电塔和配电变电站。网络攻击仍在继续,其中包括利用互联网上现成的黑客工具进行明显的模仿攻击。对手和受影响公众在社交媒体上发表的帖子继续引发焦虑和恐惧。

5)第 4 步:用最后一组预先录制的媒体报道强调了工业界和政府是如何合作恢复权力的。工业控制系统供应商发布了修复受感染系统所需的修补程序,而实用程序则致力于在其生产系统上安装修补程序。物理攻击变得不那么频繁,为公共设施提供了评估情况、确定行动优先级和开始恢复运行所需的修复的机会。公用事业公司要求互助伙伴通过传统和网络互助(CMA)网络为电网恢复工作提供支持。

在第 4 步结束时,规划人结束了演习并且回顾了演习的情况,回答了队员们提出的问题,以及开始总结经验教训。虽然演习是由每个组织单独进行的,但演习中的玩家可以在 SimulationDeck 上进行交互。SimulationDeck 是一个在线平台,托管了模仿互联网社交媒体以及电视、报纸和广播等传统媒体的应用。为了提高真实的训练价值,使玩家能够像在实际活动中一样报告和分享信息,GridEx V 计划人员为玩家创建了对手和客户的个人资料,让他们可以在整个训练过程中发布自己的新闻稿和社交媒体帖子。

6.2.3 GridEx V演习形成的意见与建议

GridEx V演习的最终目标是基于实际演习情况的分析总结,对相关的政府部门、行业机构及其合作伙伴提出安全建议。

1. 管理层桌面会议参与者

来自电力行业、跨行业合作伙伴和政府的 100 多名高管和员工出席了此次高管会议。电力行业参与者包括来自美国和加拿大公共和投资者所有的公用事业、合作社和独立系统运营商的首席执行官和首席运营官,来自其他关键基础设施行业的参与者(包括天然气和电信行业及一家主要从事自动化、保护和控制相关产品的制造商等代表),来自下列部门和机构的美国联邦政府高级官员也出席了会议。

1)白宫,国家安全委员会(NSC)。

2)能源部(DOE)。

3)国土安全部(DHS)。

4)网络安全基础设施安全局(CISA)。

5)运输安全管理局(TSA)。

6)联邦应急管理局(FEMA)。

7)国防部(DoD)。

8）联邦调查局（FBI）。

9）联邦能源管理委员会（FERC）。

2. 分布式演习参与者

526 个组织的 7000 多名参与者参加了 GridEx Ⅴ，相比参加 GridEx Ⅳ 的 450 个组织和 6000 名参与者有所增加。虽然大部分参与者仍然来自 E-ISAC 支持的电力公司，但两个参与者在相互依存的行业中有所扩大，包括天然气公用事业、水公用事业和电信公司。政府组织的参与也有所增加，GridEx Ⅴ 统计了来自美国、加拿大、墨西哥、新西兰、澳大利亚和英国的参与组织。

3. 意见和建议

首先，根据管理层桌面会议讨论，为电力行业提出如下建议。

1）确保电网应急响应和恢复计划考虑到国家安全紧急情况的复杂性，并描述与联邦、州或省级当局的配合。

2）将天然气供应商和管道运营商纳入恢复计划和演习。

3）加强与通信供应商的协调，以支持修复和恢复，并提倡 6kMHz 频谱的持续可用性。

4）与美国能源部（DOE）就根据《联邦电力法》第 215A 节发布的电网安全紧急（GSE）命令的设计、发布和责任保护达成共识。

5）确定关键供应链要素，并考虑为最关键的组成部分制定共享库存计划。

6）继续扩大对电力分部门协调委员会（ESCC）网络互助（CMA）计划的参与。

7）继续加强美国和加拿大之间的经营性行业和政府协调。

其次，根据分布式场景演习观察，给出如下建议。

1）灵活的场景结构使演习计划人员能够定制他们的 GridEx 体验，并最大限度地学习改进他们组织的事件响应准备和能力，建议如下。

- 演习计划者继续定制情景以满足自己的学习目标。GridEx 应继续认识到参与公共事业的不同需求，并提供额外的场景示例，以说明 GridEx 如何与其功能实体角色（如传输运营商、发电机运营商和配电实体）相关。

- 规划者应考虑如何通过决定他们希望在组织内执行哪些操作流程来定制场景。明确的操作目标将有助于规划人员决定使用哪种网络或物理安全方案。

2）早期的计划可以让计划人员从场景的灵活性中受益，但是后来加入的计划人员很难为演习做好充分的准备，建议如下。

- NREC 至少在演习执行前 6 个月继续向规划者提供信息，使他们有最长时间准备好组织。

- NREC 应考虑公开一些规划文件。由于安全措施（如双因素身份验证和防火墙不兼容），一些组织在计划阶段难以访问文档。NERC 应该将一些演习文档指定为 TLP：WHITE 并将它们发布到 NERC 的网站上。这些公开提供的文件将使新组织更清楚地了解有效参与 GridEx 所需的承诺。

- NREC 应考虑建立一个"经验丰富的规划师"计划，将经验丰富的规划师与新的规划师配对，帮助他们掌握规划过程。随着 GridEx 成功完成多次迭代，许多经验丰富的规划师可以帮助新的规划师管理和优先考虑他们的规划职责。

- E-ISAC 将继续促进观察员与积极参与 GridEx 的组织之间的伙伴关系。

3）尽管许多公用事业公司使用 GridEx 来加强与 RCs、执法部门和政府机构的关系，但其他公司缺乏必要的资源来协调应对方案中的挑战。对未来 GridEx 演习策划者的建议如下。

- 鼓励 RCs 与他们领域的实体协作以协调场景开发。RCs 完全有能力将公用事业与当地政府资源和邻近的关键基础设施合作伙伴配对。
- 鼓励规划者向执法部门和应急响应人员寻求 GridEx 方面的支持。按照 GridEx 目前的格式，每个组织都应该像在实际事件中那样，与政府和跨部门事件响应合作伙伴进行协调。
- 规划者应加强公共事业政府的合作关系，如将美国国土安全部（DHS）的保护性安全顾问嵌入公共事业部门，或者与国土安全部观察中心和州融合中心联络。

4）GridEx 分布式场景演习和 GridEx 管理层桌面会议应在不同的日期进行，以便领导团队能够为其组织实现最大的培训价值。根据这一观察，NERC 将把桌面会议移到另一个独立于分布式场景演习的时间。

5）一些参与者被第 0 步搞糊涂或不知所措，建议如下。

- GridEx 计划团队将在未来的演习中巩固并缩短第 0 步，从三周缩短到一到两周。
- NERC 应在注册时提供选择加入选项，提供第 0 步 E-ISAC 演习门户通知。

6）对 GridEx 中的网络注入的反应绝大多数是积极的，参与者要求为 GridEx Ⅵ提供新的网络安全注入材料。基于这个观察，GridEx 计划将继续利用其与 DOE 和国家实验室的关系，寻求先进的网络培训能力，以促进更多的网络挑战。这种关系将使各组织能够寻求更具沉浸感的网络安全演习经验。

7）GridEx Ⅴ见证了危机沟通工具及其采用范围的扩大。根据这一观察，对未来的演习建议如下。

- GridEx 计划团队将把 GridEx 注册转移到一个独立的网站，而不是 SimulationDeck。这一举措将有助于玩家集中使用 SimulationDeck 作为演习危机沟通的手段。
- 公用事业演习规划者应考虑在通信玩家和其他演习玩家之间开发更多的交互，以增加通信和 SimulationDeck 游戏的相关性。例如，规划者可以组织公共领域的事件或威胁报告，使其与物理安全相关。通信参与者也可以分享其组织如何成功处理事件的相关经验。

8）E-ISAC 演习门户成功地成为公用事业和 RCs 的信息共享门户，但关键广播节目（CBP）协调呼叫访问在一些组织中造成了混乱。对于将来的演习，E-ISAC 应考虑通过多种方式进行 CBP 通信，如发布到 E-ISAC 门户的预先录制的简报、创建安全"播客"或实时拨号功能。

9）ESCC 使用 GridEx Ⅴ Distributed Play 成功地测试了一系列新的员工和执行层协调，这些调用将在无通知事件开始时使用，并激活 CMA 程序。根据这一观察的建议如下。

- 电气实体应考虑预先确定一名新闻干事和一名业务负责人，以便在 ESCC 秘书处提出要求时参与工作人员一级的协调电话，作为其事故应对规划方案的一部分。这些协议应考虑到，对于包括 ESCC 领导层和联邦政府高级行政人员在内的一些电话，可能需要行政级别的参与。
- NERC 和 E-ISAC 应该考虑开发 GridEx Ⅵ分布式游戏的一部分，该部分将具有多个电力实体使用的通用场景。演习的这一部分将有助于促进 ESCC 的参与，并使演习期间更容易集成和测试全行业的能力，如 CMA 和备用变压器计划。

6.3 应急演练

网络卫士（Cyber Guard）系列演习是由美国网络司令部、美国国土安全部和美国联邦调查局联合举办的一年一度的网络演习，演练主要针对美国关键基础设施在破坏性网络攻击下的全国一体化应急响应能力。

例如，2017年度美国"网络卫士"演习做了如下想定设计：在全国范围内，网络攻击引起水电站、航运港口和电力网等基础设施的系统中断，引发纽约证券交易所交易下跌。与此同时金融、政府等办公机构全部被入侵。一连串试图访问受保护数据的钓鱼邮件攻击也在同时进行，这种攻击引发了高级官员间的信任问题。在马里兰州政府举办的外国首脑会议遭遇暴力示威游行，同时突然爆发了针对关键信息基础设施的区域性网络攻击。为了恢复秩序，州政府被迫宣布进入紧急状态。

为了与"网络卫士"应急演练进行对比，本节也同时介绍了欧盟网络和信息安全机构（ENISA）组织的第五次泛欧网络危机演习。

6.3.1 第四届"网络卫士"演习的基本信息

美国"网络卫士"系列防御演习主要执行两阶段内容：第一阶段是演练政府支援私营部门保护关键信息基础设施，第二阶段是演练国防部支援联邦机构保护关键信息基础设施。演练重点始终围绕政府、企业和军队间应对网络攻击的协作能力展开。

1."网络卫士"演习的历史

2012年度"网络卫士"演习（Cyber Guard 12-1）的目的是为了促进联邦政府和州政府之间协调响应网络事件，探索利用国民警卫队的潜力——作为网络空间域的附能者和"力量倍增器"。

2013年度"网络卫士"演习（Cyber Guard 13-1）扩大了演习范围，作为一个协作性的战术级演习，重点是国家和州的防御性网络空间作战，国土安全部国家网络安全和通信集成中心（NCCIC）、联邦调查局都有参与。

2014年度"网络卫士"演习（Cyber Guard 14-1）提高了真实感，要求团队把信息报告给演习网络之外的州政府和联邦政府的网络中心。6个州联合行动中心（JOCs）、国土安全部国家网络安全和通信集成中心监视部门（DHS NCCIC watch floor）、联邦调查局网络特遣队，以及国家网络情报联合特遣部队（NCIJTF）都积极参与了整个演习。

2."网络卫士"演习（Cyber Guard 15）

此处以2015年度"网络卫士"演习为例对该演习情况进行介绍。

2015年度"网络卫士"演习（Cyber Guard 15）是这个系列演习的第四届，其范围已经扩大了，要求提高整个政府和私营部门的准备状态。

此外，私营部门也参与了该项演练，与国土安全部基础设施保护部门联系和项目部（DHS Office of Infrastructure Protection Sector Outreach & Programs Division）的协调，表明网络安全的准备和应对方法从"政府整体一致"转变为"国家整体一致"（Shift From a Whole-of-Government to Whole-of-Nation Approach）。

2015 年度"网络卫士"演习还提供了一个美国网络司令部评估网络任务部队的能力和战备的机会。

2015 年 6 月 8 日至 26 日，来自 100 多个机构（涵盖政府部门、学术界、产业界和盟友）的网络空间和关键基础设施操作员和专家参加了第四届年度"网络卫士"演习。美国网络司令部、国土安全部和联邦调查局共同领导了这次演习。参加者演练了如何对针对美国关键基础设施的破坏性网络攻击做出整体协调一致的响应。联合参谋部 J7（兵力发展）在弗吉尼亚州萨福克（Suffolk，VA）最先进的设施中举办了 2015 年度"网络卫士"演习，这些设施是为了支持各种军事试验和演习而设计的。

6.3.2 第四届"网络卫士"演习的执行情况

下面从目标设定、参与者、阶段划分、角色和职责 4 个方面介绍第四届"网络卫士"演习的执行情况。

1. 目标设定

第四届"网络卫士"演习设定了 7 个方面的活动目标。

1）提高保卫国防部信息网络、国防部数据并缓解国防部的任务面临的风险的能力。

2）支持国防部做好使命准备，保卫国家利益免遭受会产生重大后果的干扰性或破坏性网络攻击。

3）提高政府机构、私营部门和盟国合作伙伴之间共享态势感知的能力。

4）改进功能和流程，以快速检测和有效应对影响关键基础设施的干扰性/破坏性网络攻击，这需要国家整体协调努力。

5）加强政府、盟国和私营部门的伙伴关系。这种伙伴关系对于威慑和响应共同的威胁而言是至关重要的。

6）建立和维持国防部内进行网络空间作战的战备和能力。在演习中，网络司令部评估网络任务部队各分队的能力和战备情况。

7）继续努力在国防部中为网络空间力量建设一个持久性的训练环境。这种持续性训练环境包括一个封闭的演习网络、训练活动规划、管理和评估、现场专家假想敌部队（A Live Expert Opposing Force）和保障分布式参与的传输层。其他美国政府部门、盟国和其他伙伴可以使用这种持续的训练环境，将为全国性的全谱网络空间作战训练奠定基础。

2. 参与者

超过 1000 名参与者包括陆军、海军、海军陆战队、空军的现役部队、海岸警卫队、国民警卫队和预备役部队等，详情如下。

1）国土安全部、联邦调查局和美国联邦航空管理局（FAA）。

2）美国网络司令部的成员，包括联合作战中心、网络国家任务部队总部（Cyber National Mission Force Headquarters）、国防部信息网络联合部队总部（Joint Force Headquarters-DOD Information Networks，负责协调国防部信息网络的运维和防御），以及网络任务部队——在网络空间中的联合部队机动元素。

3）美国北方司令部、美国战略司令部。

4）17 个网络保护分队：网络任务部队的 3 个构成分队中的一种分队，网络保护分队被部署在美国各地，以支持各个国防部作战司令部、军种和机构。网络保护分队保护国防部信息网络，并帮助支持国防部的需求，提供情报、评估和现役能力，以保卫国家。

5）计算机网络防御服务分队（CND-SPS），来自陆军、海军、空军、海军陆战队和海岸警卫队。计算机网络防御服务分队提供初始保护、检测并响应网络事件。

6）来自16个州的国民警卫队。

7）军种构成司令部（陆军网络司令部、海军舰队网络司令部、海军陆战队网络司令部、空军网络司令部和海岸警卫队网络司令部）。

8）来自陆军、海军、海军陆战队和空军的预备役人员。

9）12个州的联合行动中心/紧急行动中心/融合中心（Joint Operations Centers/Emergency Operations Centers/Fusion Center）。

10）情报界的代表，包括美国国家安全局。

11）三家私营行业信息共享和分析中心，给各自的关键基础设施/关键资源（CI/KR）成员提供风险管理、事故预警和应对方面的信息。它们是金融服务信息共享和分析中心（ISAC）、电力行业信息共享和分析中心、多州信息共享和分析中心（Multi-StateISAC）。

12）第一个信息共享和分析机构（Information Sharing and Analysis Organization），代表16个关键基础设施部门中的8个。

13）金融和能源部门的私人行业合作伙伴。

14）国土安全部国家保护和计划局的网络安全和通信办公室下的国家网络安全和通信集成中心（The National Cybersecurity and Communications Integration Center，Office of Cybersecurity and Communications，National Protection and ProgramsDirectorate，DHS）。

15）国土安全部国家保护和计划局下的基础设施保护办公室（The Office of Infrastructure Protection，National Protection and Programs Directorate，DHS）。

参与者承担不同的工作角色，包括14个团队，他们提供训练、援助和建议给关键基础设施中常见的工业控制系统（ICS）的私营企业和国防部任务的所有者。动手操作的指令和演习场景在一个机密的（SECRET）封闭网络环境中进行，这个环境模拟国防部的和非国防部的网络。蓝军——"友军"——努力保护关键基础设施网络并对一系列事件做出反应。一个现场专家假想敌部队（OPFOR）扮演各样的对手破坏美国关键基础设施，如图6-11所示。

● 图6-11 "网络卫士"演习中的模拟攻击事件

3. 阶段划分

第1阶段：按照国家应急响应框架和国防部对民事当局的防务支持（The National Response Framework and Defense Support to Civil Authorities），联邦和州政府支持私人部门、市政联邦政府和州所属的重要基础设施/关键资源。

第2阶段：为联邦机构提供防御支持，包括美国联邦航空管理局。

第3阶段：有针对性地训练国防部的网络部队和联合网络总部的人员，并提供认证。

4. 角色和职责

保护和防御网络空间的美国关键基础设施的责任要求联邦、州政府和私营部门做出共同的响应。

在联邦政府层面，主要责任是由美国国土安全部、司法部（通过联邦调查局）、国防部共享的：

1）美国国土安全部负责联邦政府网络的安全，促进信息共享，通过战备和应对措施保护美国关键基础设施。

2）联邦调查局负责响应并调查网络事故。

3）国防部负责运维和防御国防部信息网络，保护美国国防部的数据，并实施国防部任务保障。保护美国本土和美国切身利益不受会产生重大后果的干扰性或破坏性的网络攻击。

州政府层面负责居民的公共卫生和福利。在"网络卫士"演习中，参与者利用了成熟的框架和方法以应对国内的事件，包括国防部为民事部门提供防务支持，以应对攻击美国关键基础设施的破坏性网络攻击的情形。

6.3.3　ENISA 的泛欧网络危机演习

欧盟网络与信息安全局（ENISA）是欧盟致力于在整个欧洲实现高度通用网络安全的机构，成立于 2004 年，致力于欧盟网络政策制定，推行网络安全认证计划，以提高 ICT 产品、服务和流程的可信度，加强欧盟机构与成员国之间的合作，帮助欧洲为未来的网络挑战做好准备。"赛博欧洲"演习是其重要的行动措施之一。

1. ENISA 与"赛博欧洲" 演习

自 2010 年开始，ENISA 启动代号为"赛博欧洲（Cyber Europe）"的泛欧演习计划。这是欧盟级别的网络事件和危机管理系列演习，每两年一届，专门针对欧盟和欧洲自由贸易联盟成员国公共和私营部门开展。"赛博欧洲"演习的基本形式是对大规模网络安全事件升级为网络危机的模拟，演习设定各种利用先进技术分析网络安全事件的任务，提出处理复杂业务连续性和网络安全危机的要求。

2. "赛博欧洲" 2018 与 2022 演习简介

ENISA 于 2018 年组织实施的第五次泛欧网络危机演习，主要模拟了 2018 年 6 月 6 日~7 日两天之内发生的超过 600 多个网络安全事件，造成大规模现实危机，从而发起艰巨的应急处置任务，如图 6-12 所示。

演习人员规模约有 900 人，来自欧盟 28 个成员国及欧洲自由贸易联盟（EFTA）成员国挪威和瑞士，分属政府公共机构和私营公司。

演习任务计划实施以下三个主要意图。

1）组织内部合理使用业务连续性和危机管理计划。

2）国家级合作和应急预案的使用。

3）跨国合作和信息交换。

此外，演习要求技术团队利用多种技术手段检验其网络安全技能（包括恶意软件分析、取证、移动恶意软件、APT攻击、网络攻击和物联网设备感染等）。通过模拟网络安全事件，提高不同角色（安全服务提供商、政府机构和受害者）

● 图 6-12　Cyber Europe 2018
网络危机演习的主题

之间的协作能力，使参与者真正理解，只有通过信息交流和协同，才能对网络安全极端情况做出有效反应，缓解危机。

演习为网络安全团队提供了一个绝佳的机会，促进他们增强实战能力和专业知识，以应对各种网络安全挑战。

参与组织的业务能力和实战技能在演习得到验证。如航空行业的非网络安全私营公司的参与团队成功分析了大多数事件，证明其技能具备较高水平。

演习表明，在某些情况下，真正的问题不是缺乏技能，而是 IT 安全的实际可用资源达不到所需的数量。

"赛博欧洲"演习通常每两年举办一次。从 2022 年春季延迟到夏季，但其规模依然保持了上一届的水平，参与者有来自欧盟成员国家、欧洲自由贸易区（EFTA）及欧盟各机构与部门的 800 多名网络安全专家，模拟了全球规模最大的网络危机，演习场景在往届基础上增加了欧洲医疗基础设施的模拟攻击。

"赛博欧洲 2022"在演习场景上实现了迭代升级。

第一天演习内容包括篡改实验室结果等虚假宣传活动，以及对欧洲医院网络发动攻击。

第二天演习的安全事件进一步升级为在欧盟范围内，有攻击者威胁将发布个人医疗数据，而另一个团队则在网上散布植入式医疗设备存在漏洞的谣言。

此次演习测试了各参与方的事件响应能力，以及欧盟各机构与欧洲计算机应急响应小组（CERT-EU）、欧盟网络与信息安全局（ENISA）合作提高态势感知能力的成效。演习总结的经验教训 ENISA 以事后报告的形式予以发布。

ENISA 执行理事 Juhan Lepassaar 表示，"为了保护我们的卫生服务与基础设施，并最终保护全体欧盟公民的健康权益，加强网络安全弹性将是唯一可行的道路。"

网络危机演习专家 Lisa Forte 表示，"赛博欧洲演习对于评估和发展网络安全弹性起到了至关重要的作用。让我们看到了欧盟整体要如何应对大规模网络攻击。根据我个人的演习经验，战略与战术团队在沟通层面永远存在可以改进的空间。通常，演习会暴露所制定计划中的缺陷。如果不解决这些缺陷，那么无论在纸面上看起来是何等完善的计划，都无法在高压力场景下发挥作用。"

6.3.4　"赛博欧洲 2018"演习实施情况

由于公开渠道缺少"赛博欧洲 2022"的详细数据，下面通过分析"赛博欧洲 2018"演习实施情况加深对该活动的了解。

1. 演习目标

"赛博欧洲 2018"作为第五届泛欧网络危机演习，其战略目标建立在 2016 年网络欧洲设定的目标基础之上，并充分考虑了上一次演习的事后评估报告。

演习设定了以下三大战略目标。

- G1：测试欧盟级网络安全的合作流程。
- G2：为会员国测试其国家级的合作进程提供机会。
- G3：培训欧盟和国家级的能力。

上述战略目标需要继续分解为可执行的任务目标。表 6-6 所示为分解过程，如针对

"G1：测试欧盟级网络安全的合作流程"，分解为 4 项任务目标，并针对每一项任务目标定义对应的评估指标。

表 6-6　"赛博欧洲 2018"的演习目标分解表

战略目标	任务目标	评估指标
G1：测试欧盟级网络安全的合作流程	O1：评估信息共享的质量	及时性、有用性、结构化与非结构化
	O2：监测合作活动的发生	在演习期间举行的欧盟网络 SOP 合作活动的数量，如会议/电话会议
	O3：评估情景意识	欧盟网络集成情况报告的完整性、及时性和有效性
	O4：评估制定退出策略的能力	提议的备选办法（对高级管理人员）在危机中的适当性和效用
G2：为会员国测试其国家级的合作进程提供机会	O5：为参与者提供机会，以测试其组织内程序（业务部门经理、危机管理计划等）	参与者认可和使用的机会数量
	O6：为参与者提供机会，以测试跨组织合作流程（如果有）	参与者认可和使用的机会数量
	O7：为参加者提供机会，测试国家一级的合作活动和/或应急计划（如果有）	参与者认可和使用的机会数量
G3：培训欧盟和国家级的能力	O8：提供培训各种网络安全相关技能的机会	使用培训机会的参与者人数、学员对培训机会的满意度
	O9：提供学习机会	参与者认可的学习机会数量
	O10：提供自我评估机会	参与者认可和使用的自我评估机会类型
	O11：确定未来的培训需求	确定了不同类型的培训需求的数量

演习参与者与观摩者仅限于欧洲联盟机构、欧盟成员国和欧洲自由贸易联盟成员国的组织，包括这些国家/地区的公共和私营部门。演习的主要对象是从事航空部门信息安全活动的专业人员和组织。图 6-13 所示为与会者代表的 28 个欧盟成员国、2 个欧洲自由贸易区国家（挪威和瑞士）、几个欧盟机构，以及航空部门的一个国际组织。

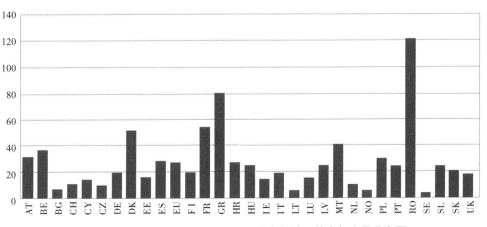

● 图 6-13　Cyber Europe 2018 网络危机演习的参与人员分布图

2. 演习规划

演习活动规划了以下几个重大的时间节点。

- 2017 年 5 月 11 日：初始规划会议（IPC）。
- 2017 年 10 月 17 日—18 日：主要规划会议（MPC）。
- 2017 年 11 月—12 月：邀请参加者。
- 2018 年 3 月 6 日—7 日：最终规划会议（FPC）。
- 2018 年 6 月 6 日—7 日：演习任务实施阶段。
- 2018 年 11 月：演习总结会议（Exercise AAR Conference）。

代表参与国的演习主持人在位于雅典的 ENISA 演习控制中心（ExCon），向遍布欧洲的地方监测员与参与者发出预设指令，要求在正常工作时间内完成相关演习任务。

"赛博欧洲 2018"是一次全面深入的网络安全演习，涉及的演习科目包括网络安全事件分析、业务连续性和危机管理、媒体压力处理、国家和国际级别的内部和组织间合作、提升网络安全情景意识等。

3. 演习场景

"这是某大型机场的普通一天。突然，自动值机显示系统发生故障，智能手机上的航班 App 停止工作，值机柜台的工作人员无法操作他们的计算机，机场大屏显示所有航班已取消。旅客既不能托运行李，也不能通过安检，到处都排着长队。由于未知的事故原因，行李提取服务已经停止，超过半数的航班必须留在地面上。随后新闻报道，某激进组织已经使用网络攻击手段控制了机场的关键系统，他们声称对这起事件负责，并正在利用他们的媒体渠道，呼吁人们接受他们的激进意识形态。"

以上是"赛博欧洲 2018"模拟的初始场景（如图 6-14 所示）。

参与者通过统一的演习平台——ENISA 网络演习平台（CEP）进行操作。该平台支持复杂的演训服务，管理各类演习场景，提供具有高端技术挑战的实战环境，以及模拟现实的虚拟网络入口。为了使演习场景更加真实，平台实现了如下大量内容细节。

● 图 6-14　Cyber Europe 2018 的场景设定

1）结构化和非结构化、有用和误导性数据，分散在模拟的在线博客、杂志、论坛和文件存储基础设施中。

2）在多个模拟平台上提供数千个模拟的个人和专业社交媒体配置文件。

3）模拟新闻频道，以真实的方式通过拍摄的新闻描绘活动，并由模拟的正式新闻网站提供支持。其中包含数百篇新闻文章和正式新闻网站。

4）数百份定制文档，支持参与者分析方案，包括技术事件材料、法律和公共事务文档。

最后，演习还安排了一定数量的记者模拟现场媒体的压力，他们不断联系参与者要求提供各种信息。

4. 演习评估

为了对照表 6-6 中提出的目标和关键绩效指标评估本次演习，ENISA 收集了来自 2018 年度"赛博欧洲"参与者的反馈、不同系统平台的统计数据、评价调查结果、观察和状况报告、平台日志、国家和欧盟综合情况报告、音频会议记录等多方面的支撑资料。从中分析针对本次演习的意见、挑战、建议和行动，形成与欧盟一级合作有关的调查结果、与国家一级合作有关的调查结果、与国家和欧盟一级培训有关的调查结果、与演习组织相关的调查结果。

5. 演习建议

根据 ENISA 的调查结果，演习总结出 80 项建议。主要建议如下。

1）欧盟成员国在技术一级的合作已得到改善，并证明是有效的。定期演习、培训和沟通检查对于使合作工具的程序和可用性知识保持在适当的水平非常重要（负责人：CSIRT 网络和 ENISA 秘书处）。

2）应进一步发展和测试欧盟在业务一级的合作，包括业务和技术各级之间的相互作用，以及高级政治管理的战略指导。为实施欧盟一级对大规模网络危机（称为蓝图）做出协调反应所确定的框架所需的程序和工具应加以界定和测试（责任部门：蓝图中确定的行动者）。

3）在国家一级，各国应制定协调反应的程序和工具，包括私营部门与公共当局之间的有组织合作和信息交流。在制定此类程序和工具时应特别注意，以提供鼓励措施、合作和交流信息为主，避免单向的信息流动。当建立这种国家一级的公私合作标准业务程序时，应定期进行演习，对这些程序进行测试（责任人：国家网络安全主管部门）。

4）私营部门应将信息技术安全视为优先事项，并投资于资源和专门知识。特别是当他们所提供的服务对社会至关重要时（责任人：提供基本或关键服务的私营部门实体）。

5）公共和私人组织必须确保他们已制定危机通信协议，并且处于敏感职位的员工了解这些协议（责任人：可能会发生网络安全事件的所有组织，不管私有还是公共）。

6）"赛博欧洲"已被确立为欧盟网络危机管理的主要行动。与会者一致认为，这项工作已证明是成熟的。挑战是将运动标准保持在最高水平（责任人：ENISA 和负责规划这项工作的会员国当局）。

第7章 攻防演练的想定与实施

"阵而后战，兵法之常；运用之妙，存乎一心。"

——《宋史·岳飞传》

与网络靶场的"虚实结合"特点类似，攻防演练也有"虚"与"实"两面，所以，要重视攻防演练的策划，掌握想定设计的应用。本章内容从想定的准备工作开始，按流程讲解了关键环节的具体做法，最后详细讲解演练组织实施工作如何开展。

7.1 想定设计的艺术与技术

什么是攻防演练的想定设计？

如果把攻防演练看作一场实验室里的"网络战争"，那么想定设计就是这场网络实战的假设性行动方案，其作用是应用 W5（Who、When、Where、What、How）原则，对攻防演练的战略意图、目标场景、组织形式、任务要求和执行路径等方面进行有效地表述，对演练单元的时空运动和使命任务规划方法进行研究，提出基于原子条件和原子行为的攻防演练任务规划，为决策人员与指挥人员评估或策划这场"未来之战"提供依据。

7.1.1 准备工作

每一场攻防演练能覆盖的靶标场景与可持续的活动时间永远都是有限的，但人们总想通过有限的时间与行动，尽最大可能去了解保护对象的整体安全状况、常见安全问题、重大安全隐患。另外，网络安全对抗的格局在不断演进，面向未来的安全风险存在不确定性，人们想通过想定设计对诸多网络安全的痛点、难点、盲点进行梳理、分析，努力设计好这一场"实验"，实行"以点带面"，实施"顺藤摸瓜"，实现"防微杜渐"，因此，想定设计是攻防演练前期准备工作中最具挑战的任务，兼具技术性与艺术性，对后续活动成败起到决定性的影响。

攻防演练的想定设计环节需要考虑以下内容，如图 7-1 所示。

1）明确起始状态（网络安全态势、政策限制和意图）及期望的最终状态（目标或"胜利条件"）。

2）说明对攻防演练战队如何影响最终状态（即对演练任务）及对战队可用的资源。

3）提供对战队成员间和战队间的命令关系，以及对战队成员和战队单元间的关系。

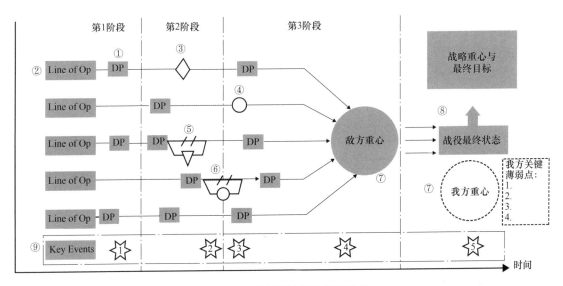

● 图 7-1 兵棋推演的阶段性考虑

就胜利条件而言，指一系列由设计师确定的、对战队需要努力实现的目标。这些目标可能涉及假定的战斗行动，但这通常不是必需内容。胜利条件可能是相对的，也可能是绝对的。

事实上许多历史兵棋根据对战队推演与历史结果的关系来确定胜负。例如，德国的许多城市已经成为废墟，但是如果柏林在 1945 年 10 月之前没有被攻陷，那么依然判定德国"获胜"。

攻防演练想定设计需要做以下几个方面的准备工作。

1. 研究威胁特点与趋势

一是网络攻击手段多样，如针对水电等民生设施的拒绝服务攻击、针对重要人员的钓鱼邮件攻击、针对工控系统漏洞的远程利用。

二是关键信息基础设施面对的网络威胁常与物理攻击、社会动乱等复杂情形相伴相生。

三是电力和供水等关系国计民生的基础设施是网络攻击的重点。可以说，当前关键信息基础设施面临的现实威胁往往是同步产生，线上线下相结合、虚拟空间和物理空间并发，使得关键信息基础设施的保护方同时陷入多重困境。

因此，设计关键信息基础设施攻防演练的思路，要综合考虑多种因素，综合施策。

2. 把握防御体系重大要素

上述系列演习虽然每年度会有具体调整，但核心内容始终不变。当前西方国家在关键信息基础设施保护上关注的重点集中在以下三大要素。

1）机构间的协同。

2）对安全事件的应急响应。

3）威胁信息的实时共享。

没有任何一个职能机构、企业或组织机构可以单独对抗网络威胁，我们应考虑建立政府主导的、多方力量参与的、全社会型的防御模式，特别是要建立威胁情报共享机制，通过实践不断健全应急响应体系。

3. 考虑防护力量构成

2018 年的北约"锁定盾牌"演习中安排了真实的媒体和法律专家参与,西门子公司、爱立信公司和爱沙尼亚系统公司等基础设施供应商也参与了演习。

在 2017 年美军举办的"网络兵棋"演习中,英国、澳大利亚、新西兰和加拿大等五眼联盟国家都有代表参加。

2017 年的电网 GridEx Ⅳ演习中,除了公私电力部门、政府机构以外,水利、金融和通信等其他关键基础设施部门也首次参与了该演习。

当今,保护力量涵盖的范围已经有以下拓展。

- 从技术人员拓展增加了法律、媒体等综合人才,以此来提供相应支援。
- 从政府、行业和企业等机构拓展到跨行业信息基础设施相关部门。
- 从国内相关部门拓展到跨国盟友,很大程度上说明关键信息基础设施面临的网络威胁及其附带效应十分复杂,迫切需要集智思考、创新机制。

4. 考虑组织模式创新

2017 年的 GridEx Ⅳ演习采用了去中心化理念,分为两个环节——分布式演练和桌面推演。在分布式演练阶段,演习控制中心设在弗吉尼亚州,其他参演机构人员在各自办公室、发电站和控制中心等地远程参与演习。

美国国民警卫队"网络盾牌 2016"演习第一周的演习内容是课程培训,内容包括入侵检测、数据安全和威胁分析等技术。第二周的演习内容为模拟演练,参演人员分为红蓝两队进行网络攻防对抗。

从 2016 年起,美国国防部和各军种与专业漏洞平台公司 HackerOne 合作,先后开展"入侵五角大楼""入侵陆军""入侵空军""入侵舰船"等漏洞悬赏竞赛,利用招募审核的黑客入侵并发现美国防部面向公众网络的漏洞,活动由 HackerOne 负责运作和管理。

美军 2017 年度"网络兵棋"演习设置负责演习评估的"白队",至少 5 人,其中 1 人派驻在控制室中控制演习进程,1 人跟随"红队",至少 3 人跟随"蓝队",观察其行动并将结果录入数据库。

欧美国家开展关键信息基础设施保护演练时,在演练组织方面有以下特点。

1)往往是多种形式组合使用,如"基础培训+攻防对抗""技术演练+桌面推演"等。

2)不断创新演练模式,探索使用悬赏竞赛方式调动各界参与的积极性。

3)注重演习过程中的"伴随式"全面评估。网络演习是检验关键信息基础设施非常有效的可操作的手段,上述演习组织模式可资借鉴。

5. 考虑攻防技术创新

近年来,欧美国家在相关演习中使用了越来越逼真的环境、越来越智能化的演习系统,详情如下。

2018 年北约"锁定盾牌"演习在搭建靶场时全部使用专业基础设施提供商的产品,包括芬兰 Goodmill 系统公司和爱沙尼亚 Threod 系统公司等供应商提供的变电站、通信网络和水净化系统等模拟系统。

GridEx Ⅳ演习引入多类模拟工具和系统,通过部署 Simulation Deck 系统,模拟网络社交媒体及传统新闻媒体实时发布电网遭攻击的相关报道,引导舆论走向设立了 E-ISAC 镜像网站,用于共享安全事件报告和信息,促进参演机构协同应对攻击事件。

上述演习呈现以下三个特点。

1) 借助服务商成熟的基础设施平台，提高演习真实度。

2) 注重塑造逼真的训练模拟环境。

3) 注重智能化在演习中的运用。

这些都是我们在设计方案、组织演习中可以借鉴学习的地方。

7.1.2 头脑风暴

头脑风暴是一种实用的创新方法，因为它能打破人们思维惯性与惰性，突破想象力的边界，碰撞出创新的火花。但应用头脑风暴这种看似简单的方法，依然有很多地方需要我们注意，否则不一定能帮助我们催生可行的方案。攻防演练头脑风暴如图 7-2 和图 7-3 所示。

● 图 7-2　攻防演练头脑风暴（一）　　　　● 图 7-3　攻防演练头脑风暴（二）

首先要遵循一定的活动规则，这些规则都有助于参与人员真正发挥自由想象。

1) 丢弃既有概念和常识（零基思考）。这适用于会议全员。所谓的空杯心态，就是需要大家把心态放平，把所有的东西都放弃掉，才能找到新的创意。

2) 随意思考，创意多多益善（量重于质）。建议与会者拿出一张 A4 纸想到什么写什么，尽其所能，无论对的错的全部写下来。

人的思维什么时候会受限呢？是因为我们给自己设定了太多条条框框，无形之中就会受限，所以最好的创意就是无疆的创意。

3) 做到"三不"：不评判、不议论、不反复解释。这是头脑风暴的基石，也是创意的源泉。

4) 以他人的创意为提示进行想象。一个人的思考总是会受限的，头脑风暴的魅力在于很多人聚在一起，从不同的角度来展开这些话题。

5) 创意要逐条记录。很多想法总是在脑海中一闪即逝，所以记录下来更利于复盘，也更利于来鉴定这条创意的优劣。

此外，还需要提前准备好如下目标。

（1）设定具体目标

头脑风暴会议需要天马行空的想象，但是首先要锚定想找到的点，也就是设定会议的目标，这样可以尽快找到更多明确的、可联想的、符合实际意义的点。而不是一直空泛下去。

有时，利用"标题拆解法"可以很快地将模糊和不准确的目标变得清晰。

（2）确定参会人员

我们需要请四类人，每类人最好若干个，即引导者、决策者、分析者和实施者，大家角色、站位不同，专业背景各异，形成相互制约和相互补位，有利于减少在头脑风暴中的不平等，促进大家能够在公平的情况下表达自己的想法。

（3）设置轻松环境

成员间平等就够了吗？不够。我们更要创造平等自在的环境，让大家能更快地投入会议本身，而不是受到环境潜移默化的影响。因此，氛围颜色、纸张大小都会影响大家的关注度，也会潜在影响成员的注意力。

7.1.3 线索梳理：自顶向下、自底向上及三明治方法

假设我们已经通过头脑风暴收集了很多富有创意的攻防演练活动想法。接下来，我们就可以把这些创意想法归类到几条主要线索里去了。

- 主线 1：人——攻防组织，包括红、蓝、黄和紫等多方。
- 主线 2：靶标——攻防目标。
- 主线 3：技战术——攻防技术。
- 主线 4：演练平台——攻防环境。
- 主线 5：影响因子——各种内外部影响因素。

为了描述方便，这里借用了集成测试里的几种常用的方法来推进攻防演练方案的形成：自顶向下、自底向上和三明治方法。

1. 自顶向下方法

目的：从顶层控制（总目标）开始，采用同设计顺序一样的思路对子任务进行设计，以确保方案的完整性。

定义：自顶向下的方案设计就是按照系统层次结构图，以主任务模块为中心，自上而下按照深度优先或者广度优先策略，对各个任务模块一边分解一边设计。

如每层的任务分布如下。

- 第一层任务：M1。
- 第二层任务：M3、M4、M2。
- 第三层任务：M6、M5。
- 第四层任务：M7。

然后再从每层进行细分，从左到右排列。

- 第一层排序后：M1。
- 第二层排序后：M2、M3、M4。
- 第三层排序后：M5、M6。
- 第四层排序后：M7。

再用自顶向下方法（广度优先）整合出来：M1、M2、M3、M4、M5、M6、M7。

2. 自底向上方法

目的：从依赖性最小的底层任务模块开始，按照层次结构图逐层向上整合，保证方案的

可行性。

定义：自底向上整合是从攻防演练整体工作的最底层任务模块开始进行组合与论证的方式。在整合过程中，如果想要从子任务模块得到进一步的信息，可以与相关任务小组直接沟通获得，详情如下。

1）第一步，依次从左到右，d1、d2、d3、d4、d5、d6 称为基础任务模块。

2）第二步，整合在一起。

3. 三明治方法

定义：三明治方法是一种混合式的攻防演练方案设计策略，综合了自顶向下和自底向上两种设计方法的优点。如果借助图来介绍三明治方法，就是在各个线索上真正进行开放整合。

以第一种为例，详情如下。

目的：综合利用自顶向下和自底向上两种设计策略的优点。

首先选择分界层，在此选择 M2-M3-M4 层为界，接着执行以下两个步骤。

1）第一步，M2-M3-M4 层以上采用自顶向下设计方法。

2）第二步，在 M2-M3-M4 层以下采用自底向上设计方法。

之后再进行整合。

优点：发挥三明治方法的最大优点，对中间层任务模块能够尽早进行比较充分的设计。该策略的并行度比较高，而不像其他两种方法以串行为主。

7.2 现实场景下的想定设计

自 2016 年贵阳大数据及网络安全攻防演练开启城市级大规模实网攻防创举之后，实战化的攻防演练渐渐在国内被认可、应用与推广。本节中，我们假设要策划一次针对城市网络空间的攻防演练活动。由于每场攻防演练要解决的问题不尽相同，其应用环境与组织实施更是千差万别，所以规划与设计需要很多创意与创新。

7.2.1 城市攻防演练

针对城市真实网络的攻防演练，可以进一步设定主题，如智慧城市新型基础设施体系对抗。这样可以深入挖掘智慧城市新型基础设施体系可能存在的攻击面与渗透点，同时，实现"以攻促防"，探索关键防护能力与有效安全机制，优化保障体系与应急流程，为智慧城市新型基础设施体系安全积累经验。

1. 演练意义

从宏观角度看，国内率先针对智慧城市新型基础设施体系实施真刀实枪的攻防演练，具有多层次现实意义：一是积极响应国家号召，推进大数据、云计算、物联网和区块链等技术在新型智慧城市建设中的应用，提升城市现代化治理能力；二是通过实网演练，发现全国多地智慧城市信息系统现有的安全风险和漏洞，构建智慧城市安全体系的技术、管理和运营措施，为智慧城市安全建设提供解决方案；三是为全国研发智慧城市安全技术与产品的发展提供数据支撑，增强智慧城市安全防护意识，快速提升城市安全水平。

2. 靶标设定

智慧城市新型基础设施体系对抗场景选取多个城市的应用场景，涉及 A、B、C、D、E、F 六个城市。

（1）常规入口

六个城市的智能城市应用平台与指挥调度入口。

（2）其他重要入口

Web 官网、邮件服务器、数据库服务器和微信等 App。

（3）系统组成

智慧城市新型基础设施体系系统由以下几个主要部分组成。

1）数据基础设施层（Iaas 层）。

2）大数据支撑平台层（Daas 层）。

3）应用支撑平台层（Paas 层）。

4）应用服务层（Saas 层）。

3. 演练场景与任务设定

智慧城市新型基础设施体系精英对抗演练，采用团队或集团化对抗方式进行，由以下几部分组成。

（1）阶段一：初始场景

本阶段演练场景定义如下。

1）在该场景下，红蓝对抗的焦点是情报获取与分析能力，以及方案与工具能力。

2）靶场处于初始运维状态，应用当前默认的安全配置。

3）蓝队仅得到靶标的最小信息集，无合法访问权限。

4）蓝队仅得到远程探测与漏洞扫描权限。

5）红队仅得到网络边界与门户的检测与加固操作权限集。

在本阶段的初始场景下，可实施的演练任务如下。

1）攻击面与脆弱性扫描。

2）威胁情报收集与融合，对攻击与防御形成决策支撑。

3）攻击方案与工具研制与准备。

4）防御方案与工具研制与准备。

5）应急方案与工具研制与准备。

6）反制方案与工具研制与准备。

（2）阶段二：入口抢夺战

本阶段演练场景定义如下。

1）在该场景下，红蓝对抗的焦点是入口抢夺能力。

2）靶场处于安全警戒状态，应用红队加强的安全配置。

3）蓝队接受指挥部指令，按小组、时序和入口编号逐步获得入口的攻击权限。

4）蓝队仅攻击入口所在的 IP 地址，不得访问入口之外的 IP 地址。

5）蓝队的攻击手段受限，限定攻击出口 IP 且不得执行高危操作。

6）红队对所有入口进行防御，防口令破解、渗入和网页篡改，但不得实施动态阻断。

7）允许红队设置虚假入口。

在入口抢夺战演练场景下，可执行的演练任务如下。

1）常规入口突破。

2）App与微信入口突破。

3）邮件服务器入口突破。

4）其他未知入口突破。

5）分布式拒绝服务攻击。

6）针对所有入口的异常流量进行实时检测，向指挥部及时报告敌情。

7）针对所有入口，在确保其可被正常访问的前提条件下进行防护，并验证防护的有效性。

（3）阶段三：高地混战

本阶段演练场景定义如下。

1）在该场景下，红蓝对抗的焦点是内网纵深的对抗能力。

2）靶场处于网络战争状态，应用红队全面优化的安全配置。

3）指挥部将内网系统划分为3~5个高地，不同的高地具有不同的应用属性、业务类型与防护特点。

4）蓝队接受指挥部指令，按小组、时序和高地编号逐步获得内网"高地"的攻击权限。

5）蓝队的攻击手段放宽，但不得执行高危操作。

6）红队对内网高地进行协同防御，可实施动态阻断。

7）允许红队在内网设置"蜜罐"。

在本阶段的高地混战场景下，可执行的演练任务如下。

1）系统权限获取。

2）网络隔离突破。

3）云管理平台越权。

4）虚拟机逃逸。

5）加密通信破解与破坏。

6）高级木马与后门软件植入。

7）在确保内网"高地"可被正常用户访问的前提下，狙击蓝队可实施任意攻击手段，验证实际效果。

（4）阶段四：数据保卫战

本阶段的演练场景定义如下。

1）在该场景下，红蓝对抗的焦点是敏感数据的窃取与防护能力。

2）靶场处于APT对抗状态，应用红队针对数据安全防护专门定制的安全配置。

3）指挥部在内网中划分出3个数据区，分别是基础数据区、大数据存储区和应用数据区，并设置不同的数据标记（Flag）；其中大数据存储区的数据包含了来自基础设备的实时上报数据。

4）蓝队接受指挥部指令，按小组、时序和数据区编号逐步获得针对敏感数据的攻击权限。

5）蓝队在攻击的同时，要防止红队感知、定位到自己的攻击位置与攻击手法。

6）红队对敏感数据进行协同防御，在确保敏感数据可被正常使用的情况下，可实施多种防护措施。

在数据保卫战演练场景下，可执行的演练任务如下。

1）基础数据区数据窃取。

2）大数据区数据窃取。

3）应用数据区数据窃取。

4）APT 攻击取证与溯源分析。

5）APT 攻击阻断。

（5）阶段五：攻防阻击战

本阶段演练场景定义如下。

1）在该场景下，红蓝对抗的焦点是智慧城市新型基础设施体系中的基于"渗透攻击-应急响应"的模式进行演练。

2）靶场处于紧急对抗状态，事先部署红队针对智慧城市新型基础设施体系安全防护专门定制的安全配置。

3）蓝队攻击成功后，将成果实时报告到指挥部。

4）指挥部评估蓝队成果后，视情况向红队发起应急响应任务。

5）红队执行应急响应任务，按应急预案完成新一轮的新型智慧城市体系安全整改，并接受效果验证。

在阶段五的攻防阻击战场景下，可执行的演练任务如下。

1）网关突破。

2）数据传输突破。

3）平台突破。

4）相应级别的应急响应处置任务。

7.2.2　断网行动

本小节以俄罗斯"断网"演习为例，对开展此类特殊的国家级大规模实战演习行动进行探讨。

如何准备"断网"演习？俄罗斯从法律上予以保障，出台了强有力的法律制度，规范网络运行秩序，巩固国家网络安全。

1.《主权互联网法》的主要内容

俄罗斯《主权互联网法》最突出的特点是旗帜鲜明地针对并反对网络霸权，最显著的特征是全球首次立法"主动断网"、定期演习，以识别网络主权威胁，在传统的关键信息基础设施领域树立了自主可控的网络主权、特别是以"主动断网"为特色的新规则。这一法案是俄罗斯信息发展领域立法实践的延续，体现了俄罗斯在网络安全乃至国家安全方面的战略考虑。

《主权互联网法》在《俄联邦通信法》和《俄罗斯联邦信息、信息技术和信息保护法》两部法律的基础上，增加了"维护国家网络稳定、安全和功能完整"的相关条款。赋予了俄罗斯通信、信息技术与大众通信监督局（简称电信监督局）全面监控其境内所有互联网流量和必要时可切断一切与外部网络联系的两项职权。要求建立"流量交换点"审核登记制度，本国电信运营商要将所有通信接入节点报电信监督局审核备案，所有与国外网站间的流量交换必须通过已登记的流量交换点。强制要求本国电信运营商安装电信监督局指定和直接控制的流量安全检测过滤设备。重点从域名自主、定期演习、平台管控、主动断网和技术统筹五个方面立法确立了俄罗斯网络的"自主可控"。

2. "断网演习条例" 要点

"断网演习条例"全称为《保障俄境内国际互联网与公共通信网络稳定、安全与功能完整的演习条例》，由俄联邦政府于 2019 年 10 月 12 日颁布。

该条例是为落实《主权互联网法》中关于组织开展脱离国际互联网演习的要求而制定的。条例规定演习的总体目标是确保本国互联网和公共通信网络的稳定、安全和功能完整，并确立紧急情况下恢复通信网络的机制。

演习的主要任务是对境内网络运行进行监测和识别威胁。研究改进网络防护和威胁应对方法。演练参演各方对相关方法技能的运用。提高参演各方间的协调效率。提出相关立法完善建议。

3. "断网演习" 核心内容

俄通信部在演习期间与网络安全公司研究了俄电力设施的网络安全问题，与紧急情况部评估了政府部门间协作水平和通信网络故障检修能力。

演习内容还包括在遭遇外部"断网"时检查俄境内互联网运行的完整性和安全性。保障手机通信安全，保护个人信息、防范通话和短信遭劫持等。

有关部门在演习期间研究了物联网设备的风险和弱点，探讨了电力供应网络的建设和使用问题，策划了有关防范运输网络及工业企业网络风险的演习，如图 7-4 和图 7-5 所示。

● 图 7-4　俄罗斯举行断网演习 　　　　● 图 7-5　媒体报道俄罗斯举行防"断网"演习

4. 应对国家断网威胁的措施与方法

（1）以"逻辑断网"方式切断威胁来源

国家断网是指某些国家或组织利用物理或技术手段，导致目标国境内网民不能访问国际互联网、境外网民不能访问目标国境内互联网资源的一种状况。从技术角度分析，俄罗斯的断网采用逻辑断网的"俄网域名解析服务器本地化"的断网方式来抵御断网威胁。

国家断网可分为物理断网与逻辑断网两种方式。

1）物理断网是指通过切断跨境光缆传输或阻断互联网交换点的方式，从通信链路上彻底切断目标区域与国际互联网的联通。一般而言，物理断网对于网络结构简单、规模较小的地区容易奏效。对于大国而言，鉴于互联网对等互联的特点，对其实施物理断网，需同时切断大量跨境光缆，或攻击多个地区由不同网络运营商维护的互联网交换点，实际操作非常困难。

2）逻辑断网是指通过中断互联网寻址逻辑，导致目标国家网络连接中断。在现有互联网体系结构之下，域名服务是互联网实现寻址的事实标准，网址域名需由域名解析服务器翻译成网络地址，才能建立连接实现访问。如果控制了域名服务系统，就可以利用这一逻辑寻址机制，停止对某个国家的域名解析服务，导致无法正常访问该国互联网资源，从而造成断网。逻辑断网可以采用把控根域名解析权和对域名服务系统实施网络攻击两种方式。

国际互联网的域名解析体系采取的是中心式分层管理模式，ICANN 由根域名服务器向下分发国家顶级域名和通用顶级域名，再由此向下形成二级、三级直至多级域名定义体系。目前，多个国家可自主控制国家顶级域名服务器，不再依赖美国的根域名服务器，保证断网后能利用备用系统维持国内互联网正常运转。当前，各国参与的诸多国际事务运转仍依赖于 .com 和 .net 等通用顶级域名，这些域名必须依靠根域名服务器进行解析，一旦遭遇断网后不可连接，相关国家业务即与国际社会脱离。为摆脱根域名服务器掣肘，俄罗斯或将要求与本国利益相关的网络全部使用俄国家顶级域名，域名解析工作交付本地服务器处理，从而摆脱依赖 ICANN 治下域名解析的困境，并在遭遇断网时保全俄罗斯网络空间的一切事务。从公开报道看，俄罗斯在演习中做过尝试，这一方式目前从技术上基本是可行的。

（2）扩大与他国网络的互联互通

俄罗斯可能扩大自身与他国网络的互联互通，联合相关国家建立独立于现有国际互联网体系的另一个国际网络。一方面，可摆脱美国在现有国际互联网管理中占据地缘和技术优势所带来的现实威胁，保证自身与他国在网络空间的紧密联系。另一方面，在遭遇根域名服务器群拒绝解析时，可借助他国网络迂回访问根域名服务器，以达到获得解析信息、接入现有国际互联网的目的。近年来，俄罗斯主动大幅拓宽与周边国家链接的互联网信道容量，例如，为朝鲜提供互联网接入服务，这些都可视为俄罗斯应对"断网"的有力举措。可以预见，白俄罗斯、波兰、匈牙利等东欧国家，伊朗、叙利亚等中东国家，以及哈萨克斯坦、吉尔吉斯斯坦、塔吉克斯坦等中亚国家均可能是俄罗斯扩大网络联通的潜在对象。

（3）加快专用军事互联网和军工综合体的内网建设

1）俄专用军事互联网——数据传输闭环系统和多服务通信传输网。

早在 2016 年，俄罗斯国防部就开始建设"数据传输闭环系统"（ZSPD）专用军事互联网。所有入网终端都不能使用未经许可的 U 盘和外接硬盘，与全球互联网相隔断，官兵可在网内享受电子邮箱服务，传输包括标有"要件"字样的秘密信息。该网的基础设施部分是向俄电信股份公司租借的，某些地方则利用国防部自有的与国际互联网隔断的基础设施。每支部队都配备服务器，负责对信息加密，打包后再对外传输。存放服务器的地方严禁无关人员进入。这套军事互联网使用名为"移动武装力量"的操作系统，可通过微机（微型计算机）浏览网站，微机全部通过总参第八局的技术鉴定，未经许可的 U 盘、打印机、扫描仪等外部设备无法连接到微机上。该网设有电子邮件部门，只允许用户在内部交换信件，军人的所有文件流通（报告、申请、名单和带照片的工作总结等）都通过该部门进行。

2019 年 4 月，俄国防部开始建设专属的军事互联网——"多服务通信传输网"（MTSS）。

据悉，该网能够在全国范围内快速传输大容量信息。同时，还拥有穿越北极海底的专属光纤网络，以保证战时的稳定运转。未来，已经建设的"数据传输闭环系统"将并入该网。因此，该网也被称为俄罗斯的"军用互联网"。2019 年俄罗斯国防部测试了该网，其信息交换速度达到每秒 300 兆字节，域内野战指挥所之间的传输距离超过 2000 公里。

2）俄军工综合体的可靠通信系统。

除了军队，俄军工综合体也展开了"内网建设运动"。根据俄总统 2015 年 4 月颁布的第 722 号总统令及联邦政府第 1455 号决定，俄联合仪表制造公司和军事电信股份公司已为俄军工企业组建名为"可靠通信系统"的专用秘密网，提供包括多媒体通信在内的信息交换服务。"可靠通信系统"的技术参数由俄工业贸易部制定，通信信道可提供不低于 10 兆比特/秒的速率。网络只允许接专用微机，使用 Astro-Linux 和"移动武装力量"等操作系统。"可靠通信系统"与国际互联网隔断，条件允许时会与俄军的"数据传输闭环系统"相连，未经许可的移动载体无法接入，否则将被记录下来予以追查。军工企业可通过"可靠通信系统"交换各种信息，如命令、产品设计图样和试验视频文件等。此外，还为军工企业专门研发了自动化试验系统，在对产品进行测试检验时只要连接传感器，就会收集和传输诸如编内系统工作信息、耐振性和耐热性等遥测数据，参与设计的所有部门都能实时接收。

可见，独立于国际互联网的"军用互联网"和"可靠通信系统"及正在推进的俄罗斯国家"主权互联网"，正在成为俄军建设和作战，以及构建俄罗斯国家网络空间安全的信息基础设施。

（4）积极寻求技术自主能力

俄罗斯政府长期致力于减少对外国信息技术的依赖，寻求技术自主能力。2010 年，俄罗斯开始着手创建基于 Linux 的操作系统，目的是让政府不再使用微软产品。2014 年俄罗斯建立了域名系统（DNS）的本地备份，并进行了全球互联网中断模拟测试，该系统成为 Runet 的重要组成部分。2015 年，俄罗斯要求将本国公民数据保存在俄罗斯境内。2016 年，俄罗斯政府开始运营闭合的数据传输，并将其作为军方和其他政府官员的内网。2017 年，俄罗斯宣称将创建自己的域名系统，仅供俄罗斯、巴西、印度、中国和南非使用。2018 年，普京的高级顾问克里门托表示，俄罗斯花了两年的时间让军队在战时能完全依赖内部网络运营，目前已可为与外网隔离的政府和国内社会提供支持。2019 年 10 月，俄罗斯政府发布一项法律草案，以国家安全为由将外国公司持有俄罗斯科技企业的比例限定在 20% 以下。同时，加速推进 RuNet 的建设。俄罗斯计划到 2020 年实现 95% 的互联网流量本地流转。

5. 大规模断网演习可能存在的风险

俄罗斯"断网演习"的核心在于检验其主权网络在遭到外部攻击的紧急状态下实施应急响应的能力，尤其是要检验这种应急响应的成本与收益。但是目前为止，还没有任何一个国家采取过这样的方式，是否适用于其他国家，以及是否存在风险还有待商榷。

第一，可能存在高技术和高经济成本风险。由于《主权互联网法》赋予俄电信监督局很大职权，该局将成为俄罗斯互联网领域最重要的监管部门之一。俄互联网研究战略项目主任认为"在电信监督局对流量的集中化管理下，如果电信监督局自身遭受黑客攻击，可能会导致俄罗斯互联网的完全瘫痪"。

第二，要实现外部断网而内部正常运行的前提是，必须构建起较为完善的国家互联网基础设施。而要达到此目的，需要大量的资金投入和精心的技术准备，成本高昂且代价不菲。

同时，俄联邦核算院认为"《主权互联网法》的实施将导致俄罗斯市场上商品和服务成本增加"。俄罗斯物联网协会曾担忧法案可能会"减缓俄罗斯物联网的发展，因为物联网对潜在的数据传输延迟很敏感"。俄罗斯要打造自主可控的互联网不仅耗费巨大，而且网络运营商和互联网服务提供者的运营成本也将显著增加，监管部门也将面临诸多意想不到的技术难题。

第三，或将进一步加强俄罗斯本国的网络管控。尽管俄罗斯声称测试包括了敌对网络攻击的场景，但西方很多研究机构与媒体仍将这一测试归结为俄罗斯加强网络内容控制的努力。在俄罗斯政府建设从全球互联网断开的基础设施的同时，也在限制俄罗斯公民可以动员和发起抗议的站点和服务。

7.3 攻防演练支撑平台

攻防演练是网络靶场的常态化业务，构建高水平的演练平台至关重要。除了为红、蓝、黄、白多种角色用户提供必备的操作功能，最大可能模拟真实攻防环境之外，还需要充分考虑如何管控活动全程可能出现的各种风险问题。

7.3.1 构建可信可控网络攻防体系对抗空间

网络安全攻防演练是网络两端能力在实网开展实兵对抗的真实再现，其目标环境均为真实的关键信息基础设施，因此攻防演练是一把"双刃剑"。

在安全使用的情况下，可以全面检测目标网络的防御体系；一旦管理使用不慎，重则危害国家关键信息基础设施，轻则干扰国家网络安全态势感知与判断。

基于网络靶场可对攻防演练实现"上帝之眼"般的可观测性，安全监管部门提出"全程监控、全程审计、全程录屏和全程录像"的安全要求，在支撑体系对抗的实战攻防空间研制方面，从认证授权、终端接入、平台连接、武器审查、行为稽查和影响控制等全链路关键技术研究入手，实现了基于安全大脑的零信任架构访问控制、基于可信架构与安全大脑的云管端全封闭安全管控体系，以及基于攻击源实时动态隐蔽的攻击网络等关键技术，构建可信可控可测网络攻防体系对抗空间（见图 7-6），以保证演习中攻击方、防守方和支撑队伍等所有参与人员行为和武器工具等在"事前、事中、事后"全程可管可控。

• 图 7-6　构建网络安全攻防演练对抗空间的关键技术结构图

1. 基于零信任架构的访问控制

作为网络实战攻防演练的支撑平台，需要保证攻防两端在可控可测的场景下充分对抗，基于对所有参与者、武器工具和终端等不可信任的出发点，设计实现基于零信任架构以"身份中心化"的访问控制，基于安全大脑、实战攻防知识库等数据源对所有设备、武器工具、用户和网络流量等进行细粒度检测评估和认证授权。以避免外部威胁和内部威胁导致的安全体系失效。基于零信任架构的访问控制关键技术如下。

（1）用户与设备终端认证

基于随机密钥+证书，结合公安部公民信息管理数据库实现多因子用户身份认证与审查工作；通过定制虚拟化终端+设备证书实现对攻击终端的多因子设备认证。

（2）武器工具安全检测与审查

无论是平台提供、用户自研等武器工具，基于安全大脑的安全大数据与智能检测分析能力，对武器工具执行访问控制策略，只允许受信武器工具的执行操作。

（3）基于云管控中心的访问代理

基于去平台管控中心实现资源访问代理，所有攻击流量都由此代理执行访问控制和攻击资源分配。当用户、终端与工具通过验证与审查后，将建立加密安全通道，对网络资源实施基于角色的访问控制，赋予其适当的完成每次任务的权限。

（4）基于安全大脑的自适应访问策略

用户、武器工具、攻击终端及相关的执行操作都在不断地产生信息，基于安全大脑的全视数据采集和智能分析决策来设置上下文相关访问策略，自动调整并适应策略。

2. 虚拟化攻击终端全封闭技术

基于端到端网络层攻击链路技术，构造了稳定与安全的攻击通道，实现了云计算平台强制接入管道功能，结合基于操作系统底层中断混淆技术、虚拟机防逃逸检测与规避技术，实现了云计算平台的强制接入全封闭虚拟终端，确保攻击者全程操作处于平台监控范围，有效避免了在分布式远程接入等特定监管场景下的信息泄露和管控逃逸风险。

（1）操作底层中断混淆

在虚拟机保护方法的基础上，可以对虚拟机进行多阶段的保护，初始阶段对原始指令进行虚拟化保护，得到一组虚拟指令和用于解释虚拟指令的处理程序（即 Handler）；后续阶段针对前一阶段产生的 Handler 中的指令虚拟化，通过增加语义的复杂度来提高逆向分析的难度。通过对 Handler 进行混淆并构造多执行路径，使程序具有动态执行多样性。通过对 opcode 分派器（Dispatcher）进行隐藏，妨碍攻击者对虚拟机的定位，从而阻止攻击者对虚拟机的分析。

通过目标文件重构。把混淆后的 Handler 集合、最终生成的 VMdata 和虚拟机的其他关键组成部分嵌入到 PE 文件的新节，用垃圾指令填充关键代码段，并将原关键代码段的起始地址处指令修改为一条跳向 VMinit 的跳转指令，重新生成一个新的保护后的可执行文件。

利用异常机制的方法将程序中的谓词信息进行隐藏，将虚拟机中 Handler 的最后跳转指令修改为一个异常指令使其产生一个异常中断。当异常处理机制捕获到该异常后，查找异常中断地址表寻找异常发生的地址和跳转指令的目的地址进行跳转，从而达到原来的跳转目的。

异常指令的设计采用的是常用的 x86 指令，这样做具有一定的隐蔽作用，使攻击者在分析程序指令时不能够从大量的正常的 x86 指令中轻易地发现异常指令。在设计时先构造异常指令库，再在异常指令库中随机选择异常指令进行替换，如除零异常、内存访问异常和中断异常等。对于异常指令库可以进行迭代变化，使异常指令形式多样。

（2）虚拟机防逃逸检测与规避

虚拟机逃逸是指利用虚拟机软件或者虚拟机中运行的软件的漏洞进行攻击，达到攻击或控制虚拟机宿主操作系统的目的。

虚拟化平台系统通过强制访问控制（MAC）和多类别安全（MCS）来严密地监控虚拟机防逃逸及虚拟机逃逸。其中，强制访问控制对传统的访问控制列表（ACL）进行了安全增强，在强制访问控制模式下，会为每一个对象添加一个安全上下文标识，进程除了具备传统的访问控制列表权限外，还必须获得强制访问控制策略的授权，才能对系统资源进行访问；多类别安全是对强制访问控制的一个功能增强，多类别安全在强制访问控制的安全上下文标识的基础上，扩展了敏感级别标识和一个数据分类标识，用于更细粒度的实现强制访问控制策略。

虚拟化平台系统在分配虚拟机资源时，将会为虚拟机进程、虚拟机所拥有的内存空间、磁盘镜像和网络设备等资源分配一个随机的强制访问控制和多类别安全标识，在强制访问控制系统的约束下，虚拟机仅能访问自身虚拟化所使用到的内存空间、磁盘镜像、网络设备等资源和外设，无法跳出限制且对其他资源不具有任何权限。同时，其他虚拟机也被强制限制在虚拟机本身中，有效控制了虚拟机的逃逸。

虚拟化平台系统对虚拟机的强制安全访问控制进行了审计，在系统运行的过程中，如果出现了任何违规访问的行为，其行为都会被记录到系统的逃逸监控日志中，以便于查看。

3. 基于可信架构的云管端安全

基于可信技术架构，建设可信服务管理系统，对云平台虚拟化环境和各类应用进行可信管理，并基于密码技术构建可信传输通道，结合安全可信终端，构建了网络攻防实战环境的云、管、端安全可信环境；基于安全大脑的全视威胁监测分析技术实现了攻击行为精确管控，避免过度攻击或违规攻击等对目标环境造成不良影响。

（1）云平台可信环境构建

基于自建的可信服务管理系统构建唯一可信的安全可信根，对虚拟机监视器进行可信验证和监视管理建立可信虚拟机监视器（Trusted Virtual Machine Monitor，TVMM），通过可信虚拟机监视器来保证运行的虚拟机内部数据不被非法监视或修改，并对虚拟机启动与动态迁移的过程进行监控。同时，建立可信应用白名单及应用可信认证机制，确保可信应用能运行。

（2）可信传输通道构建

基于密码技术构建安全可信的传输通道，包括对称加密算法、非对称加密算法和散列算法的综合运用。基于非对称加密算法构建数字证书对通信双方的身份进行验证，并完成密钥交换；基于运算性能更优、安全性更强的对称加密算法进行通信数据加密；结合 Hash 算法对通信数据的完整性进行保护。

（3）基于安全大脑的全视威胁监测分析

通过分布式流量监测和集中流量分析相结合的方式，基于安全大脑的海量攻击样本库、实时威胁情报库及多维度关联分析技术，对演习中的网络流量进行实时采集和监测分析，及时感知发现异常攻击流量，如非法接入流量、越权攻击流量等，通过实时报警和动态安全策略配置，及时阻止过度攻击或违规攻击等对目标环境造成不良影响。

4. 攻击源实时动态隐蔽技术

基于海量 IP 的连接源预置缓存，随机连接 IP 弹性分配和 ID-MAPPing 等技术，研发了攻击源实时动态隐蔽技术，在确保攻击流量和安全管控不间断的前提下，实现了攻击实战化的功能要求。

（1）网络代理技术

网络代理技术能够让局域网内所有计算机都通过代理服务器与互联网中各个计算机进行通信。对于互联网中的计算机来说，它们只看见了代理服务器，并与代理服务器进行通信，根本不知道局域网内计算机的存在，所以，代理服务器隐藏了局域网内计算机的互联网访问行为。

网络代理技术在网络安全方面可对信息进行过滤和隐藏自身 IP。采用网络代理的思想，就可实现网络攻击的隐藏。

（2）ID-Mapping 在攻击源实时动态隐蔽中作用

通俗地说，ID-Mapping 就是把几份不同来源的数据，通过各种技术手段识别为同一个对象或主体，可以形象地理解为用户画像的"拼图"过程。一个用户的行为信息、属性数据是分散在不同的数据来源的，ID-Mapping 能够把这些碎片化的数据全部串联起来，提供一个用户的完整信息视图。

通过这个技术可以模拟一些虚拟攻击者和随机分配的弹性 IP 对目标进行攻击，这样形成了多对多的数据链，从而对真实攻击者起到隐蔽的作用。

7.3.2 实现态势感知与指挥调度

攻防演练不只是攻防双方的对抗活动，而是涉及组织方、概念方、测评方和支持方等多种力量的融合。任务也不只是攻陷目标系统这么简单，还包含锻炼战队、验证技术、促进协作等多方面的意图。因此，对于战队的组织、任务的编排、进度的监控、资源的调配和流程的优化等环节，都离不开演练指挥部的调度有方。但由于网络空间的不可见性与不可控性，导致攻防演练的指挥调度工作对态势感知具有很强的依赖性。

1. 将态势感知应用到网空领域

态势感知是一种基于环境的、动态、整体地洞悉安全风险的能力，是以安全大数据为基础，从全局视角提升对安全威胁的发现识别、理解分析和响应处置能力的一种方式，最终是为了决策与行动，是安全能力的落地。目前，国际上应用最广的态势感知模型是 Endsley 三级模型，将态势感知分为三个层次，即要素感知、态势理解和态势预测。

该模型如图 7-7 所示，"任务/系统因素"与"个体因素"处于核心区外部，在其作用下，核心区的主要流程是一条信息处理链：

左侧是三级态势感知，第 1 级感知当前环境中的要素与信息（输入信息），第 2 级是理解当前环境状况与情境形势（加工信息），第 3 级是预测未来变化趋势（输出信息）。

在态势感知的驱动下形成决策，再完成行动的实施，从而对系统的环境状态产生影响。

网络空间安全领域里有态势感知模型极佳的应用场景。

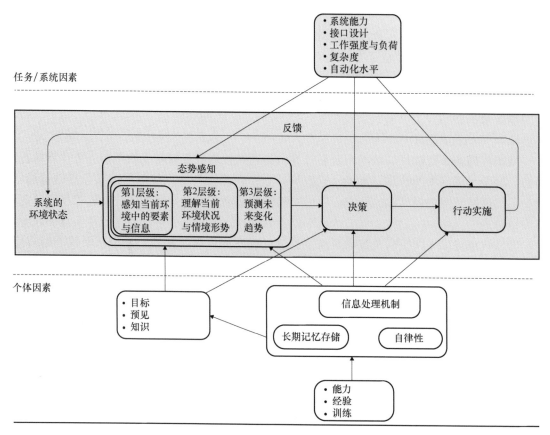

● 图 7-7　态势感知模型

网络空间安全本质上是网络空间中攻击方与防御方之间的攻防对抗，但这种对抗具有明显的不对称性：很多攻击信息对于防御方来说可能长期处于隐藏状态，而防御信息相反，很容易被探测到，可以被攻击者以较低的成本获得。要赢得如此具有挑战性的对抗，防御方必须具备一种特殊能力，即从极为有限的"安全传感器"中获得态势数据，并挖掘出有用的信息。

可用于数据分析的工具和算法很多，然而，不幸的是，当我们使用"最佳"工具时，不一定就能输出最佳的态势感知。这是因为大多数安全分析技术都没有充分考虑人的因素，尤其是用户对所生成数据进行观察和理解的程度。此外，许多标准化的工具被限制在特定的视角中，无法为决策人员提供完整场景的整体洞察，从而给人类有限的认知能力带来挑战。例如，大量的数据往往会成为理解能力的负担，导致"选择困难症"，而不是决策优势。

网络安全态势感知解决这个问题的方法是"集成框架"，将系统视角、个体视角和技术视角整合到一个宏观的框架中，形成具备人类知识（多学科理论）、算法和工具集的平台，提供攻防对抗实时分析或事后分析、实战任务资产损害评估和影响评估等演练所需的网络空间安全态势感知能力。

支撑态势感知的数据源可以包含数据、信息、系统接口、现实世界，以及其他层级态势感知系统的输出。

（1）系统接口

与靶场特定业务相关的各种系统接口是主要信息源之一，可以在主动获取信息的过程中，选择通过哪些系统接口获取详细数据。如在评估目标主机是否被攻击受控时，安全人员可以查看终端探针、流量探针等安全传感器的技术细节，并根据安全调查的需要，在不同的接口或系统之间切换，寻找各类可疑行为的分析线索。

（2）现实世界

现实世界是最具观察价值的一手信息源，包括安全人员可以直接感知到的环境信息，如被异常删除的文件、硬件上出现的极高温度等。另外，团队成员和外部专家也应视为现实世界的一部分。这些来源可能以多种方式形成价值信息。

从攻防演练的视角来看，态势感知的理解和预测层级主要是关于损害评估和影响评估，也就是对当前网络靶场里正在发生的事情和未来有可能发生的事情做出评估。面对当前的态势情境，攻防演练参与人员通常会采取一些行动措施（包括漏洞加固、策略加强和系统恢复等）来达成所期望的状态变化。不同的决策会产生不同的作业成本，也会导致不同演练结果。总之，攻防演练中指挥调度人员需要态势感知系统为其提供行动选项并提示可能结果，以促进演练决策过程，起到类似飞机驾驶舱的作用，如图 7-8 所示。

● 图 7-8　飞机驾驶舱

2. 攻防演练专用指挥通信系统

攻防演练是基于信息系统的体系对抗。指挥通信网络纵横交织，将高度分散的演习要素和系统空间汇聚为"全维一体"网络空间地图，把演练数据源源不断传送至各级指挥单元的同时，将运筹帷幄的调度决策第一时间传送至执行单元，是决定演练成败的"战场神经"。

高层级实战攻防演练需要实现高安全性、高可靠性、高可视性和高实时性的全 IP 化指挥通信系统。功能上要求具有短信群发、地理定位、语音调度、视频监控及报警定位等功能，实现可视可控可查、定位精准、指挥精准及处置精准，可灵活设置管理层级与组织结构，支持横向到边、纵向到底的扁平化指挥调度。

基于上述需求，可采用分类标识、加急转发、默认转发等 QoS 与差异化服务技术，实现语音、视频双向通信的低延时，保障语音、视频等指挥信息在高网络流量条件下完成低时延双向融合通信；采用融合通信网络技术（PSTN 和移动公网通信）和互联网技术（虚拟专网、IP 组播），综合利用语音、视频、短消息、文件和信号等数据通信资源，实现统一监控、统一部署和及时处置功能，并进一步基于自主可控 VPN 与私有云技术，实现了专线专管专用指挥通信系统。

（1）系统软件分层设计

系统软件分为业务层、控制层与接入层，详情如下。

1）业务层实现指挥调度业务的处理，比如群组服务器、呼叫调度服务器、录制服务器和会议服务器等。群组服务器的主要目的就是为用户提供群组管理、呈现及即时消息 3

种业务；呼叫调度服务器的主要目的就是为系统中的呼叫业务处理层实现呼叫保持、强拆、强插、监听、前转和多方通话的功能；录制服务器在系统业务处理层，其主要目的就是实现录音录像的功能；会议服务器在系统业务处理层，能够对多媒体会议业务进行处理。

2）控制层实现消息路由、用户注册和用户数据管理等，包括软交换、归属服务器、域名服务器、媒体处理服务器等。其中的软交换属于系统核心网元，具有号码分析、呼叫控制、跨域出局路由及业务触发等功能，从而为网络信令通信提供相应的交换功能；归属服务器在系统中能够对用户相应信息及业务信息进行存储，和网络中其他的设备能够实现鉴权、注册和呼叫处理；域名服务器能够提供域名查询服务，其中的软交换能够对 DNS 获得被叫用户归属于入口的地址进行查询；媒体处理服务器在系统的核心层，能够处理媒体业务，包括媒体处理及媒体控制模块。

3）接入层实现多种终端接入，能够以终端数量实现多个资源管理服务器网元的部署，包括代理终端业务管理、呼叫、注册、资源属性和资源浏览等。

（2）系统的安全机制

首先，在本系统中，SIP 通过消息体及消息头为多媒体会话提供点到点及端到端的安全机制。图 7-9 所示为点到点及端到端的安全机制，在路径 D 中，通过 S/M 对端到端安全性进行保证，在路径 AC 中利用 HTTPS 实现每一跳的点到点安全，B 段安全性通过 TLS 及 IPSec VPN 实现。系统加密算法全部实现国产化。其次，本系统所有数据保密存储于国家安全监管机构，满足四级等保要求。

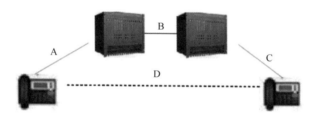

• 图 7-9 点到点及端到端的安全机制

（3）技术方案特点

上述技术方案具有以下特点，见表 7-1。

表 7-1 基于融合通信技术的指挥调度通信系统优势

序　号	特　点	具体表现
1	实时性	采用可视调度及移动视频技术前，使用调度电话系统支持业务，纯电路交换。应用后，能够支持多级别实施指挥调度，构建了高性能的 IP 调度系统，高效获得现场的信息，并且能够实现远端摄像云台的遥控，具有显示多路视频画面等更为丰富的功能
2	灵活性	传统的通信方法，系统的灵活性比较差。融合了可视调度和移动视频功能的指挥调度系统，通过接入各类监控系统，同时应用 IP 通信技术能够实现融合通信。同时设置的通信终端以用户为中心，能够在 IP 局域网内灵活移动

（续）

序　号	特　　点	具 体 表 现
3	安全性	实现点到点端到端安全，全系统采用国产密码算法，采用本地加密数据存储方法，极大增强了安全性
4	先进性	应用 IP 技术的可视调度通信，缩短了指挥中心和远端现场的距离。应用各类媒体介质，如视频语音短消息等，极大增强了指挥调度能力

7.3.3　管控攻防演练重要资源

演练期间，需要对攻击 IP 出口、虚拟攻击终端、攻击跳板机，以及必要的攻防工具与威胁情报资源进行动态管理与调配。

1. 攻击 IP 出口管理与调配

攻击 IP 出口作为攻击方攻击的重要资源，是攻击方在互联网上开展攻击的标识，良好的攻击 IP 出口储备和资源分配机制是保证攻击连续有效的基础，并能够根据攻击方需求适时做出调整，避免攻击 IP 出口轻易被防守单位捕获。

靶场提供攻击 IP 池动态管理与调配功能，具备攻击 IP 动态补偿、状态标识及两种智能分配机制等创新功能，根据演习进程情况，灵活采用节约模式（即优先分配已使用过的地址）和开放模式（即优先分配未使用过的地址），对申请限制和连续申请次数等环节进行把关，在保障攻击 IP 出口可用的前提下，最大程度做到节约、精准和智能。

2. 虚拟攻击终端管理与调配

常规攻防演习一般采用物理笔记本的方式，并预装终端管理软件和录屏软件来实现对攻击终端的管理。更好的做法是由攻防演练平台提供的专用的虚拟攻击终端，通过技术实现物理机和虚拟机的强制绑定，专人专用并内置攻击工具、攻击环境、办公软件和录屏软件，攻击队员的所有攻击行为都在此设备完成操作，系统需要记录所有终端的操作记录，避免文件外泄，整个演习期间全程录屏。

演练平台可随时调取任意攻击队员的实时屏幕画面，实现视频的进度管理、保存截屏等功能，为攻击行为审计和事后追查提供了强有力的技术保障。

3. 攻击跳板机管理与调配

演习过程中攻击队员无论采用何种攻击手段，其攻击过程大多要利用攻击跳板机进行攻击源的隐藏，攻击跳板机还担负着攻击反弹回连的重要工作，通过跳板机管理与实时调配并结合虚拟攻击终端管理，保证攻击队员连续有效的攻击。

演练平台应具备跳板机的精细化管理功能，攻击队员可自助式完成申请跳板机、删除跳板机和重置跳板机等功能。

4. 攻防工具与威胁情报的准备

网络攻防武器是什么？有专家曾形象地把它比作网际"特工"，意思是它既可以长期"潜伏"于网络中获取对手情报、观察对手动向，也可以在事态恶化或战时闻令而动，修改对手指令、瘫痪对手通信和控制系统，甚至攻击对手实体攻防系统，在关键时刻发挥决定性作用。

随着信息网络时代的全面到来，一些国家的网络攻防武器正式列装，成为军事装备的组成部分。网络攻防武器不仅用于攻击信息网络系统，也能通过网络攻击破坏受控的工业制造、预警探测、防空反导和指挥控制等实体系统。与此同时，包括网络侦察、网络攻击和网络防御在内的网络攻防武器装备体系逐渐形成。

1）网络侦察武器是对被侦察对象的网络信息进行侦察的网络武器系统，如"高级侦察员"系统、"网络飞行器"系统和"爱因斯坦计划"。

①"高级侦察员"系统被用于寻找对手信息网络体系入口。它可以探测、跟踪和定位对手的雷达站、微波塔楼、蜂窝电话、卫星地面站和其他通信链接点，然后朝对手信息网络注入错误数据流、植入己方可控制的算法程序包，根据需要摧毁对手信息网络。

②"网络飞行器"可以按照研制人员制定的策略，在无线网络和有线网络中穿梭，不留痕迹地收集网络态势情报，实施相应攻击，并具有特定情况下的自毁能力。

③"爱因斯坦计划"是美国政府的网电监控系统，它可以感知通过网关和互联网接入点的数据流，检测恶意代码和异常活动，及时发现威胁和入侵，保护己方的网络空间安全。

- "爱因斯坦 1 计划"的技术本质是基于流量的分析技术（DFI）来进行异常行为的检测与总体趋势分析，具体地说就是基于 *Flow 数据的 DFI 技术。这里的 *Flow 最典型的一种就是 NetFlow，此外还有 sFlow、jFlow 和 IPFIX 等。

- "爱因斯坦 2 计划"的技术本质是 IDS 技术，对 TCP/IP 通信的数据包进行 DPI 分析，以发现攻击和入侵等恶意行为，其中的 IDS 技术中既有基于特征库（Signature，也称指纹库、指纹信息或签名库）的检测，也有基于异常的检测，二者互为补充。

- "爱因斯坦 3 计划"（见图 7-10）综合运用了商业技术和 NSA 的技术对政府机构互联

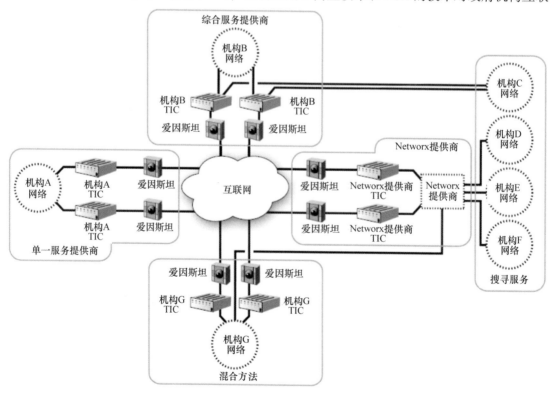

● 图 7-10　"爱因斯坦 3"的传感器与 TIC 联合部署的逻辑拓扑

网出口的进出双向流量进行实时的全包检测（Full Packet Inspection，FPI），以及基于威胁的决策分析。尤其借助电信运营商的有利位置（ITCAP）部署传感器，能够在攻击进入政府网络之前就进行分析和阻断，具备 IPS 的动态防御能力。"爱因斯坦 3 计划"的总体目标是识别并标识恶意网络传输（如恶意邮件、IP 欺骗、僵尸网络、DoS、DDoS、中间人攻击和恶意代码注入等），以增强网络空间的安全分析、态势感知和安全响应能力。

2）网络攻击武器是破坏对手信息网络系统和网络信息、削弱其使用效能的网络武器。被人们熟知的有"舒特"攻击系统，除此之外还有"震网"病毒、"黑暗力量"等。

① "舒特"攻击系统（见图 7-11）可以检测与识别多种辐射源，利用对手的防空系统漏洞发送假目标信息进行欺骗和误导，甚至接管和关闭对手的防空系统。

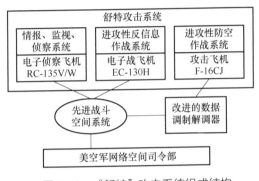

● 图 7-11　"舒特"攻击系统组成结构

② "震网"病毒（见图 7-12）是针对工业控制系统的计算机"蠕虫"病毒。"震网"病毒通过"摆渡"方式感染与互联网物理隔离的内部网络，直至系统损坏。

③ "黑暗力量"是一种攻击工业自动化控制系统的病毒，通过对 Word 文档内嵌入病毒的方式来展开攻击。

3）网络防御武器是用于保护己方信息网络系统和信息数据安全的网络武器。除用于计算机网络防御的常规防护设备外，网络防御手段还有"网络诱骗"系统和"网络狼"软件等。

① "网络诱骗"系统主要用来检测、追踪和确认潜在的网络入侵者。美军的"网络诱骗"系统会自动建立虚假网络，诱使对手攻击并浏览虚假网络情报，同时向系统管理员通告入侵者的行踪。

② "网络狼"是一种分布式网络攻击智能嗅探软件，它可实时收集、记录各种网络入侵事件，审查、提取和浓缩入侵图样并向管理员报告，能大大降低误警、虚警的发生次数。

4）此外，还有网络攻击告警系统，这类系统可以及时向系统管理员提供情况、发送告警信息。

武器库关系攻防演练的效率与成果，建议在攻防演练开始之前，按演练任务的性质对其进行整理。

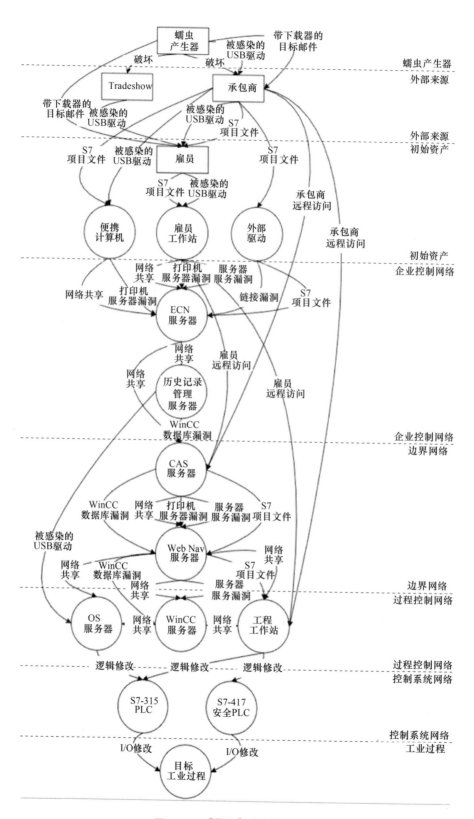

● 图 7-12 "震网"病毒的运行逻辑

7.4 攻防团队管理

攻防演练的挑战不仅来自于靶标状态的不确定性，也来自于攻防力量的未知性。这两种对象，都是在演练实施的过程中，随着攻防战队的深入作业，靶标的信息、拓扑、业务性质和防御情况逐步呈现出来。与此同时，战队的能力状态与技术特点也慢慢形成画像。但很多工作依然需要在攻防演练的前期阶段开展完成，以最大限度地把握攻防演练的预期效果。

7.4.1 攻防能力评价所需的数据

一场攻防演练中，攻防双方的战斗力管理是至关重要的。但由于决定攻防能力的要素非常复杂，并且其中很多要素具有不确定性，也不易量化，导致其管控的难度很大，这就给攻防演练的组织实施带来了极大的挑战。

要把握一支战队的攻防技能实力，需要从实战中对战队进行战斗力分析。通过网络靶场获取数据，按雷达图进行输出，形成直观的评价，这是一种相对比较有效的办法。

1. 攻防能力评估数据的获取

以下所列攻防能力的数据采集维度，可用于分析攻防各方的技战术能力。

（1）渗透攻击能力数据

数据的获取方式包括但不限于调查收集、手工填报、实时采集和综合分析等，数据项如下。

- 团队成员的单兵作战能力。
- 团队协同作战的分工合理性与配合有效性。
- 情报收集与应用能力。
- 漏洞挖掘能力。
- 漏洞利用武器化能力。
- 渗透工具与平台的技术层级与运用水平。
- 对目标系统相关业务的了解程度。
- 被测目标的复杂度，由节点数、设备数、子系统与功能模块数量、数据量、交互接口数量等构成。
- 渗透过程所体现的技战术水平，包括渗透的手法描述、工具信息、利用漏洞信息、时间度量与路径描述。
- 渗透中是否主动发现了新的漏洞与安全脆弱性。
- 渗透造成系统危害程度，包括获得数据、获得控制权、植入木马、建立隐蔽通道、影响功能、破坏系统和进入内网等。
- 测试报告完成的水平（对国家标准和理解程度，渗透过程的描述水平及被测目标存在的脆弱性描述等）。
- 对抗队伍对其的评价（参考），演练中发现的其他评价条件。
- 其他反映渗透检测能力的数据。

（2）安全防护能力数据

数据的获取方式与渗透攻击能力数据类似，数据项如下。

- 团队成员的单兵作战能力。
- 团队协同作战的分工合理性与配合有效性。
- 威胁建模、攻击面识别与安全脆弱性管理能力。
- 保护目标的复杂度。
- 保护策略的正确性。
- 是否正确使用了国家标准对网络、主机、应用程序、数据、服务等进行了有效防护。
- 基于多种安全产品与工具使用所体现的可疑渗透攻击行为检测能力。
- 威胁情报应用能力。
- 安全事件调查能力。
- 溯源反制能力。
- 是否利用某些创新的防护方法增强了系统抵御入侵的能力。甚至存在某些漏洞无法被利用的技术。
- 攻击方对防护方的评价意见，以及竞赛中发现的其他评价依据。
- 其他反映安全防护能力的数据。

（3）应急处置能力数据

应急处置能力往往也作为安全防护能力的子集，此处将该能力单独列出，是考虑在实际的攻防演练活动中，安全监管部门有时对应急处置提出专门的响应流程要求，由现场指挥部将演练中发现的重大安全隐患通知到公安机关，再由公安机关通知到单位网络安全负责人，组织应急人员根据预案完成处置工作。考核应急处置能力所依据的数据项如下。

- 主动发现能力：发现应急事件的数量与发现及时性。
- 入侵事件研判：入侵能力的评价（个人、组织、掌握工具及漏洞的能力、持续时间、攻防对抗的能力）与准确性。
- 响应及时性：处理时间。
- 应急响应预案（人员、流程、准备的工具和其他）：完备性、有效性。
- 在应急响应与处置过程中是否引入新的问题。
- 系统的最终恢复水平。
- 应急响应报告质量。
- 其他反映应急处置能力的数据。

2. 能力评价维度的设定

可以根据攻击检测、安全防护、应急响应和调查取证等多个维度对攻防演练所需的队伍能力进行评价维度设定。以攻击检测为例，渗透测试人员的技能特长一般分为情报分析、漏洞挖掘、Web 渗透、系统渗透、移动 App 渗透、云平台渗透和社会工程学等常见方向。

7.4.2　战斗力的量化评估

实战化攻击战队能力可以依据不同的能力级别和技能类型进行划分。

综合考虑掌握技能的难易程度、市场人才的稀缺程度，以及实战化能力的有效性这三个方面的因素，将攻击战队的实战化能力从低到高依次划分为基础能力、进阶能力和高阶能力。

（1）掌握技能的难易程度

不同的能力，学习和掌握的难易程度也不同。而技能的难易程度是能力定级的首要因素。

例如，Web 漏洞利用相对容易，而 Web 漏洞挖掘就要困难一些，系统层漏洞的挖掘则更为困难。所以，这三种能力也就分别依次被列入了基础能力、进阶能力和高阶能力。

（2）市场人才的稀缺程度

市场人才的稀缺程度也是能力定级的重要参考因素。例如，在所有白帽子中，掌握系统层漏洞利用的人平均来说只有 1 成左右。在 iOS 系统中，会编写 POC 或 EXP 的白帽子也相对少见。因此，这些能力就被归入了高阶能力。

（3）实战化能力的有效性

总体而言，越是相对高阶的能力，防守方越难以防御和发现，其在实战攻防演练过程中发挥实效的概率也就越大。

接下来说分类问题。从不同的视角出发，可以对实战化能力进行不同的分类。而本书所采用的分类方法，主要考虑了以下几个方面的因素。

- 只针对实战化过程中最主要、最实用的能力进行分类，边缘技能暂未列入分类。
- 不同的能力分类之间，尽量相互不交叉。
- 分类与分级兼顾，同一领域的不同能力，如果分级不同，则作为不同的分类。
- 将挖掘、利用、开发和分析等能力作为不同的技能来分类。例如，同样是 Web 系统，漏洞利用、漏洞挖掘、开发与编程都是不同的能力分类。

以前述分级与分类原则为基础，将实战化白帽人才能力分为 3 个级别、14 大类、85 项具体技能。其中，初级能力 2 类 20 项，中级能力 4 类 23 项，高级能力 8 类 42 项。

图 7-13 所示为上述所有信息的实战化攻防战队能力图谱。

1. 初级能力

初级能力主要包括 Web 漏洞利用与基础安全工具使用两类。

1）Web 漏洞利用主要包括命令执行、SQL 注入、代码执行、逻辑漏洞、解析漏洞、信息泄露、跨站攻击、配置错误、弱口令、反序列化、文件上传与权限绕过等漏洞。

2）基础安全工具使用主要包括 Burp Suite、SQLMap、AppScan、AWVS、Nmap、Wire-Shark、Metasploit、CobaltStrike 和 Nessus 等安全工具。

2. 中级能力

中级能力主要包括 Web 漏洞挖掘、Web 开发与编程、编写 POC/EXP 等利用代码和社工钓鱼 4 类。

1）Web 漏洞挖掘主要包括命令执行、SQL 注入、代码执行、逻辑漏洞、解析漏洞、信息泄露、跨站攻击、配置错误、弱口令、反序列化、文件上传与权限绕过等漏洞。

2）Web 开发与编程主要包括 Java、PHP、Python、C/C++和 Golang 等编程语言的使用。

3）编写 POC/EXP 等利用代码主要包括针对 Web 漏洞、智能硬件/IoT 漏洞等系统环境的漏洞编写 POC 或者 EXP。

4）社工钓鱼主要包括开源情报收集、社工库收集、社交钓鱼和鱼叉邮件等社工钓鱼技能。

• 图 7-13　攻防战队能力图谱

3. 高级能力

高级能力主要包括系统漏洞利用与防护、系统漏洞挖掘、身份隐藏、内网渗透、掌握 CPU 指令集、高级安全工具、编写 POC/EXP 等高级利用和团队协作八大类。

1）系统漏洞利用与防护主要包括 SafeSEH⊖、DEP⊖、PIE⊜、NX㉔、ASLR㉕、SEHOP㉖、GS㉗等。

⊖　SafeSEH 是微软自 Windows XP SP2 之后引入的 S. E. H（Structure Exception Handler）校验机制，以防止攻击者通过覆盖堆栈上的异常处理函数句柄来控制程序执行流程的攻击。

⊖　DEP 是 Data Execution Prevention 的缩写，是一套软硬件技术，能够在内存上执行额外检查以防止在系统上运行恶意代码。

⊜　PIE 全称是 Position Independent Executable，指地址无关可执行文件，该技术是一个针对代码段（.text）、数据段（.data）、未初始化全局变量段（.bss）等固定地址的一个防护技术。

㉔　NX 全称为 No eXecute，即"禁止执行"，是一种 CPU 技术，是指把内存区域进行分隔，只存储处理器指令集或只存储数据。

㉕　ASLR（Address Space Layout Randomization）是一种操作系统用来抵御缓冲区溢出攻击的内存保护机制。这种技术使得系统上运行进程的内存地址无法被预测，使得与这些进程有关的漏洞变得更加难以利用。

㉖　SEHOP（Structured Exception Handler Overwrite Protection）指结构化异常处理覆盖保护。SEH 攻击是指通过栈溢出或者其他漏洞，使用精心构造的数据覆盖结构化异常处理链表上面的某个节点或者多个节点，从而控制 EIP（控制程序执行流程）。而 SEHOP 则是微软针对这种攻击提出的一种安全防护方案。

㉗　GS（Global buffer overrun Security cookie）编译选项为每个函数调用增加了一些额外的数据和操作，用以检测栈中的溢出。

2）系统漏洞挖掘主要包括代码跟踪、动态调试、Fuzzing 技术、补丁对比、软件逆向静态分析和系统安全机制分析等。

3）身份隐藏主要包括匿名网络、获取账号/ID、使用跳板机和身份冒用等身份隐藏技能。

4）内网渗透主要包括工作组与域环境渗透、横向移动、内网权限维持/提权、数据获取和免杀等方法。

5）掌握 CPU 指令集主要包括 x86、MIPS、ARM 和 PowerPC 等指令集。

6）高级安全工具主要包括 IDA、Ghidra、Binwalk、OllyDbg 和 Peach Fuzzer 等高级安全工具。

7）编写 POC/EXP 等高级利用主要包括在 Android、iOS、Linux、macOS 和网络安全设备等操作系统上找到漏洞并编写 POC 或 EXP 的能力。

8）团队协作主要包括指挥调度、情报收集、漏洞武器化、打点实施、社工钓鱼和内网渗透等。

7.5 成果研判

攻防演练的积分制与常见的安全竞赛存在较大差别。

首先，攻防演练强调攻击方对目标进行渗透攻击并获取系统权限，所以对只提交漏洞的情况不给积分，要求战队必须提交系统权限。

其次，由于攻防是相互的，因此，攻击方获得加分的同时，对防守方要进行相应的减分，0day 只给攻击队加分，防守方不减分。

最后，为防守方设定基准分，如 10000 分。

7.5.1 攻防演练的攻击方积分规则

攻击方可获得的积分主要来自获得目标单位系统的权限、突破网络边界、获取演练目标系统权限、发现已有攻击事件和额外奖励等。同时，如果提交的成果不完整、被防守方溯源、违反演练规则等事项会减分。表 7-2 所示的"攻防演练评分规则-攻击方"可供组织实施者参考，具体规则应根据实际情况进行调整。

表 7-2 攻防演练评分规则-攻击方

序号	类型	积分规则	备注
一、加分规则			
（一）获取权限（单个靶标单位）			
1	获取参演单位的域名控制权	一级域名 100 分，二级域名 50 分	相关得分累计不超过 500 分
2	获取终端计算机权限	管理员权限 20 分/个，普通权限不得分	得分累计不超过 500 分
3	获取邮箱账号权限	20 分/个	得分累计不超过 200 分

（续）

序号	类 型	积 分 规 则	备 注
4	获取 Web 应用系统、FTP 等应用的用户权限	普通用户权限 20 分，后台管理员权限 100 分。同一系统的同等权限（包括管理员）只得一次分	两项得分累计不超过 2000 分 注：互联网用户自行注册的弱口令不计分，因无法判断是否攻击战队自行注册了弱口令账号，除非可以通过弱口令拿到 WebShell，按第 6 项计分
5	获取单点登录认证系统（SSO）权限	系统管理权限 300 分，能登录的系统 100 分/个。同一系统的同等权限（包括管理员）只得一次分	
6	获取服务器主机权限（含 WebShell 权限）	普通用户权限 20 分，管理员权限 50 分。通过多网卡进入新网络区域的，按照进入的网络类型计分	三项得分累计不超过 4000 分 注： 1）服务器判断要有依据，如装了中间件、数据库等，一般客户端不会安装上述组件 2）只获得账号、密码本，没经过验证的情形不计分 3）域控均都按 7 评分，不计算单独服务器得分
7	获取域控系统权限	获取域控服务器管理员权限 500 分，域内可控服务器按照服务器主机权限计分	
8	获取堡垒机、运维机权限	管理员权限 200～500 分，托管的服务器按照服务器主机权限计分	
9	云管理平台控制权、大数据系统控制权等	1000～2000 分	根据控制系统的数量或数据量、重要程度计分，得分累计不超过 7000 分，特别重大战果由指挥部研判后计分
10	获取数据库连接账号密码（含 SQL 注入）	普通用户权限 50 分，管理员权限 100 分，同一系统的同等权限（包括管理员）只得一次分	得分累计不超过 1000 分
11	获取防火墙、路由器、交换机、网闸、光闸、摆渡机和 VPN 等网络设备权限	获取管理员权限 300 分，普通用户权限减半	得分累计不超过 2000 分，特别重大战果由指挥部研判后计分
12	物联网设备管控平台	按照平台上连接点数计算，10 分/台	得分累计不超过 1000 分，特别重大战果由指挥部研判后计分 注：如果该物联网平台能控制摄像头、感知终端之类设备的，须能下发指令，只显示物联网设备控制信息的，只按 Web 系统管理员账号计分
13	获取 IDS/IPS、审计设备等检测设备权限	管理员 200 分/个，其他用户 50 分/个	得分累计不超过 1000 分，特别重大战果由指挥部研判计分
14	获取其他系统、服务器、设备等权限	/	由指挥部参照演习目标系统计分
15	0day 漏洞	/	0day 提交单独的 EXP 的报告，裁判组研判，依据单独 0day 计分标准
(二) 突破网络边界			
1	进入逻辑隔离业务内网	1000 分	提供详实确凿的证明材料 一个队伍在一个防守单位只计一次分 内网中间不停跳转网段不累计得分

（续）

序号	类　　型	积 分 规 则	备　　注
2	进入逻辑强隔离业务内网	2000 分	提供详实确凿的证明材料，如需要突破隔离网闸之类的强逻辑隔离
3	进入核心生产网（如调度专网、核心账务网、生产大区、信令网和生产物联网等）	5000 分	提供详实确凿的证明材料
4	其他情况	/	提供目标单位内部网络实际情况，由指挥部核定计分
（三）获取目标系统权限			
1	位于互联网区的目标	5000 分/个	如果获取互联网区目标系统外的其他重要业务系统权限，能够影响全行业或某一地区重大业务开展且报告逻辑清晰、条理清楚，视同目标系统计分，最高 4000 分
2	位于业务内网的目标	7000 分/个	如果获取业务内网区目标系统外的其他重要业务系统权限，能够影响全行业或某一地区重大业务开展，且报告逻辑清晰、条理清楚，视同目标系统计分，最高 6000 分
3	位于核心生产网的目标	10000 分/个	如果获取核心生产网区目标系统外的其他重要业务系统权限，能够影响全行业或某一地区重大业务开展，且报告逻辑清晰、条理清楚，视同目标系统计分，最高 9000 分
4	其他情况	/	由指挥部核定计分 注： 1）具有等同效果的成果，由裁判组合议计分 2）靶标退出后，允许其他攻击队有 24 小时的时间提交已获得的成果，截止后提交不再计分 3）靶标如某集团某系统，那某集团下属的某相关系统计算路径分
（四）发现演习前已有攻击事件			
1	发现已植入的 WebShell 木马、主机木马	100~500 分/个主机，根据木马发现的网络重要性计分	提供包含确凿证据的详细分析报告，由指挥部研判后计分
2	发现黑客利用破解的密码登录主机系统	100~500 分/个主机，根据登录主机的网络重要性计分	提供包含确凿证据的详细分析报告，由指挥部研判后计分
3	发现主机异常新增账号	100~500 分/个主机，根据主机的网络重要性计分	提供包含确凿证据的详细分析报告，由指挥部研判后计分

（续）

序号	类　型	积分规则	备　注
4	发现隐蔽控制通道（发现了跳板类软件：端口转发、代理程序等）	100~500分/个主机，根据隐蔽控制通道的网络重要性	提供包含确凿证据的详细分析报告，由指挥部研判后计分
5	对攻击者成果溯源	境内攻击者200~1000分/个，境外攻击者500~3000分/个	提供包含确凿证据的详细分析报告，由指挥部研判后计分
6	发现其他系统被控制的线索情况	/	由指挥部核定计分
（五）额外奖励			
1	邮件加密系统	1）作为公共靶标，以最先拿到目标系统权限为标准来分配奖金。一旦有团队拿到管理用户权限，靶标立即"退出" 2）赏金设置标准解释权归裁判组	
2	数据中台	1）获取数据表内容 2）获取可视化系统数据库加密表并进行解密获得5000分	
二、减分规则			
（一）提交成果不完整			
未完整上报攻击成果，没有提交漏洞截图或详情，普通成果缺乏完整链条，重大成果缺乏关键环节		指挥部有权驳回、减分或不计分，直至补充完整	/
（二）被防守方溯源			
被防守方溯源到攻击队员、攻击资源		减3000分	经指挥部判定溯源有效的
（三）违反演习规则制度			
1	私自存储演习数据，如成果截图、报告、攻击结果和演习相关资源数据或信息等	第一次发现队伍减5000分，提出警告批评。第二次发现取消整个队伍的参赛资格，并向所在单位和涉及行业部门通报	/
2	未使用统一攻击资源，使用未授权攻击工具进行攻击	第一次发现队伍减1000分，提出警告批评。第二次发现取消整个队伍的参赛资格，并向所在单位和涉及行业部门通报	/
3	私自更改攻击终端配置	队伍减3000分，取消个人的参赛资格，向所在单位和涉及行业部门通报，并配合相关部门恢复系统	/
4	违规下载业务数据	视数据量来定，最高将终止个人资格，队伍减1000~4000分	/
5	违规篡改、删除（业务）数据，违规修改业务系统密码	减700~1500分。影响业务应用且未上报的再酌情减分	/
6	私自使用境外跳板机	公开通报，减2000分/次	/

（续）

序号	类　型	积 分 规 则	备　注
7	使用禁止攻击方式	减 500~1000 分，造成严重后果的，根据具体情况进行处理	/
8	使用非授权即时通信工具、网盘、本机录屏软件和外部存储设备	根据行为严重性，减 500~1000 分	/

7.5.2　攻防演练的防守方积分规则

攻防演练指挥部也需要为防守方制定类似于攻击方的加方规则与减分规则。表 7-3 所示为评分参考规则，供组织实施者作为模板，根据实际情况调整后采纳使用。

表 7-3　攻防演练评分规则-防守方

序号	类　型	积 分 规 则	备　注
一、加分规则			
防守方基准分：10000 分			
（一）发现类			
1	发现 WebShell 木马、主机木马	20~100 分/个主机，根据木马发现的网络重要性计分	提供包含确凿证据的详细分析报告，得分累计不超过 1000 分
2	发现账号异常，并采取处置措施	普通用户：用户层 5 分，系统层 10 分，数据库 10 分，网络设备 25 分 管理员用户：得分×2	提供包含确凿证据的详细分析报告，得分累计不超过 500 分
3	发现恶意邮件（包含恶意链接、病毒邮件）	发现恶意邮件，对邮件进行分析，根据报告质量，得 0~50 分/个	提供包含确凿证据的详细分析报告，得分累计不超过 250 分
（二）消除类			
1	处置现场接触式攻击	20 分/次	提供包含确凿证据的详细分析报告，得分累计不超过 100 分
2	处置攻击者进入互联网区事件	25 分/次	提供包含确凿证据的详细分析报告，得分累计不超过 250 分
3	处置攻击者进入逻辑隔离业务内网区事件	100 分/次	提供包含确凿证据的详细分析报告，得分累计不超过 1000 分
4	处置攻击者进入生产网区事件	500 分/次	提供包含确凿证据的详细分析报告，得分累计不超过 2500 分
（三）应急处置			
	积极配合应急组工作，根据线索能快速准确定位受害系统，能提供充分的日志记录，配合执法机关有效固定证据完成勘验	高效配合完成应急工作者得 300 分，配合一般者得 200 分，配合度差的得-100 分	得分累计不超过 300 分

（续）

序号	类　型	积 分 规 则	备　注
（四）追踪溯源			
	完整还原攻击链条，溯源到黑客的虚拟身份、真实身份，溯源到攻击队员，反控攻击方主机，根据程度阶梯计分	描述详细/思路清晰，提交确凿证据报告，根据溯源攻击者虚拟身份、真实身份的程度得 500~3000 分，反控攻击方主机再增加 500 分/次	不认可单一证据，需要提交可互相关联的证据。得分累计不超过 9000 分
（五）演习总结			
	按指挥部要求，撰写并提交各类报告，包括演习总结报告、防护及战法报告等	优秀者得 1000 分，不提交者减 1000 分	根据报告质量核定计分
二、减分规则			
（一）非正常防守			
	发现防守方非正常防守，包括封 C 段、网站不可用、网站首页被改为图片等行为，被发现并提交确切证据的情况	/	视违规情况扣分
（二）系统或网络被控			
1. 权限被控			
1	被获取域名控制权限	一级域名减 100 分，二级域名减 50 分	/
2	被获取终端计算机权限	管理员权限减 20 分/个，普通权限不扣分	/
3	被获取邮箱账号权限	减 20 分/个	/
4	被获取 Web 应用系统、FTP 等应用的用户权限	普通用户权限减 20 分，后台管理员权限减 100 分。同一系统的同等权限（包括管理员）只扣一次分	/
5	被获取单点登录认证系统（SSO）权限	系统管理权限减 300 分，能登录的系统减 100 分/个	/
6	被获取服务器主机权限（含 WebShell 权限）	普通用户权限减 20 分（同等权限按一个账户记），管理员权限减 50 分。通过多网卡进入新网络区域的，按照进入的网络类型扣分	/
7	获取域控系统权限	域控服务器管理员权限减 500 分，域内可控服务器按照服务器主机权限扣分	/
8	获取堡垒机、运维机权限	管理员权限减 200~500 分，托管的服务器按照服务器主机权限扣分	/
9	被获取云管理平台控制权、大数据系统控制权等	减 1000~2000 分	/

（续）

序号	类　型	积 分 规 则	备　注
10	被获取数据库连接账号密码（含 SQL 注入）	普通用户权限减 50 分，管理员权限减 100 分。同一系统的同等权限（包括管理员）只扣一次分	/
11	被获取防火墙、路由器、交换机、网闸、光闸、摆渡机和 VPN 等网络设备权限	依据最终成果倒溯减分，如和核心目标同网段的减 300 分。以路由器为例，小型减 50 分，中型减 150 分，大型减 300 分	/
12	被物联网设备管控平台权限	按照平台上连接点数计算，减 10 分/台	/
13	被获取 IDS/IPS、审计设备等监测设备权限	管理员减 200 分/个，其他用户减 50 分/个	/
14	被获取其他系统、服务器和设备等权限	/	由指挥部核定评分
2. 网络边界突破			
1	被攻击者进入逻辑隔离业务内网	减 1000 分	/
2	被攻击者进入逻辑强隔离业务内网	减 2000 分	/
3	被攻击者进入核心生产网	减 5000 分	/
4	其他情况	/	根据各单位内部网络实际情况，由指挥部核定扣分
3. 目标系统被控			
1	位于互联网区的目标	减 5000 分	如果互联网区目标系统外的其他重要业务系统权限被控，能够影响全行业或某一地区重大业务开展，视同目标系统失分，但最高扣分不超过 4000 分
2	位于业务内网的目标	减 7000 分	如果业务内网区目标系统外的其他重要业务系统权限被控，能够影响全行业或某一地区重大业务开展，视同目标系统扣分，但最高扣分不超过 6000 分
3	位于核心生产网的目标	减 10000 分	如果核心生产网区目标系统外的其他重要业务系统权限被控，能够影响全行业或某一地区重大业务开展，视同目标系统扣分，但最高扣分不超过 9000 分
4	其他情况	/	由指挥部核定扣分

 # 第8章 风险管控与安全保障

> "凡事预则立，不预则废。
> 言前定则不跲，事前定则不困，行前定则不疚，道前定则不穷。"
>
> ——《礼记·中庸》

网络靶场是一个复杂系统，而其承载的安全业务又极为敏感，风险管理与安全保障是靶场规划建设与运营管理的工作重点。本章从威胁建模与攻击面管理、保障体系与应急响应、攻防演练业务风险管控等方面给出了可行的方法。

8.1 网络靶场威胁建模

网络靶场承接多种安全保障任务，同时各类应用场景与数据资源高度集中，因此靶场本身的系统安全、网络安全、应用安全和数据安全防护是保证靶场业务延续性的关键。

靶场整体的安全体系构建，应建立在威胁建模的基础上，对所有可能的暴露面、攻击面与风险点进行分析，给出有针对性的预防、消除与防护方案，从技术、管理和运营三个方面构建网络靶场的安全架构，形成覆盖大数据平台防护能力、业务端点防护能力、高级威胁检测能力、安全态势感知能力、威胁情报分析能力和威胁对抗反制能力等多个方面的立体纵深主动防御体系，为靶场提供可靠的安全保障能力。

8.1.1 攻击面分析

攻击面是系统暴露给潜在攻击者的入口点的集合，如用户访问、Web 服务、邮件服务、文件上传下载服务、数据库查询与操作接口、安全管理配置接口等。其中每个入口点、接口都可能被恶意攻击者用来攻击系统。从威胁建模的观点来看，需要尽可能地收缩这些攻击面，以避免被攻击的可能性，同时增强系统的安全性，这项工作就称为"攻击面最小化"。

攻击面最小化的核心目标是减少系统被攻击的可能性，并将系统被潜在攻击者攻击的风险降到最低。

攻击面最小化方法有以下几种。

1. 通过减少默认运行的代码量来减少攻击面

运用 80/20 法则，分析功能与接口的必要性：80% 的用户/客户需要使用此功能吗？如果答案是否定的，那么将它取消或者关闭，增加一个显式的功能启动开关。

减少默认运行的服务。网络靶场只提供靶场用户需要的服务，只要有可能，就关闭默认运行的服务，但允许用户根据自己的需求选择开启。通过这个方法，如果靶场的某个应用程序的某个服务存在安全缺陷，确保只有此项运行的服务会受到影响。

攻击面最小化不是简单的"打开或关闭"。可以通过限制代码运行时的访问权限来减少攻击面。这样一来，许多功能仍然可用，但无法被攻击。

2. 通过限制不可信用户及访问方式来减少攻击面

对靶场启用的每项服务都需要认真审视允许的用户级别与访问方式，避免授权不当造成的安全风险，如图 8-1 所示。

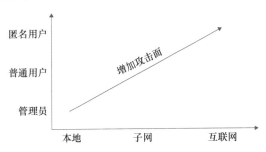

● 图 8-1　用户可信度、访问方式与攻击面的关系

● 用户级别（Authentication Level）：管理员（Admin）、普通用户（User）和匿名用户（Anonymous）。

● 访问级别（Access Level）：本地（Local）、子网（Subnet）和互联网（Internet）。

3. 通过权限最小化来减少攻击面

权限最小化即程序仅以完成工作所需的最小权限运行即可，避免滥用特权。即使系统存在漏洞，攻击者也仅能获取有限的控制权限，从而减少潜在的威胁，降低恶意攻击的影响。

原则上，永远不能以系统权限运行网络靶场各项服务，坚决避免以 Root 权限或具有管理权限的用户账户运行守护进程，除非是业务的明确需求。

攻击面最小化需要先识别出攻击面，在识别出攻击面之后，需要对攻击面进行分析，并提出相应的安全策略或设计需求对攻击面进行最小化。从而尽可能阻止利用潜在的安全缺陷进行攻击的攻击者，有助于降低网络靶场系统的风险。相关信息如图 8-2 和图 8-3 所示。

● 图 8-2　攻击面最小化的 3 个步骤

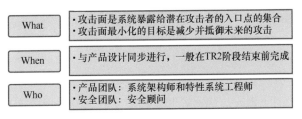

● 图 8-3　攻击面最小化的 3 个 W

熟悉系统业务场景及功能是识别攻击面的前提，数据流图正是通过熟悉业务场景，直观体现业务场景中实体之间的数据交互的流程图。所以攻击面识别工作是建立在正确、完整的数据流图基础上来完成的。其工作重点如下。

1）重点关注 High Level 数据流图并进行攻击面分析。

2）主要分析数据流图中跨越信任边界的数据流。

攻击面是系统暴露给潜在攻击者的入口点的集合，如网络入口（HTTP、FTP 和 TELNET 等）、Web 服务、数据库访问接口、物理接口（USB 接口、串口等）、终端数据、网络流量数据和云端数据的可能接触点等。

攻击面分析需要准确了解客户业务需求及产品当前的设计，列举当前的实际情况并作为下一步攻击面最小化的基础。可以围绕以下问题展开（见表 8-1）。

1）该功能是否必需？默认是否开启？

2）该功能访问何种控制方式（如互联网、局域网或本地)？

3）该功能是否有认证机制（如匿名、认证)？

4）该功能访问的权限控制（如普通用户、管理员）是什么？

5）该功能所使用的传输协议是什么？

6）是否可以提供该功能的服务或进程的运行权限？

表 8-1　攻击面自查表

攻击面 （入口点）	该功能是否必需？默认是否开启？	该功能访问何种控制方式（如互联网、局域网或本地)？	该功能是否有认证机制（匿名、认证)？	该功能访问的权限控制（如普通用户、管理员）是什么？	该功能所使用的传输协议是什么？	是否可以提供该功能的服务或进程的运行权限？
客户端访问接口	属于必需功能，默认开启	局域网	口令认证	UFO 账号管理员	TCP+SSL	Root 超级用户
Web 访问接口	属于必需功能，默认开启	局域网	口令认证	UFO 账号管理员	HTTP/HTTPS	UFO 登录用户
SSH 访问接口	属于必需功能，默认开启	局域网	口令认证	操作系统管理员	Telnet	操作系统用户
NE 网元接口	根据用户需求部署，默认开启	局域网	无	NE 管理员/靶场管理员	TCP	不涉及
FTP 访问接口	上传升级包时使用，默认开启	局域网	口令认证	UFO 账号管理员	FTP	FTP 服务用户
数据库接口	属于必需功能，默认开启	互联网	口令认证	数据库管理员	不涉及	数据库服务用户

8.1.2　构建威胁模型

除了攻击面最小化的流程方法快速提升靶场安全性之外，还应该在网络靶场的建设过程中，应用威胁模型工程方法作为靶场安全体系结构设计的基础。

威胁建模是一个识别、表示、建模和减轻软件系统可能面临威胁的系统过程，是识别和梳理网络靶场面临威胁和风险的重要途径。构建网络靶场的威胁模型，识别已知威胁，通过统一的结构化描述，合理的大数据分析及可视化等技术，可实现系统性地获取、分析、利用和共享这些威胁知识。同样，通过威胁模型汇集处理海量威胁数据，并基于该模型指导未知威胁的分析和发现，使得网络靶场能实现自动化安全防护和调整，执行安全流程对威胁进行响应和处理才可实现较精准的动态防御。

网络空间攻防是一场"非对称"的战争。高级持续性威胁（Advanced Persistent Threat，APT）等新型攻击层出不穷，攻击者拥有较长的准备时间、丰富的攻击工具和较低的攻击成本。传统的安全防护多数依赖边界或特殊节点部署像防火墙等安全设备的静态防御，实行以特征检测为主的安全监控，并基于规则匹配产生告警。然而，面对各类新型威胁，传统的安全防御方式显得愈发捉襟见肘。在上述背景之下，紧密结合网络靶场网络新业务、新架构、新技术和丰富的场景，全面进行网络靶场威胁建模工作，将提高检测识别的准确率、缩短响应时间和降低防御成本作为网络靶场网络安全威胁研究的重点。寻找系统潜在的威胁，并根据所发现的威胁制定应对措施，从而减轻威胁的影响，建立更加安全的系统。

威胁建模是一个不断迭代、不断循环的动态模型，包括识别资产、识别威胁参与者或因素、威胁行为分类、威胁评估和评价等 4 个步骤，如图 8-4 所示。

●图 8-4　威胁建模方法论

1）识别资产：梳理资产，明确威胁对象和保护对象信息。资产作为组织有价值的信息或资源，是安全策略保护的对象，通过识别资产可以了解攻击行为。

2）识别威胁参与者或因素：确定攻击系统的实体和原因，包括动机、技能水平、资源和目标等特征，并将这些因素逐一列出，考虑不同的威胁行为体如何攻击目标资产。

3）威胁行为分类：使用适合于系统和组织的分类法对威胁和攻击进行分类，确保充分了解每个威胁/攻击的原因。

4）威胁评估和评价：根据资产性、威胁发生的可能性对威胁所带来的风险严重性进行评估、比较，确定优先级排序。

建议引进本体论来指导多种威胁模型的本体设计，将资产定义和识别、威胁者行为识别、威胁行为分类、威胁评估和评价过程划分为威胁元模型设计、网络靶场威胁本体设计和基于威胁本体的安全风险评估三个部分。

1. 威胁元模型设计

威胁元模型的设计描述了威胁模型中的关键本体，这些本体是对威胁因素进行的进一步抽象，以目的、过程、威胁的攻击特征对威胁因子进行深入关联，从而设计出能够主动识别威胁的模型。威胁元模型主要包括威胁主体、资产、攻击方法、隐患信息和防御手段 5 个本体，如图 8-5 所示。

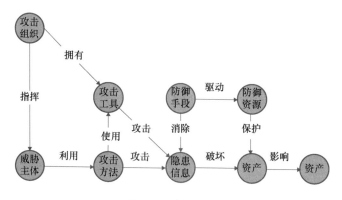

• 图 8-5　威胁元模型

在网络靶场中，每个威胁本体之间都存在一定的相关性，这是由每个本体之间的共同或相似属性决定的。威胁本体间的关联关系如图 8-6 所示。

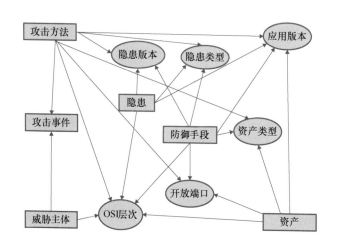

• 图 8-6　威胁元模型关联关系

如果存在一个资产实例与某一个防御手段实例产生关联，则该资产类型与防御手段所防护的资产类型、资产应用版本和防御手段防御的应用版本是相同的，同时资产和防御手段的OSI 层次也应相互覆盖。通过定义威胁元模型之间的关系源，可以识别本体中的关键属性，满足知识抽取后关联关系的自动生成。

2. 网络靶场威胁本体设计

网络靶场威胁建模根据靶场实际环境对资产进行识别分类，运用威胁检测技术，提取威胁行为模式与资产关系，运用统一威胁信息描述展示靶场威胁视图，并利用提取的威胁知识构建威胁主体、资产库、攻击方法库、攻击防御库和隐患库。根据本体论可以将威胁对象划分为 5 个本体，还可以通过继承进行扩展分级，如漏洞和配置可从隐患本体继承隐患基本属性，并进行自主扩展，威胁本体概要视图如图 8-7 所示。

通过对网络靶场威胁本体的内容进行解析，内部计算机设备不仅可以及时有效地防止敏感数据通过互联网发生泄露，快速定位跟踪源，防止网络攻击的发生，而且能够实时监控传输合意性，以及计算机用户在网络中的行为，在线监控网络流量，帮助网络高效、稳定和安全运行，防止非法信息的恶意传输，避免泄露重要的数据。

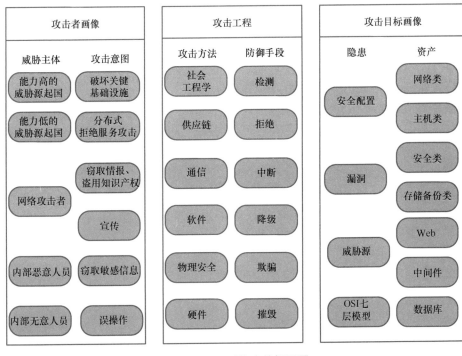

● 图 8-7 威胁本体概要图

3. 基于威胁本体的安全风险评估

根据资产性、威胁发生的可能性对威胁所带来的风险严重性进行评估、比较，确定优先级排序，可将危险类别划分为身份欺诈、篡改数据、数据泄露和拒绝服务四大类。

1）身份欺诈：非法获取和使用其他用户认证后的账户信息。

2）篡改数据：未经授权对用户的数据进行恶意更改。

3）数据泄露：将数据泄露给没有读取权限的个人或机构。

4）拒绝服务：拒绝向合法用户提供正当权限的服务。

根据引发威胁的危险种类，将风险分析的具体过程进一步具体化。首先，结合现有危险种类，分析安全威胁元模型相关本体，考虑现有威胁是否存在，识别并记录相关安全威胁；其次，对特定危险种类威胁发生的可能性及对安全范围的破坏程度进行量化，然后进行风险评估。采用这种方法来进行安全风险评估，可以优先处理最危险的威胁种类，再去处理其他威胁。

8.2 保障体系与应急响应

攻防演练是一项充满风险与挑战的复杂活动，需要全方位的设计与保障体系，并尽可能识别活动过程中可能发生的意外与风险，规划好应急响应的预案、资源与机制。

8.2.1 基础安全保障

网络靶场建设投资中，应提前把配套的安全设施、安全能力预留充足，按高防数据中心、较高网络安全等级保护级别要求，确保靶场基础安全保障落实到位。

1. 机房、网络和服务器等基础设施安全建设方案

高规格建设网络靶场专用机房和网络设施。选用符合网络安全等级保护要求的数据中心机房和网络设施，满足物理安全、网络结构安全、访问控制、安全审计、边界完整性审查和入侵防范等。

服务器采用主流安全的主机和操作系统，配套安装杀毒软件，满足网络安全等级保护对于身份鉴别、访问控制、安全审计、入侵防范、恶意代码防范和资源控制的需要。

2. 数据、业务系统安全建设方案

建立符合网络安全等级保护要求的数据、业务系统安全防护措施。数据、业务系统安全控制由定制软件提供，包括软件安全审计及问题修改。按照经验，软件安全审计与问题修改工作量按照软件开发工作量的8%计算。

安全审计是指通过第三方具有安全审计资质的单位对定制开发的软件进行安全审计，包括靶场数据安全保障策略，从数据分级、数据脱敏和数据加密等方面进行大数据隐私保护，制定包括事前预防、事中监控和事后审计的敏感数据安全防护策略，采用数据访问权限控制、大数据内容保护优化算法、数据发布安全控制、大数据业务流程安全、系统安全设置和安全管理等系列技术与管理手段，保障系统安全。

3. 安全管理方案

建立符合网络安全等级保护要求的信息系统安全管理体系，包括安全管理制度、安全管理机构、人员安全管理、系统建设管理和系统运维管理等方面的安全管理要求。

4. 网络靶场安全保护能力建设

靶标场景系统实现了数据、应用和资源的大集中，具有典型的应用云化的特征。因此，对于网络靶场各类应用环境的安全保护是在虚拟化技术的基础上，结合网络安全等级保护要求安全技术体系的五个层面统一考虑，将大数据平台保护、云安全保护和安全技术保护与等保要求结合，打造网络靶场的纵深防御体系，形成大数据平台防护、业务端点防护、高级威胁检测、安全态势感知、威胁情报分析和威胁对抗反制能力等多个层面的安全防护能力，如图8-8所示。

5. 集中攻击防范

在传统的分散数据情况下，各单位都自建安全防御设施。随着大数据的集中化，黑客通过入侵大数据平台就可能获得所需的多类信息，大数据系统的安全保护变得尤为重要，从协议的安全角度看，需要在每个协议层都有相应的安全防御、监控和预警措施。

6. 虚拟化安全保护

虚拟化平台是整个大数据资源抽象化的关键层次，虚拟化平台的安全关乎整个云平台的正常运转。因此，对虚拟化平台的安全风险应着重予以关注，充分考虑虚拟机的安全隔离问题、虚拟机实时监控问题、虚拟化平台安全策略问题、虚拟化平台的访问和运维管理问题，对资源池内、外部进行整体安全防护，防止特权人员对虚拟化平台造成破坏。

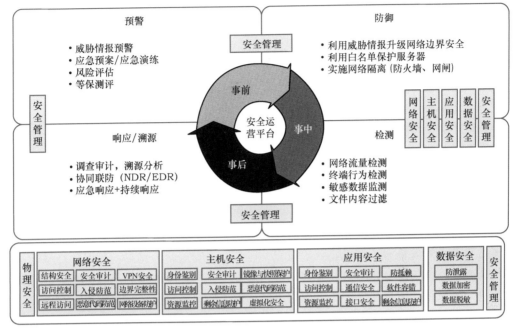

● 图 8-8　网络靶场安全保护能力建设

7. 多租户安全保护

大数据系统内存在多租户的安全问题，物理资源在多用户中共享。充分考虑大数据系统及其业务应用在多用户中有可能存在的不合理控制、租户对共享服务的误用或滥用、混合租户数据等安全问题带来的保护需求。

8. 数据可用性及防泄露

大数据具有海量数据、高速生成、数据多样和价值密度不均匀等特点，对大数据的可用性、可靠性和防泄露等方面都有需求。

对大数据的保护重在防止窃取大数据造成系统风险、数据泄露，通过大数据分级、大数据传输和存储加密、解密授权、双因子登录、数据导出敏感信息监测与脱敏处理等措施，利用威胁情报技术，从大数据系统中浓缩、筛选有价值的安全事件信息，结合攻击链模型，防止数据泄露。

随着数据的集中管理，大数据的价值也越发突出。需要有多副本、数据块校验、关键数据防删除和容灾备份等机制保证大数据的可靠性，防止数据丢失、损坏。

任何系统的资源和服务能力都是有限的，如果大数据系统出现资源恶意占用甚至服务攻击等情况，会导致大数据系统的访问质量下降甚至失败，从而引发大数据平台和应用不稳定等问题。

9. 认证安全管理

对大数据平台的多个数据账户管理尤为重要，需要进行有效的认证管理调度，在访问大数据时进行监控及审计，在发生入侵事件后对事件本身进行回溯并保存入侵证据链。

10. 应用等级保护

对网络靶场的安全保护将遵循等级保护三级或更高级别的安全要求，保障靶场的安全稳定运行。

8.2.2 "事前-事中-事后"全过程保障

网络安全行业流传着下面这个典故。

魏文王问名医扁鹊："你们兄弟三人都精于医术，到底哪一位最好呢？"

扁鹊答："大哥最好，二哥其次，我最差。"

文王再问："那为什么你最出名呢？"

扁鹊答："我大哥治病，是治病于病情发作之前。由于一般人不知道他事前能铲除病因，所以他的名气无法传扬出去，只有我们家的人才知道。我二哥治病，是治病于病情初起之时。一般人以为他只能治轻微的病，所以他的名气只及于本乡里。而我治病，是治病于病情严重之时。一般人都看到我在经脉上穿针管放血、在皮肤上敷药、做大手术，所以以为我的医术高明，名气因此响遍全国。"

治病如此，网络安全保障也是如此。事前防范——从根源上消除事故隐患，避免事故的发生，这是上策；事中控制——在出现险情但还没有酿成事故前，采取措施进行整改，这是中策；事后处理——当事故发生后，需要采取紧急的应急处理才能将事故损失降至最低，这是下策。很显然，对于日常安全管理来说，三种状态所付出的成本和代价是完全不一样的。所以我们认为，在安全管理中，事后追责是不得已而为之，并非良策，而真正有价值、有效益的是事前防范、未雨绸缪，以及事中监督、防微杜渐。

那么，对于不同单位、不同部门、不同业务环境中存在的安全隐患，我们应该如何做到"事前防范、未雨绸缪，事中监督、防微杜渐，事后处理、亡羊补牢"呢？

要做到"事前防范、未雨绸缪"，可以从以下几个方面入手。

1）明确网络安全责任制。要让组织机构的每一位成员都知道如果发生了网络安全事故，自己应该承担什么责任，这样政府、企业和个人的安全管理工作才能形成良好的制约机制。

2）确保每一位在岗人员牢固树立防患于未然的思想，并坚定不移贯彻执行，落实网络安全责任制。在落实网络安全责任制时要少走形式、注重实效，少一些环节、多一些主观能动性，提高责任意识。各类日常安全监督检查不走过场、不流于形式，要真抓实管。

3）加强网络安全绩效考核，并且考核量化。政府、企业和个人层层签订网络安全责任状，把事故责任和收入定量挂钩，全体员工都有责任、有义务、有权利监督检查，制止各类违章，确保网络安全。

4）积极组织开展各个层面的网络安全教育培训工作。理论联系实际，才能更有效地保证组织机构各个层面的网络安全工作得以顺利开展。

要做到"事中监督、防微杜渐"，就是要在组织机构各个部门认真开展网络安全监督检查工作。这不仅需要政府网络安全监管部门进行不定期的检查工作，组织机构自己也要定期进行自查自纠活动，对于违反网络安全法规制度、管理规定、标准规范的行为，以及存在的安全隐患，当场予以纠正或者要求限期改正，并对整改情况进行跟踪验证。

要做到"事后处理、亡羊补牢"，就是要对各类网络安全事故严肃处理，认真吸取事故教训。发生事故的单位、责任部门要积极配合网络安全监管部门的调查，严格按照"四不放过"原则查清事故原因，追究相关单位具体部门和当事人的责任，总结事故经验教训，提出防范措施并加强监督检查。另外，其他单位的员工也应该认真学习公示可见的各类安全通报，以此来提高自身的安全防护意识和技能，以防同类事故再次发生。

8.2.3 筑牢安全基线，夯实抗攻击能力

NIST 组织对安全基线的定义：安全基线 = 安全能力 + 安全能力上配置的安全策略。

通俗地理解，安全基线是根据法规、标准和制度等多方面安全要求，针对特定保护目标设定的最基本的安全规定。

1. 安全能力框架

在建立事件响应机制之前，必须先具备基础的安全能力，通过对这些基础能力的应用，可保障数字资产/业务系统的保密性、完整性和可用性，如图 8-9 所示。

一般认为，保密性、完整性和可用性是网络与信息安全的三个基本要素，三者之间存在密切的内在关系。

保密性是网络信息不被泄露给非授权的用户、实体及过程，或供其利用的特性。即防止信息泄露给非授权个人或实体，信息只为授权用户使用的特性。保密性是在可靠性和可用性基础之上，保障网络信息安全的重要手段。常用的保密技术包括防侦收（使对手侦收不到有用的信息）、防辐射（防止有用信息以各种途径辐射出去）、信息加密（在密钥的控制下，用加密算法对信息进行加密处理。即使对手得到了加密后的信息也会因为没有密钥而无法读懂有效信息）、物理保密（利用各种物理方法，如限制、隔离、掩蔽和控制等措施，保护信息不被泄露）。

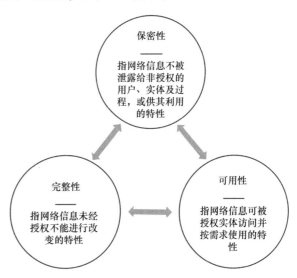

• 图 8-9　网络与信息安全三要素的三位一体关系

完整性是网络信息未经授权不能进行改变的特性。即网络信息在存储或传输过程中保持不被偶然或蓄意地删除、修改、伪造、乱序、重放和插入等破坏和丢失的特性。完整性是一种面向信息的安全性，它要求保持信息的原样，即信息的正确生成、存储和传输。完整性与保密性不同，保密性要求信息不被泄露给未授权的人，而完整性则要求信息不致受到各种原因的破坏。影响网络信息完整性的主要因素有设备故障、误码（传输、处理和存储过程中产生的误码，定时的稳定度和精度降低造成的误码，各种干扰源造成的误码）、人为攻击和计算机病毒等。相对应地，保障网络信息完整性的主要方法有通过各种安全协议有效检测出被复制的信息、被删除的字段、失效的字段和被修改的字段；使用纠错编码方法完成检错和纠错功能；使用密码校验方法作为抗篡改和传输失败的重要手段；利用数字签名保障信息的真实性；请求网络管理或中介机构证明信息的真实性。

可用性是网络信息可被授权实体访问并按需求使用的特性。即网络信息服务在需要时，

允许授权用户或实体使用的特性，或者网络部分受损及需要降级使用时，仍能为授权用户提供有效服务的特性。可用性是网络信息系统面向用户的安全性能。网络信息系统最基本的功能是向用户提供服务，而用户的需求是随机和多方面的，有时还有时间要求。可用性一般以系统正常使用时间和整个工作时间之比来度量。可用性还应该满足以下要求：身份识别与确认、访问控制（对用户的权限进行控制，只能访问相应权限的资源，防止或限制经隐蔽通道的非法访问，包括自主访问控制和强制访问控制）、业务流控制（利用均分负荷方法，防止业务流量过度集中而引起网络阻塞）、路由选择控制（选择那些稳定可靠的子网，中继线或链路等）、审计跟踪（把网络信息系统中发生的所有安全事件情况存储在安全审计跟踪之中，以便分析原因和分清责任，从而及时采取相应的措施）。

安全基线是为业务系统生成的，对应到网络靶场其等于为了满足靶场业务保密性、完整性和可用性需求而使用的安全能力，加上安全能力为靶场业务系统配置的安全策略。

网络靶场的安全基线应该根据靶场业务战略、业务属性生成，每个业务单元、每种不同类型资产的基线都会存在具体差别。比如靶场对外提供的互联网业务，可能存储着大量的用户信息，开放给所有人访问，每天需要面对大量攻击尝试。靶场的工业控制靶标场景，构建有水坝、工厂和产线之类的业务内容，存储有生产数据，是需要特定领域知识才能使用和攻击的专门系统。两者的安全基线肯定完全不一样。

但是安全基线的建立并不是完全没有章法可循。安全基线的模型都可以参考 NIST 800-53、ISO 27001：27002，但后续讨论以 NIST 关键基础设施网络安全框架（CSF）为主，从识别（Identify）、防护（Protect）、检测（Detect）、响应（Response）和恢复（Recover）5 个维度为业务系统建立安全"基线"，见表 8-2。

表 8-2　NIST 关键基础设施安全框架（CSF）

功　能	分　类	编　号
识别	资产管理	ID. AM
	业务环境	ID. BE
	治理	ID. GV
	风险评估	ID. RA
	风险管理战略	ID. RM
	供应链风险管理	ID. SC
防护	身份管理与访问控制	PR. AC
	意识与培训	PR. AT
	数据安全	PR. DS
	信息保护流程与过程	PR. IP
	运维	PR. MA
	保护技术	PR. PT
检测	异常与事件	DE. AE
	安全持续监控	DE. CM
	检测流程	DE. DP

（续）

功　能	分　类	编　号
响应	响应计划	RS. RP
	通信	RS. CO
	分析	RS. AN
	缓解	RS. MI
	提高	RS. IM
恢复	恢复计划	RC. RP
	提升	RC. IM
	通信	RC. CO

靶场作为一种新兴的网络安全基础设施，在使用 CSF 框架时需要对各个环节进行定制化。

1）识别：靶场数字资产及数字资产依赖的设施资产的清查盘点，确定靶场安全所需要符合的法规、标准和制度，进行资产风险评估、供应链风险评估和安全能力评估等。

2）防护：规划靶场数字资产的整体防护措施，落实各项防护措施，清晰定义网络边界，划定安全域，明确划分防护责任，配置访问控制（网络、人员和账号）策略，采取主动防御、APT 检测、数据安全和灾难备份等措施。

3）检测：对各项安全管控措施、检测机制和防御能力进行持续检测，发现异常，研判安全事件等。

4）响应：按靶场预定义的应急事件等级，启动事件响应流程，执行应急处置任务等。

5）恢复：执行一系列缓解措施，包括资产灾备、业务恢复和总结经验等。

安全基线应该由网络靶场的业务团队和安全团队共同参与，并且其中有大量的内容和工作是依靠人力施行的，包括资产清点、评估业务内部和外部的风险、确定业务影响的范围、人员职责和意识的培训等。但同时也是有很多可以通过信息化手段进行管理的内容，包括资产清点、分类、识别并记录资产漏洞、建立访问控制策略、数据保护策略、建立完整性检查机制等。更为重要的是安全基线不仅是给人看的，也是"威胁分析"和"事件响应"过程中的重要输入。所以需要建设一套安全基线配置系统对资产的基线进行可视化的管理。

1）让资产的防护状况对使用者透明可视。

2）作为威胁分析知道何为异常，让事件响应知道应该找谁处理。

需要注意的是，基线不应该是一成不变的，而是应该随着事件响应的流程持续修正的。这方面可以展开更详细的讨论。

2. 安全基线系统的建设

安全基线系统的建设方式涉及但不限于如下方式。

（1）配置管理数据库（CMDB）

将企业中已有的各种安全系统、软件中与基线相关的部分实时更新到 CMDB 中（见图 8-10），由 CMDB 对资产的基线进行维护。威胁分析平台从 CMDB 中读取资产的安全基线。

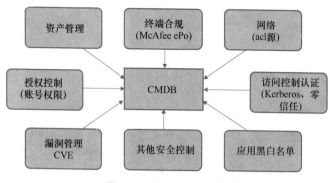

● 图 8-10　CMDB 汇总模式

（2）建立安全配置管理平台（SCM）

通过 SCM 对内部的多种安全能力的基线进行统一配置和下发。威胁分析平台可以通过接口的方式读取 SCM 中的基线配置。这同样要求 SCM 与多个平台、系统对接（见图 8-11）。

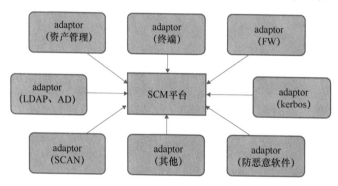

● 图 8-11　SCM 统一管理模式

从市场的角度来说，商业公司主推的应该是第二种，毕竟市场的发展需要企业推动，而企业肯定希望能够在用户的 IT 中占据更有利的生态位。但是第二种方案在落地时显然面临着设备折旧的问题，要么用户忍痛接受，要么厂家忍痛集成。而部分具备较强能力的组织可能选择第一种方式，或者是更优的方案。

这两种方式都需要大量的开发工作，但这种付出是值得的，只有通过建立安全基线才能牢固把握实体边界延伸到什么程度，以及弱点在哪里，应该如何修复。

（3）SCM 中的安全基线建设

"安全基线"的建立需要在组织内部有一个强有力的团队，他们应该对组织内部的数字资产分布情况有足够的了解，具备分辨资产价值的能力，熟悉网络安全相关法律法规、对各种安全威胁的应对方案具备基本的认识。而这些往往是政府、企业内部安全参与者所缺少的。所以整个安全自动化框架在组织内部落地时，发生用户认知不断改变，需求不断变化，建设者深陷其中，最终无法落地的情况。这并非完全无解，但也肯定是安全自动化体系早期落地最大的难点之一。

SCM 应该以资产为单位，建立安全基线规则库，并对基线的内容进行持续的监控，检测资产的基线是否持续有效，是否已经被突破或被人为篡改。安全基线的内容建议从以下 5

个维度着手建设。

1）识别、发现能力建设。在以资产为核心建立安全基线之前，应该先问一些基础的问题：该业务不可用1个小时、1天会对组织造成什么样的影响？哪些机密数据会成为入侵者的目标？资产可用性或完整性出现问题时，可以用哪些手段对其进行恢复？资产应该符合哪些国际、国内法规？哪些风险会导致攻击者进入内部？资产是否设置了最小的访问控制？能检测到网络和主机中哪些数据？内部人员对于安全事件处理流程和自身的责任是否有足够的认识？

在追寻这些问题的答案时，也是安全基线开始建立的时候。在识别能力上需要建设的内容如下。

- 识别组织内的物理和软件资产，以建立资产管理计划的基础。
- 确定组织支持的业务环境，包括组织在供应链中的角色及组织在关键基础设施领域的地位。
- 识别组织内建立的网络安全策略以定义治理计划，并确定有关组织网络安全能力的法律和法规要求。
- 识别资产漏洞，对内部和外部组织资源的威胁及风险响应活动，可作为组织风险评估的基础。
- 确定组织的风险管理策略，包括建立风险容忍度。
- 确定供应链风险管理策略，包括优先级、约束、风险容忍度和用于支持与管理供应链风险相关风险决策的假设。

2）基线定义。即明确资产安全建设的目的，需要满足的法律法规、合规性要求，或为全面降低风险应该实施的安全措施。企业可以为了满足等保、PCI DSS等要求而建立一个全面而严格的基线，也可以仅仅为内部测试系统建立一个满足最低底线的基线。对于SCM而言，可理解为该资产应该选用什么样的基线评估模板，以及应该定期执行哪些基线检测项。

3）范围设定。资产的核心（服务器、数据库、应用、机密数据等）。所有在可用性、保密性、完整性遭到破坏后都会导致组织遭受损失的数字、物理资产都应该纳入保护范围。这些资产内容都应该录入CMDB或SCM的资产管理数据库中，以方便持续对其状态和风险进行监控。

4）责任界定。

- 业务/资产负责人、联系方式。在威胁分析发现安全事件及系统需要执行响应流程，需要人工进行干预时，需要能够在第一时间将事件信息和决策内容发送给该负责人。通知方式不限于短信、邮箱等。责任人也是业务基线计划的执行者，当上级对业务的合规性、安全性进行评估时，不合规的项目需要责任人进行整改。责任人应该是资产的一个属性，且信息应该及时补充到资产中。
- 业务运维负责人。满足最小权限要求的运维访问控制，对人员访问员、登录账号、安装程序、命令执行等行为进行监测，从而发现不合规或异常事件。运维基线同样可以通过运维堡垒机同步到CMDB或SCM控制策略的方式实现。

5）风险评估。从网络安全杀伤链或攻击生命周期等攻击者的视角分析资产哪些弱点可能被利用，分析的结果也将在防护建设的阶段指导策略配置。在SCM中主要对资产的信息系统漏洞和系统基线配置进行维护（包括漏洞的发现、持续监控及分级），系统基线配置项内容建立和持续检测。当前有很多的系统可以对漏洞和基线配置项进行管理，这些脆弱性的信息将在威胁分析和事件响应阶段持续发光发热。

3. 基线的管理

建立安全基线工作最大的意义在于，将资产原本分布在各种能力中的安全策略统一管理到 SCM 中。不仅让管理者对资产的防护状态一目了然，也有助于威胁分析模块对资产的异常指标进行分析。事件响应模块在生成 COA 时，也能知道可以通过哪些手段遏制事件发展。而且为资产建立良好的基线之后，已经能从源头减少大部分的风险。因为大部分情况下并不是攻击方太厉害，而是防守方在一些基础的配置上出了问题，且没有及时发现。安全基线的建立能在一定程度上解决这个问题。

图 8-12 所示的安全基线的建立涉及五大领域、数十种安全设备，需要花时间积累，在起步阶段需要依赖 SOC、安全服务平台这类的产品进行改造，结合资产管理系统建立基础的识别、防护和检测能力，再以威胁情报打通 SOAR，实现概念的落地。

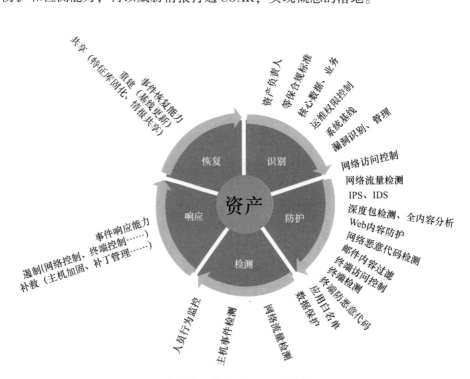

● 图 8-12　安全基线的建立方法

4. 基线评估自动化

建立安全基线之后，应进一步对其符合性进行评估和持续的监测。借助内容自动化（SCAP）的各种 checklist 语言、可利用标准检测引擎，实现自动化安全基线的评估。checklist 语言编写的 XML 文件可自定义基线检测项，如检测值、推荐的整改措施、Reference 等，并且只需简单修改 XML 文档即可实现基线内容的自定义。

8.2.4　网络靶场的应急响应

网络靶场的应急响应工作极其艰巨，需要坚持统一指挥、密切协同、快速反应和科学处置。坚持以预防为主，预防与应急相结合。坚持谁主管谁负责、谁运行谁负责等原则。

1. 靶场应急事件分类分级

网络靶场可能发生的网络与信息安全事件分为有害程序事件、网络攻击事件、信息破坏事件、信息内容安全事件、设备设施故障和灾害性事件等，风险等级由高到低划为特别重大（Ⅰ级）、重大（Ⅱ级）、较大（Ⅲ级）和一般（Ⅳ级）4 个级别，各风险级别定义见表 8-3。

表 8-3　靶场应急事件等级表

风险等级	含　义	颜色	描　述
Ⅰ	特别重大	红色	一旦发生将对靶场信誉形成严重破坏，严重影响靶场或相关方的正常经营，经济损失重大、社会影响恶劣
Ⅱ	重大	橙色	一旦发生将对靶场产生较大的经济或社会影响，在一定范围内给靶场与相关的经营和信誉造成损害
Ⅲ	较大	黄色	一旦发生会对靶场业务与相关方造成一定影响，但影响面和影响程度不大
Ⅳ	一般	蓝色	一旦发生造成的影响程度较低，一般仅限于靶场内部，通过一定手段很快能解决

2. 应急准备

应急准备是开展应急预案、应急处置的基础。建议从摸底调查、自查自纠、监管执法、运营保障和技术准备 5 个维度扎实做好相关工作。

（1）摸底调查

按照《中华人民共和国网络安全法》等相关法律，对靶场内部重要信息系统开展摸底调查工作，掌握各重要信息系统的硬件设备、网络结构、系统架构、数据情况、安全防护情况、安全事件应急处置团队情况、技术力量等。

（2）自查自纠

网络靶场应按《中华人民共和国网络安全法》《信息安全等级保护管理办法》等要求，对信息系统开展自查工作，发现系统存在的缺陷并及时修正，如图 8-13 所示。

（3）监管执法

公安机关网安部门督促靶场建立日常巡检机制和应急处置机制，建立自身应急处置队伍，完善应急处置程序，保障系统正常运行。

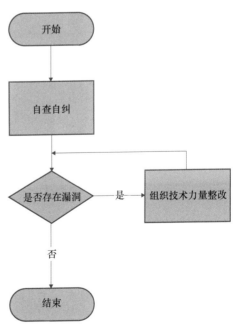

● 图 8-13　靶场网络安全自查自纠工作流程

（4）运营保障

靶场运营负责网络安全保障，对流量进行实时监控并掌握风险，对可能导致靶场系统故障的攻击要及时检测、过滤、阻断和有效缓解。

（5）技术准备

组织建立专业化的技术力量，提前做好应急准备工作，包括系统的备份、恢复、攻击溯源和反制等。

3. 应急预案

攻防演练应对的主要风险是在演练期间其他团队未授权的攻击事件。事件分为恶意篡改事件、DDoS 攻击事件、恶意代码事件和入侵攻击事件等几大类。

靶场除了自身安全之外，保护的重点目标有政府官网及相关部门网站等重要信息系统；地方电信、供电、供水、燃气和卫生等部门的重要系统；政务云、数据中心和电子商务等大数据相关企业的重要信息系统。

（1）恶意篡改事件应急预案

- 网站、网页由网站的维护人员、网信办和公安机关互联网监控人员实时监控网站信息内容。
- 发现在网上出现非法信息时，网站管理员立即向信息安全领导小组通报情况，并做好记录。之后清理非法信息，采取必要的安全防范措施，将网站、网页重新投入使用。情况紧急的，应先及时采取删除等处理措施，再按程序报告。
- 网站管理员应妥善保存有关记录、日志或审计记录，将有关情况向安全领导小组汇报，并及时追查非法信息来源。
- 事态严重的，立即向信息安全领导组组长报告，并向相关部门进行汇报，如图 8-14 所示。

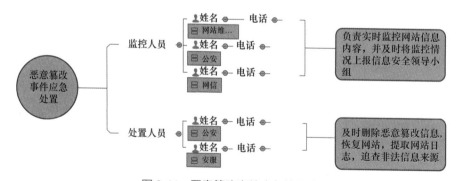

● 图 8-14　恶意篡改事件应急处置流程

（2）DDoS 攻击事件应急预案

在演练期间可能会发生大规模的 DDoS 攻击事件，其中包括网站被 DDoS 攻击和系统被 DDoS 攻击。

解决方案为利用主流云安全防护系统进行应急防护。

网络与信息安全应急领导小组第一时间确认该域名是否接入云安全防护，未接入的告知被攻击目标单位将系统域名接入云防护系统开展外层防护工作。

云安全防护系统将防护节点和日志节点建立在高防、高性能机房内，用户无需对原有网络拓扑进行任何更改，只需将原网站 NS 解析为云安全防护系统的 DNS 服务器，或者将 CNAME 别名指向云安全防护系统即可。

（3）恶意代码和入侵攻击事件应急预案

- 各重点保护目标系统要求每小时必须备份，与软件系统相对应的数据必须有多时段的备份，并将它们保存于安全处。
- 当发现有黑客正在进行攻击时，应立即向应急处置办公室报告，并采取相应技术手段阻断或干预，软件遭破坏性攻击（包括严重病毒）时要将当前系统停止运行并及时切换到备用系统。
- 管理员首先要将被攻击（或病毒感染）的服务器等设备从网络中隔离出来，保护现场，并同时向信息安全领导小组报告情况。
- 应急处置办公室负责协调所属单位恢复与重建被攻击或被破坏的系统，之后恢复系统数据并及时追查非法信息来源。
- 事态严重的，立即向信息安全领导办公室报告，并向相关部门进行汇报，如图 8-15 所示。

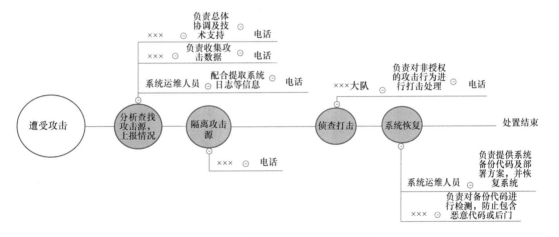

● 图 8-15 攻击事件应急处置流程

（4）数据库故障应急预案

- 主要数据库系统应定时进行数据库备份。
- 一旦数据库崩溃，管理员应立即进行数据及系统修复，修复困难的需立即向应急处置办公室报告，以取得相应的技术支持。
- 在此情况下无法修复的，应向网络与信息安全应急领导小组报告，在征得许可的情况下，可立即向软硬件提供商请求支援。
- 在取得相应技术支持也无法修复的，应及时向网络与信息安全应急领导小组组长或领导报告，在征得许可并在业务操作可弥补的情况下，由应急办公室信息协调技术人员利用最近备份的数据进行恢复。

（5）硬件设备故障应急预案

- 网络接入设备、服务器等关键设备损坏后，网络运维人员应立即向应急办公室报告。
- 应急办公室网络现场进驻人员及网络运维人员立即查明原因。

- 如果能够自行恢复，应立即用备件替换受损部件。
- 如属不能自行恢复的，立即与设备提供商联系，请求派维护人员前来维修。
- 如果设备一时不能修复，应向信息安全领导小组汇报，立即启动备用系统，直到故障排除、设备恢复正常使用。

（6）网络舆情应急预案

- 加强有害信息监控。对发现的有害信息及时采取措施进行封堵删除，将负面影响降到最低程度，坚决防止传播扩散。对境内发现涉及本地的有害信息应坚决协调有关部门及时删除，对境外有害信息要及时向上级部门报告，研究反制措施。
- 加强情报搜集、研判和预警。一是加强重点方向的情报搜集。加强对网上可能形成大规模负面舆情的苗头性情报信息的搜集报送工作；二是加强情报信息的核查和研判。
- 做好同步落地查人。对煽动性、破坏性和行动性有害信息要在采取网上处置措施的同时，迅速落地查人。网安支队负责进行网上取证配合刑侦、国保等部门依法打击处理。
- 加强舆论正面引导工作。

舆情监管机构负责对涉及本地发生重特大敏感事件可能引发炒作的问题，提前研究准备好对外应对口径和新闻稿，报请上级领导审定。舆情监管机构对可能发生舆论炒作的舆情，组织网评力量及时跟帖，配合官方权威信息、专家评论文章在网上进行正面引导，使之形成合力。

（7）外部电源中断后的应急预案

- 如因内部线路故障，由现场后勤保障人员迅速恢复。
- 如果是外部的原因，立即启用备用发电机组供电，并立即向信息安全领导小组汇报。

（8）机房发生火灾时的应急预案

- 一旦机房发生火灾，应遵循下列原则：首先保证人员安全；其次保证关键设备、数据安全；三是保证一般设备安全。
- 人员灭火和疏散的程序：首先切断所有电源，同时通过 119 电话报警。并从最近的位置取出灭火器进行灭火，其他人员按照预先确定的路线，迅速从机房中有序撤出。

4. 应急处置流程

图 8-16 所示为攻防演练安全事件应急处置参考流程，应按事件的类型、等级严格遵照预定流程处置。

（1）对于恶意代码的处置

立即隔离被感染的设备，针对不易确定的威胁情况应采取断网措施，并上报安全事件；对恶意代码进行取样存证、溯源分析；备份重要数据；安排专业人员使用恶意代码清除工具执行清除工作，恢复系统正常运行；评估损失情况并上报。

（2）入侵攻击事件的处置

应立即隔离被攻击的设备，上报安全事件。除非特别紧急，如有可能，先不封堵攻击的 IP 地址或直接断网，而应快速对攻击流量进行抓包，使用攻击分析工具分析攻击者的特征，包括利用的漏洞、使用的脚本和工具，评估攻击者的水平与能力，判断入侵的性质（属于单个入侵者还是黑客组织），实施溯源、取证和反制，最后采取封堵 IP 地址（端口）直到断网等应急措施。评估事件造成的损失与影响，以最快速度恢复系统。

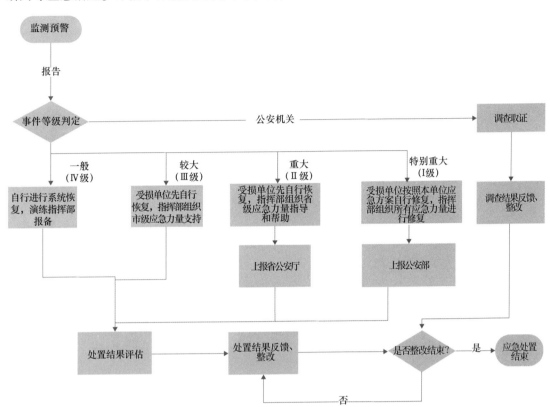

● 图 8-16 攻防演练安全事件应急处置参考流程

8.3 全方位的风险管控

网络安全攻防演练是高风险活动，千万不要因为对风险估计不足，考虑欠妥而未落实安全保障措施，导致安全活动过程中出现不应有的安全事故或安全瑕疵，破坏了活动预期目标，甚至出现法律问题。本节分析了攻防演练过程中常见的几大风险，并提出了风险管控的思路与方法。

8.3.1 攻防演练风险分析

网络靶场常态化举行大规模攻防演练，而攻防演练必然涉及大量靶标场景、众多攻防人员及多种技术平台，长时间高频度的网络攻防活动很可能会引发种种风险。经过梳理，以下几大风险需要靶场运营人员高度重视。

1）演练组红方的操作失误导致被检测方系统出现重大的灾害事故。每场攻防演练，组织方都会强调操作规范与违禁要求，如禁止发起 DDoS 攻击、禁止攻击场馆信息系统、禁止使用具有感染性的恶意代码、禁止攻击授权范围之外的目标系统等，但总会碰到有战队人员偶尔发生一些"越界行为"。

2) 演练组红方的个别成员不听指挥，导致被检测方出现重大的灾害事故。攻防演练需要确保在安全可控的前提下进行高度敏感的活动。如果执行攻击渗透的人员不遵从演练指令，过度扫描导致目标系统 CPU 负载上升，渗入内网后修改安全设备配置导致断网，或者利用特定漏洞攻击导致重要服务器重启，都有可能导致被检单元出现业务故障，甚至出现重大安全事故。

3) 演练组红方的个别成员将木马植入被检测单位的系统，并在演练结束后继续控制该系统。演练的初衷是为了帮助各个靶标单位检测安全隐患，而不是借演练之名，行攻击之实。在演练指挥部同意下，模拟黑客行为植入后门软件，对目标信息系统的漏洞进行验证，或尝试打开更深层的安全问题。然后在检测任务结束后，按要求对相关恶意代码予以清理，不给用户单位留下"后门"。如果反其道而行之，则严重违反了《中华人民共和国网络安全法》，违规人员要承担法律责任。

4) 演练组红方的个别成员在演练时，私自窃取或者篡改被测单位的数据。数据是企业的生命线，除非为了检测、验证目标系统安全性的目的，对特定数据作可恢复的处理，并在行动结束后迅速予以还原，其他任何在攻防演练过程中"夹带私货"的做法都是违规的，都要受到相关法规的惩处。

5) 在演练期间，非参与演练的单位或者个人，实施以下攻击。
- 窃取或者篡改数据。
- 恶意破坏目标系统。
- CC 或者 DDoS 攻击。
- 其他未知攻击。

6) 演练组蓝方的个别成员未按应急预案正确处置，导致被检测系统出现重大安全事故。
- 被检测系统在未明状态下参加演练，活动结束后无法界定故障原因，导致责任纠纷。
- 被检测方在演练期间遭受损失，可能会导致的法律诉讼。
- 被检测方在演练结束后遭到入侵导致损失，可能引起的法律诉讼。
- 其他未预料到的可能发生的安全事件。

7) 网络舆情安全风险。

8.3.2 风险管控思路与方法

由于网络靶场经常举行城市级实网攻防演练等存在较大安全风险的活动，为实现网络安全攻防演练的"安全可控"要求，靶场建设单位应开发靶场专用的"攻防演练风险管控平台"（见图 8-17），根据需要规划本地攻击检测区、防御对抗区和应急响应区的安全隔离，构建跨城市联合攻防演练的安全通信专用网络，并基于指挥调度系统、全流量存储审计系统、入侵检测系统、大数据分析系统、恶意代码沙箱系统、毁伤评估系统和堡垒主机等安全系统，对攻防演练全流程进行严密监控，对所有违规活动进行实时阻断，确保攻防演练之内的各项业务活动风险可控、安全可靠。

1) 异地攻击检测区（指靶场所在城市之外的省市）与本地攻击检测区之间，通过 VPN 设备建立加密通道，并安装防火墙（NGFW）进行访问控制，仅允许事先备案的授权 IP 地址之间进行通信。通过这种方式，异地攻击检测团队可以安全地接入攻防演练现场，参加攻防演练。

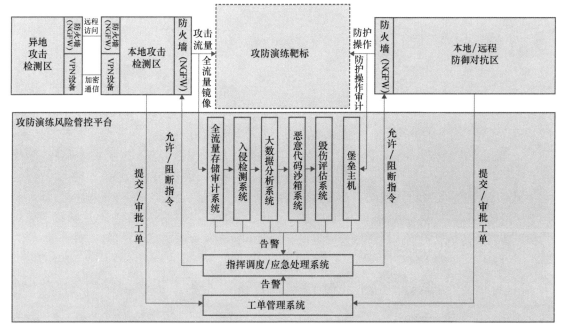

● 图 8-17　攻防演练风险管控平台

2）攻击检测区允许做攻击检测的 IP 地址受到严格控制，并且这些 IP 地址可访问的攻防演练靶标也受到严格限制，即只有授权的 IP 地址才能针对批准的目标进行攻防检测，否则，视为非法。

3）攻击检测区与防御对抗区的所有操作都需要提交工单到"工单管理系统"，由指挥部人员审核后，由团队给出"允许"或"拒绝"的决定，并由系统转化为安全策略，下发到相应的防火墙进行实时控制。

4）对所有攻击流量进行全流量镜像存储在审计系统中，对这些流量进行入侵检测分析、大数据安全分析、恶意代码行为分析、毁伤评估分析，根据预先制定的攻防团队行为规则，将异常事件生成告警发到"指挥调度/应急处置"单元。

5）同理，对于防御对抗区发出的流量也进行审计分析，并将异常事件生成告警发到"应急处理"单元。

6）"指挥调度/应急处理系统"对告警事件进行处理，并根据需要对攻击检测区与防御对抗区的防火墙下发"允许"或"阻断"指令，予以实时控制。

 **第 9 章　靶场集群与靶场大数据**

> *"信息是 21 世纪的石油，而分析则是内燃机。"*

——彼得·桑德加德

　　理论上，网络靶场意图实现对真实网络空间的映射，因此会模拟大量的设施与数据。而靶场所依赖的核心安全能力也离不开数据驱动。本章特别提出靶场集群、靶场大数据、靶场大脑与智能攻防等值得探索的靶场发展方向，并对其关键内容进行了引导性的解析。

9.1　网络靶场集群：无限的场景，无限的能力

　　虽然网络靶场是一种投入经费大、使用门槛高和收益有风险的网络安全基础设施，但假设其有无限的延伸能力，靶场之间可以做到互联互通、设施共建、资源共用、数据共享和能力共生，那么，投入的成本将趋向于最小化，而使用效率与安全价值将实现最大化。本节讨论的网络靶场集群将帮助大家实现这个愿望。

9.1.1　靶场集群的概念架构

　　靶场集群的目标是希望实现 1+1>2 的效果。通过构建分布式靶场互联管控平台及互联互通基础设施，探索标准规范、资源共享、能力多样和分工协作的靶场互联架构体系，从而形成全国重要网络靶场的集群，实现靶标、数据等核心资源的互联、互通、互操作。

　　分布式靶场互联管控平台是推进靶场集群的关键，其作用如下。

　　1）在技术层面，构建分布式"靶场群"所需的靶场互联管控平台和互联互通基础设施。

　　2）通过分布式"靶场群"成员分靶场基础环境共享、攻防技术复用和安全数据共享，实现优势互补及资源整合，从而形成资源富集、多方参与、合作共赢、协同演进的安全生态。

　　3）构建靶场互联标准规范体系，在全国各重要靶场开展互联合作推广。

　　4）支撑靶场互联运营模式的探索，促进靶场互联服务目录的建立，实现各互联靶场解决方案、靶场场景和靶场数据等环节的展示、推广及应用。

　　靶场集群可以采取中心化与去中心化模式，也可以采取这两种模式共存的混合模式，主要根据实际情况按需采用。

例如，我们将某国家级网络靶场作为中心位置的集成总控靶场，利用分布式靶场架构对全国各大高校、企业和政府等网络靶场实施互联，聚焦保护/管控对象和共性问题、共性顽疾，持续打造安全中枢与共性平台，通过共生方式解决共性问题。贯通联动响应渠道，形成事前防范、事中监测、事后处理的能力，全面提升大数据及网络安全保障能力和服务水平，支撑和带动行业网络安全风险防控水平提升。

1. 分布式网络靶场互联互通平台技术框架

平台可采用 1+X 模式，其中 1 为联合管控中心，X 为各分靶场。联合管控中心作为分布式靶场互联管控平台的任务责任主体单位，负责任务资源调配、任务过程监督和工作统筹协调等工作。各分靶场在联合管控中心的统筹协调下分工负责具体实施。

分布式靶场体系结构参考模型如图 9-1 所示，分布式靶场互联管控平台联合管控中心建设靶场一级试验指挥控制中心，各分靶场建设二级试验指挥控制中心，统一部署分布式靶场管理系统。通过互联互通基础设施实现联合管控中心与各分靶场的二级试验指挥控制中心的互联互通，完成对靶场试验任务、资源和数据等的管理控制功能。

2. 联合管控中心

联合管控中心（见图 9-2）是协同管理所有接入分靶场的管理平台，其作为靶场的任务责任主体单位，负责任务资源调配、任务过程监督和工作统筹协调等工作。

分布式靶场互联管控平台可由联合管控中心组织开展联合任务，各分靶场间能够互联互通互操作，靶场数据和资源可共享共用，并可由联合管控中心管理组织调度。分布式靶场互联管控平台建成后，可开展跨地域联合演习、安全众测、大规模实训竞赛与技能测试，有利于促进数字孪生城市安全融合生态建设。

分布式靶场互联管控平台分布式架构由分布式靶场互联管控平台联合管控中心、分布式靶场管理系统、分布式靶场互联标准规范和系列分靶场组成。

基于模块化设计思路，为分布式靶场互联管控平台分布式架构网络规划不同的网络安全域，按不同的业务场景，如业务网、管控网等进行建设，除分布式靶场互联管控平台分布式架构接入接口和区域级别的公用组件外，不同的网络安全域可部署一个或多个独立的管理服务和相对应的硬件基础架构，整体的分布式靶场互联管控平台分布式架构服务块可根据所属不同范围划分为以下几个部分。

（1）分布式靶场基础服务块

分布式靶场基础服务块提供了分布式靶场管理系统和公用基础系统平台资源、专用构件资源和业务模拟资源，为靶场的基础设施和场景构建提供标准化服务资源模块。

（2）分布式靶场管理系统服务块

分布式靶场管理系统服务块主要用于对分靶场进行资源管理、资源控制、资源状态监视和数据采集，对被试人、设备、方案和参训人员进行数据采集。采集的数据通过数据总线进入管控网。业务网和管控网通过代理、中间件、网关、协议过滤和网闸等多种手段实现逻辑隔离。

（3）分布式靶场互联标准规范服务块

分布式靶场互联标准规范服务块提供靶场分布式互联的对接标准，为整个靶场的业务提供数据管理、采集评估、资源调度、指挥管控、互联互通及安全防护方面提供标准化支持。实现分布式靶场计算、存储、网络、安防设施和关键服务等共用基础资源和构件的集中管控和灵活调用，形成靶场软硬件构件的即插即用、敏捷重构与动态集成。

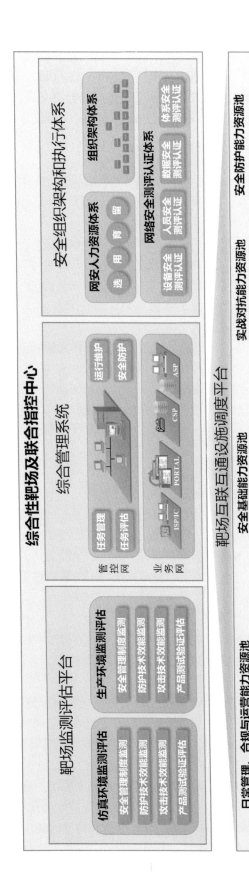

● 图 9-1 分布式靶场体系结构参考模型

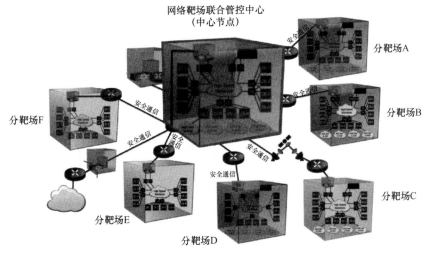

● 图 9-2　网络靶场联合管控中心

3. 分布式靶场管理系统

分布式靶场管理系统的互联体系由靶场节点、互联网关、云控中心、网关管理平台和授权中心组成，如图 9-3 所示。

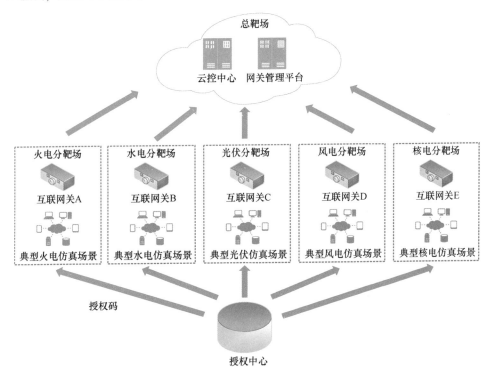

● 图 9-3　分布式靶场管理系统架构示意

分布式靶场管理系统将不同的地理位置、业务流程、单位的靶场环境定义为一个靶场节点，首先在每个靶场节点架设一个互联网关打通不同靶场的网络，并通过网关管理平台、授权中心对单个节点的访问控制权限进行管控，最终实现对异地资源的整合，用户可通过一个统一的平台申请访问处于不同位置的靶场节点，管理平台具有对申请进行批准与拒绝的权限，通过整套的机制实现对靶场环境的共享，在不同单位之间互惠互利。

其中，云控中心与网关管理平台部署在云服务器上，云控中心为靶场节点提供共享互联的能力，以 Restful 接口的形式体现，而网关管理平台则统一管理互联网关，实现集中控制、统一编排，控制各节点网络连接的情况。

靶场节点是在靶场的基础上增加互联功能模块，调用云控中心接口，实现数据同步和资源共享，分为子节点和主节点两种不同角色，角色的确定则是由授权中心提供的授权码所决定的，如图 9-4 所示。互联网关与靶场节点配合使用，控制网络连接和路由规则。

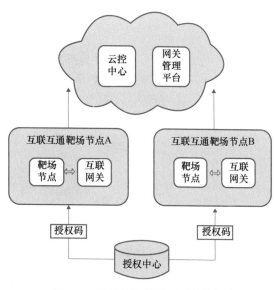

● 图 9-4　网络靶场互联体系结构组成

4. 单个互联节点架构设计

从整个共享互联的网络来看，每个互联节点是最小的接入单位，而单个的互联节点则是由靶场节点加互联网关构成的，想要加入共享互联网络，两部分缺一不可。靶场节点控制组件资源，构建仿真场景、共享场景数据和拉取共享资源；互联网关根据共享资源链接情况，接受网关管理平台的管控命令，生成路由规则和策略，打通本地与其他互联节点的网络连接，其架构如图 9-5 所示。

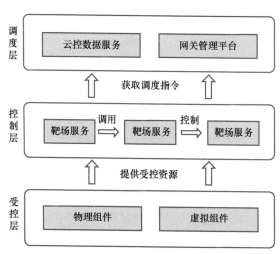

● 图 9-5　单个互联节点架构设计

5. 互联节点间的架构设计

互联节点有两种身份，分为主节点和子节点，主节点相对于子节点来讲多了节点管控的功能，能对所有接入共享互联网络的节点进行管理，如查看节点信息、在线状态及强制节点下线等。除此之外，所有节点的权限均相同，均有权享受共享网络中的资源，也可以调用云控中心 API 接口，共享自身的场景资源，丰富整个网络的共享资源池。

每个节点对其自身共享的场景具有最高控制权限，可审核通过或驳回其他节点对场景的使用申请。其系统架构如图 9-6 所示。

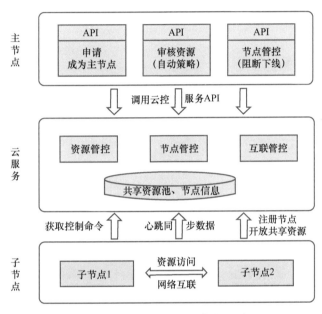

● 图 9-6　互联节点间的架构设计

9.1.2　靶场集群的资源共享方式

分布式靶场管理系统是一套去中心化的共享互联系统，各家靶场作为互联网络中的一个节点，可手动选择是否激活并加入靶场共享互联网络（以下简称"互联网络"），互联网络中的每个节点都能享受共享资源的申请与使用，也有义务向其他家的靶场提供闲置场景。

1. 场景资源的共享模式

场景资源的共享模式分为两种，即 VPN 远程接入模式和共享连接点模式。

（1）VPN 远程接入模式

在场景中内置 VPN Server，根据申请使用的情况自动生成 VPN 客户端的配置文件，用户通过 VPN 客户端建立 SSL VPN 隧道实现场景接入，如图 9-7 所示。

（2）共享连接点模式

如图 9-8 所示，在场景中放入远程连接点，对内 Lan 口连接场景组件，对外 Wan 口接入互联网关设备，当申请使用共享连接点，并在本地场景内应用时，通过 IPSec 构建数据加密隧道，打通连接点之间的网络互通。

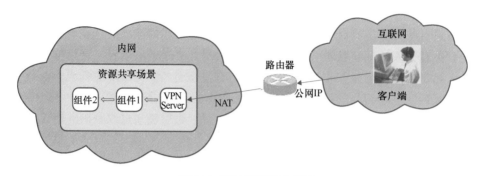

● 图 9-7　VPN 远程接入模式

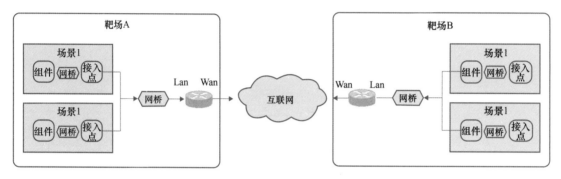

● 图 9-8　共享连接点模式

2. 主要业务流程

下面以节点激活与场景共享的流程为例，说明业务操作的具体流程。

（1）互联节点激活流程

通过平台获取唯一码，获取后在授权平台输入唯一码、节点身份和云控服务等授权信息，生成不同身份的授权码，返回靶场平台输入授权码，使之成为互联网络中的一个节点，如图 9-9 所示。

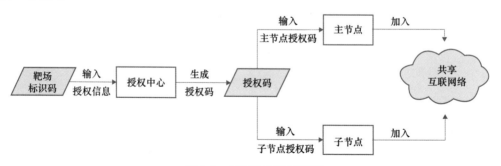

● 图 9-9　互联节点激活流程

（2）场景共享流程

靶场平台利用虚拟组件加实物组件，构建出各行业不同工艺流程的仿真场景，通过拖入不同的组件，实现以下两种不同方式的共享。

1）第一种"场景+VPN 组件"，实现场景远程共享，通过申请使用并审核通过之后，获得 VPN 客户端的接入配置。

2）第二种"场景+连接点"，实现场景连接点共享，其他靶场节点通过申请使用并通过审核之后，会在本地生成一个远程场景的连接点，通过拖入本地场景、连线，构建 IPsec 加密隧道并下发路由规则，实现网络可达。

具体流程如图 9-10 所示。

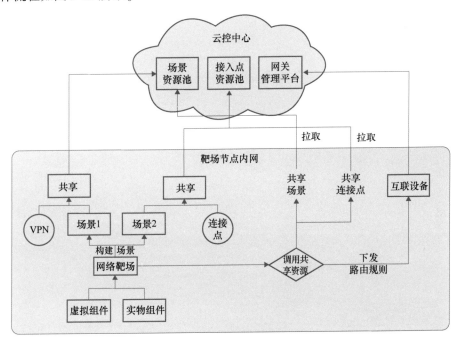

● 图 9-10　场景共享流程

3. 节点激活与场景共享功能

靶场集群节点激活与场景共享的功能包括场景拓扑模块对共享连接的管理与使用，以及互联管理模块提供的节点管理、共享场景、共享连接点、申请审核、权限策略及激活功能，见表 9-1。

表 9-1　靶场集群节点激活与场景共享功能表

模块	一级功能	二级功能	描　述	关联功能
场景拓扑	使用共享连接点	连入连接点	当使用连接线将连接点和拓扑内组件连接时，将连接点接入组网内	互联管理-激活互联
		移除连接点	删除连接线，将连接点从组网内剔除	互联管理-激活互联
	接入共享连接点	本地网络接入共享网络	当使用连接线将本地拓扑和共享的连接点相连时，本地可以访问到接入点的网络	互联管理-激活互联
		本地网络中删除共享的网络	删除拓扑中共享连接点的连线	互联管理-激活互联

（续）

模块	一级功能	二级功能	描述	关联功能
互联管理	节点管理	增删改查	单击相关按钮，包括新建、删除、修改子节点	互联管理-激活互联
	共享场景	申请场景使用	单击对方共享场景的申请按钮，向其发送申请信息	互联管理-激活互联
		下载接入配置	单击下载接入配置后，会下载接入场景所需的相关文件	互联管理-激活互联
	共享连接点	申请使用	单击对方共享场景的申请按钮，向其发送申请信息	互联管理-激活互联
	申请审核	审核状态开关	单击按钮，会打开、关闭申请审核功能	互联管理-激活互联
		审核条目通过、拒绝	对于别人申请本节点的数据，可以对其进行通过、拒绝操作	互联管理-激活互联
	权限策略	时间策略开关	开启、关闭时间策略，会对应申请操作时系统是否自动判断，如果关闭则无法自动判断	互联管理-激活互联
		资源策略开关	开启、关闭资源策略，会对应申请操作时系统是否自动判断，如果关闭则无法自动判断	互联管理-激活互联
	激活功能	接入互联	输入获得的授权码，激活本地接入云端的互联服务	
		关闭激活	单击关闭激活，清空本地共享数据，删除云上相关数据	

9.1.3　分布式靶场互联互通的技术规范性

从长远看，分布式靶场亟须形成一套容易被协同各方遵守的互联互通技术规范，其内容应覆盖以下各个方面。

1. 数据管理

在数据共性要求方面，应明确数据规范存储、全数据共享、数据可靠传输和数据流转周期管理等内容。数据规范存储应限定数据类型与数据格式的对应关系，并支持动态扩展，同时采用结构化与非结构化数据存储方式进行存储；全数据共享在数据规范存储基础上，保证不同分靶场、不同密级划分区之间在基础设施、基本功能和业务应用等方面能够数据共享。数据可靠传输限定不同分靶场、不同密级划分区和不同数据类型之间采用相应形式的传输通道，保证数据可靠传输及数据传输安全；数据流转周期管理通过制定完备的数据流转管理规范，对海量数据进行约束管理，保证数据不遗失、数据可追溯。

2. 采集评估

在采集评估共性要求方面，应明确采集对象、采集内容、采集准则和评估模型等内容。采集对象明确限定任务对象，包括物理基础资源及业务应用环境，并可支持动态调整；采集内容规定数据来源，包括单点行为数据及网络行为数据，并可根据演训任务调整每种数据来源要采集的行为数据；采集准则规范了采集频率、性能损耗及采集周期，要求可根据任务、采集对象及采集类型进行可控调整；评估模型限定如何根据数据类型、业务应用组合选择适合的基础模型，并提供模型接口接入外来评估模型。

3. 人机界面

在态势显示共性要求方面，应明确操控性、美观性、实时性、动态性及可配置性等内容。操控性规定系统展示要具备人机交互属性，可根据人的操作流畅方便地展示系统内容；美观性规定系统展示采用二维平面与三维立体相结合、点线面相结合及图形图表相结合等多种展示方式清晰、直观和形象化地呈现系统内容。

4. 指挥管控

指挥管控共性要求方面，应能够对任务进行全流程控制，功能包括但不限于任务想定、任务配置、任务解析与分发、任务环境构建管控、任务环境的指挥导调、任务状态控制管理、并行多任务的指挥调度与管控、数据采集指挥管控等。任务想定应针对任务想定的内容描述方法及想定中涉及的网络空间术语与攻防行动术语等内容建立针对性规范；任务配置、任务解析与分发、任务环境构建管控应针对靶场各类业务场景中涉及的通信术语、电子密码破译术语、综合电子信息系统术语和信息系统术语建立针对性标准规范，保证任务想定内容在各分靶场的应用业务场景切片中保持配置、解析与分发的语义兼容与一致；任务环境的指挥导调、状态控制管理、并行多任务的指挥调度与管控、数据采集指挥管控应针对方案编制、计划编制、导演文书编制、任务大纲编制、任务细则编制等内容建立相应规范，保证任务想定在指挥调度环节与状态控制环节的连贯性与有效性。

5. 资源调度

资源调度共性要求方面，应能够对资源实施管理，如资源描述、资源注册、资源修改和资源查询等。依据任务需求和资源情况实施资源的申请、计算、分配和释放等调度策略。资源描述应明确规定一种统一可扩展描述方式，支持对靶场内所有资源进行基本属性描述、特定属性描述及可扩展属性描述等，并支持对所有资源的物理与逻辑布局进行描述；资源注册应明确规定资源主动或被动注册机制，保障资源注册的合法性、合规性、可用性及有效性；资源修改应针对资源状态、资源内容和资源替代性等方面制定资源修改流程，明确计算类、存储类、网络类、情报类和数据类资源在不同状态下的修改操作步骤，确保分布式靶场资源的弹性扩展能力与资源可用性；资源查询应针对各类资源明确其在所属分靶场、其他分靶场、联合管控中心处对应的查询接口、查询权限与查询内容并制定查询规范，保证资源查询操作在分布式联合靶场内的查询结果一致性与连续性。

6. 互联互通

在互联互通共性要求方面，应明确存储资源、网络资源、计算资源、情报资源和数据资源等在统一可扩展描述方式、分布式共享使用方式、协同管理方式和访问控制权限方式等方面的互联互通规范。统一可扩展描述方式应定义一种可扩展的资源定义与描述规范，支持对靶场内所有资源进行基本属性描述、特定属性描述及可扩展属性描述等，并支持对所有资源的物理与逻辑布局进行描述；分布式共享使用方式应规定存储资源、网络资源、计算资源、情报资源和数据资源等在分布式联合靶场环境中的不同密级划分条件下的共享模式、共享接口和共享内容流向等，实现靶场资源在整个资源空间上的统一划分与共享；协同管理方式应规定各类资源在管控中心、数据云中心和试验场区之间通过统一的管理接口协同管理操作命令与语义说明等；访问控制权限应针对各类资源分别建立管理角色、管理权限与管理内容的相应规范。

7. 安全防护

在安全防护共性要求方面，应明确基础设施安全防护、通信安全防护、任务环境安全防护、管控网与业务网间隔离、身份认证与访问控制和密码保密等内容。

基础设施安全防护应从软件和硬件安全防护手段，分别针对管控中心、数据云中心和试验场区本身所含硬件设备、软件设备、数据规定明确的安全防护方法；通信安全防护应从防窃听、数据完整性认证和数据认证等方面针对各基础设施间网络通信及链路规定安全防护内容；任务环境安全防护应从硬件卡隔离、数据转播隔离和安全通道隔离等方面针对相同密级间任务环境、不同密级间任务环境及同一任务环境中不同密级区域间规定安全防护方法，保障从高密级到低密级的绝对隔离，以及低密级到高密级的相对隔离；管控网与业务网间隔离应针对管控通道与业务通道内数据和指令、分布式靶场区间通道流向与权限等内容规定管控网与业务网隔离规范，保证管控网络与业务网络完全隔离；身份认证应从业务和系统的角度对靶场用户进行角色定义及权限定义，依据角色与权限采用技术手段和措施实现用户身份的认证，依据权限实现访问控制；访问控制应基于密级的管理特性，根据用户所属密级来划分用户有权访问的资源与数据；密码保密应针对密码基础、密码保密系统、密码管理基础设施、密码服务支撑与密码监察与维护保障等内容建立相应标准规范，以支持和指导靶场密码设备的采购与配置。

9.2 靶场大数据

网络靶场所举行的各类实战型活动，如攻防演练、安全实训、安全竞赛、测试验证与科研实验等会产生大量数据。由于靶场业务的纯粹性，这些数据的"纯度"、质量与数量可能远高于其他渠道采集的样本数据，是靶场运营过程中积累的重要资产。本节从靶场数据积累与利用的角度，探索靶场大数据的构建方式与利用方向。

9.2.1 全方位的数据探针

由于网络靶场是个全封闭的网络安全攻防实验室，因此，可以用"上帝视角"对发生在网络靶场里的一切细节进行研究观察。这有点像云计算系统里的"宿主机",母体与宿主机对上层运行的系统具有绝对的监控权。

也可以把网络靶场里举行的一次次攻防对抗演练活动看作是一场场精彩纷呈的"动作片",其剧本、导演、演员、武打动作、道具和场景都是可控的,可以按照研究者的想法进行调整、修改。如果需要对网络靶场中的"过程"进行缩放、重放、快进和快退,只需一架超级摄像机即可实现。

靶场中的超级摄像机就是各式各样的数据探针。那么,数据探针有哪些具体类型?

(1)适用于 IP 网络的数据探针

一般部署在网络流量汇聚点上,如局域网内的交换机上,从交换机镜像全网流量。

(2)工控探针

对于一些特殊网络环境,如工业控制网络,需要使用工控探针,对镜像的流量进行协议解析。

(3)终端安全探针

很多时候,终端杀毒软件、终端检测响应(EDR)软件往往在企业里大面积部署,由于其部署位置与功能的特殊性,也具体要看终端数据的感知、获取能力,在这种场景下,终端安全软件也可以当作探针使用。

(4)蜜罐

传统上,蜜罐作为一种网络安全研究设施存在。近年来,受实网演习的推动,蜜罐作为安全产品的地位不断回升,越来越受重视。从流量探针的意义上讲,蜜罐是一种天然的攻击流量收集器。

(5)终端录屏探针

主要针对攻防双方人员操作终端,安装符合网络靶场要求的终端录屏软件,从而将攻防全程所有人员的操作指令序列全部予以采集留存。

(6)视频监控探针

从网络世界回到现实世界,靶场依然有高价值的视频数据需要通过监控探针全量收集。视频数据展示的相关人员在靶场物理空间的行动轨迹,体现了活动的组织、编排和管理水平。

(7)可以收集数据的网络安全产品

大多数网络安全产品,如直路部署的防火墙(FW)、下一代防火墙(NGFW)、Web 应用防火墙(WAF)、入侵防御系统(IPS)、统一威胁管理系统(UTM)、上网行为管理系统和数据库防火墙(DBFW)等,以及旁路部署的入侵检测系统(IDS)、安全审计系统等,均会对网络流量进行过滤,并分析其网络行为与操作意图,如果具备流量采集功能,也可以进行配置,用作网络流量探针。

对于网络靶场来说,上述多种类型的数据探针都需要部署,从而架构起汇聚网络靶场攻防大数据所需的超级摄像机。攻防大数据中以下几类数据是极为重要的。

- 靶标状态实时数据(通过终端探针获取)。
- 靶标网络状态实时数据(通过流量探针、蜜罐获取)。
- 防守成果报告数据(防守团队提交数据)。
- 防守指挥部数据(靶场平台归集数据)。

- 攻击路径数据（靶场平台探针数据）。
- 攻击流量数据（靶场攻击出口探针数据）。
- 攻击终端录屏数据（攻击终端录屏探针）。
- 攻击成果报告数据（攻防团队提交数据）。
- 指挥调度数据（靶场平台归集数据）。

上述多维度数据的持续积累，将形成网络靶场攻防大数据的来源。攻防大数据绝不是静态的，而是不断"生长"的，因此，需要靶场实战业务常态化，业务发展推动数据生产，源源不断汇聚到大数据平台中，数据量越大就越有长期挖掘分析的价值。

网络靶场攻防大数据的难能可贵之处在于高频度、高密度攻防实战数据的快速汇聚。在现实世界中，实战数据极为难得。这就像病毒样本是反病毒公司的核心资产，恶意流量是入侵防御产品检测能力积累的关键，都是平时不容易收集到的高价值样本数据，只有网络安全事件发生，且正好在现场被捕获了，才有机会得到可以进一步研究的各种证据。针对这种情况，我们可以类比一下蜜罐，蜜罐在特定网络里模拟各类系统所开放的应用服务，只有当它被恶意攻击盯上了，蜜罐才能收集到样本数据，所以与网络里丰富多彩的业务流量相比，可疑与确证的样本数据的密度极为稀疏。

9.2.2 全景式的安全知识积累

网络靶场需要用于构建靶标场景的软硬件 IT 设施，也需要用于支撑攻防对抗"战斗力"的核心能力资源。这种能力资源的积累需要对实战数据进行整理加工、分析提炼，从而构建形成全景式的安全知识库。

1. 全景安全知识库体系结构

靶场大数据描述了攻击过程的战术、技术和软件等关键攻击元素的关系，因此，非常适合构建全景安全知识库。基于统一的威胁模型组织起来，并将实例通过知识库记录的形式保存，从而形成一个通用分类体系。

全景安全知识库可用于统一网络靶场各类攻防实战演习的认知基础，具有极高的安全价值：一方面，通过抽象提炼形成一个通用分类法，让攻击者和防御者都可以理解单项对抗行为及其目标；另一方面，提炼了适当的分类，将攻击者的行为和具体的防御方式联系起来。全景安全知识库的体系结构如图 9-11 所示。

其中，数据源主要涉及威胁情报、系统日志、安全防御报警及各类传感器反馈的异常信息；知识生成主要基于各类数据源，进行数据清洗、数据集成、数据关联等基础数据处理，围绕攻击行为过程开展攻击样本提取，进而开展攻击意图、战术、技术等分析，丰富知识图谱，并提取相关攻击样本存入不同的知识库；知识库主要对包括战术库、技术库、工具库和案例库等网络实战资源进行相关知识的持久化，支撑实战攻防演习技战水平的提升。

2. 超大规模图数据库可视化分析技术

基于超大规模图数据库可视化分析系统，可构建百亿级的全历史、全地域、多维度"域名解析超立方体"，从而形成复杂的 DNS 关联图谱，有助于扩充网络安全分析人员视野，为其探索整个网络虚拟空间、分析并溯源安全威胁提供支撑。

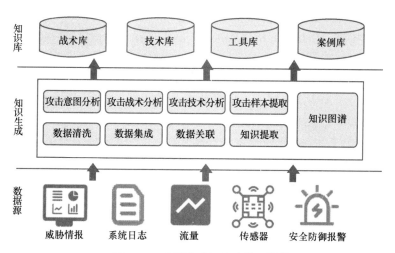

● 图 9-11　全景安全知识库体系结构

超大规模图数据库可视化分析系统基于百亿顶点、千亿边的超大规模安全威胁数据集，是业内首个完全遵照计算机图理论实现的系统，提供安全专家适用的可视化分析平台，极大提高了分析效率。图 9-12 所示的图数据库可视化分析系统，以开源的 JanusGraph 为基础，结合靶场内部安全场景需求，进行了深度的定制化和架构优化工作。

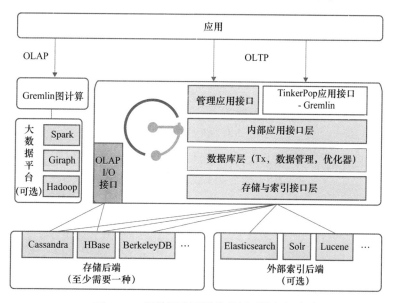

● 图 9-12　图数据库可视化分析系统部署方式

该架构具有如下优势。

1）支持百亿级别顶点与边的存储和查询的图数据库，支持通过多机进行分布式扩展。

2）专注于图的序列化、丰富的图形数据建模和高效的查询操作，图数据和索引数据存储由具体的存储介质来完成。底层存储依赖于 Cassandra、HBase 和 Elasticsearch 等存储引擎组件。

3）支持事务写入，可并发执行复杂的图运算。

4）Gremlin 作为标准查询语言，定义了图中的 Vertex、Edge 和 Property 的数据模型，并制定了各种图查询接口，如路径分析、Vertex 族群发现和子图识别等。支持 HTTP 接口，通过发送 Gremlin 语言访问 Server，查询结果以 JSON 格式返回。

超大规模图数据库可视化分析系统，通过 DNS 注册和解析数据构建关系。安全数据分析人员可通过该平台更加快捷直观地找到某两个可疑的事件或 IP 节点之间的关联关系。通过一个线索能还原整个恶意攻击的全貌，极大地提升了工作效率。其中一个 DNS 关系拓扑图如图 9-13 所示（出于隐私和安全性考虑，属性和边的定义已被省略）。

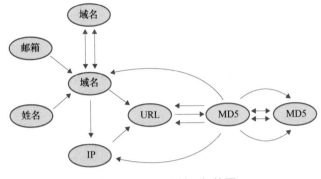

● 图 9-13　DNS 关系拓扑图

图数据库可视化分析系统查询结果如图 9-14 所示。

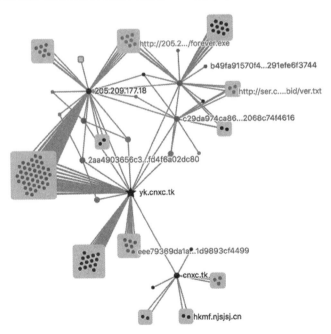

● 图 9-14　图数据库可视化分析系统查询结果

3. 高精准的攻击链检测与还原技术

以攻击者的思维，通过对以往攻击过程进行复盘及场景建模，提取攻击数据并进行机器学习。与传统的基于规则的入侵检测技术相比，大幅降低了误报率及漏报率。

基于大数据分析开展网络入侵检测。通过对大量脱敏的渗透测试数据、红蓝对抗数据进行事件复盘、场景建模、数据清洗、数据补充和数据生成（根据真实数据公式进行自动生成攻击数据），构建了精准的人工智能算法模型，并基于此算法模型对镜像流量进行实时、高性能的深度检测和分析。

然后，将流量中检测出的威胁行为，按照攻击链的理论映射到攻击链模型上。其中，攻击链主要分为信息侦查、攻击入侵、命令控制、横向渗透、数据外泄和痕迹清理六步。

通过观察入侵动作在攻击链的位置信息，预测该入侵事件的下一步信息，感知当前区域的成功攻击情况，真实刻画该区域的安全态势。

在攻击链检测和还原过程中，该技术可以有效排除无效的信息侦查行为，将入侵检测定位到攻击入侵环节，大大减少无效数据的干扰。

4. 基于机器学习的加密恶意程序判定和收集方法

通过对企图加密用户文件的程序进行机器学习，从而高效识别企图对用户数据加密的恶意程序，为积累全景安全知识库中的工具库提供支撑。

一种可行的思路是利用机器学习判定恶意程序的特性，提高恶意程序处置的准确性和及时性。随着漏洞挖掘及利用技术公开化，导致越来越多的黑客通过钓鱼邮件、邮件附件、网页挂木马及网站下载等方式传播恶意程序。勒索病毒是一种常见的恶意加密程序，它进入用户本地机器后自动运行，同时删除勒索软件样本以躲避查杀和分析，使用不可逆的加密算法（除了病毒开发者本人，其他人是不可能解密的）对受害者计算机中的重要文件进行加密，随后要求用户支付赎金解密。由于此种病毒类型多样、变种非常快、对常规杀毒软件免疫性强、隐蔽性强，依靠特征检测的常规安全产品难以应对，因此，对企图加密用户文件的程序进行机器学习，从而高效识别企图对用户数据加密的恶意程序，在勒索病毒大规模爆发时能够有效帮助用户进行防御。

利用机器学习判定和收集恶意程序的方法如下。

1）对加密样本进行采集，所采集加密样本包含较为常见流行的加密算法，包括但不限于 AES 加密算法、RC4 加密算法、3DES 加密算法等主流加密算法；对所采集的加密样本进行加密样本分片后，结合 word2vec 算法生成特征向量。

2）在 TensorFlow 人工智能学习系统平台上进行机器学习，即调用预训练好的 ResNet 模型，利用 word2vec 算法所生成的特征向量对 ResNet 模型进行训练，生成"加密样本鉴定库"。

3）判断程序对文件的修改是否非法：当检测到有程序在进行文件的修改时，判断文件修改操作是否满足如下条件中的一种或多种。

- 在预定时间内修改的文件数量超过阈值。
- 对一个文件内容的修改比例超过阈值。
- 所修改的相同类型文件的数量超过阈值。
- 对相同类型文件的修改数据量超过阈值。

如果判断为否，则确定文件修改为用户合理修改文件；如果判断为是，则确定文件修改为非法修改；如果确定文件修改为非法修改，则提取程序采用的加密算法的特征码并与"加密样本鉴定库"进行匹配，如果匹配，则判断程序文件是否使用加密算法对文件进行非法加密处理。

如果确认程序文件使用加密算法对文件进行非法加密处理，用钩子函数通过第三方加解密库的导出接口拦截获取程序所使用的密钥，当需要对加密的文件进行解密时，用保存的密钥进行解密。

9.3　攻防智能化

网络靶场为了体现攻防对抗，需要高频度、高强度的渗透攻击能力输出。但如果纯粹依赖渗透测试专家，渗透攻击的资源可用性与持续性都存在诸多不确定性。因此，靶场的一个重要发展方向就是如何利用实战大数据引进智能化、自动化技术，将核心能力的输出部分交由"攻防机器人"。本节探讨基于靶场大数据实现自动化攻击模拟的可能性。

9.3.1　CGC 开启的智能攻防新模式

2010 年之后，DARPA（美国国防高级研究计划局）的专家们提出，有必要在计算机科学的关键领域对软件进行自动化的分析和修补。2014 年，DARPA 宣布了一项为期两年的设计、构建计算机系统的竞赛，要求构建的系统可实现自动阻止攻击或发现并隔离恶意代码。DARPA 的目标是基于人工智能技术开发一套"赛博推理系统（Cyber Reasoning System，CRS）"，系统必须具备以下能力。

1）动态分析（Dynamic Analysis）能力。

2）静态分析（Static Analysis）能力。

3）符号执行（Symbolic Execution）能力。

4）约束求解（Constraint Solving）能力。

5）数据流跟踪（Data Flow Tracking）能力。

6）模糊测试（Fuzz Testing）能力。

基于这些技术，参赛者需要完成一套全自动的机器系统实现网络攻击防御的自动化。系统必须对测试程序进行分析，自动推算出漏洞的位置，随后生成触发该漏洞的攻击代码，证明漏洞真实存在，最后形成修补该漏洞的方法。也就是集成自主分析、自动打补丁、自动漏洞扫描、自主服务弹性和自主网络防御等系列功能。为了激励创新，DARPA 宣布，符合要求的系统将有机会进入一系列对抗赛中接受挑战，决赛奖金总额高达 400 万美元，获得冠军的顶级系统可赢得其中的 200 万美元。

2016 年 8 月，从 100 个团队中脱颖而出的 7 个小组，在拉斯维加斯举行了决赛。通过一系列的可视化指标，机器展示了它们在识别和利用对手弱点的同时发现并修补有缺陷代码的能力。排名第一的系统（名为 Mayhem）又在 DEFCON 上与 14 支人类团队展开激烈的对抗角逐。

这就是 DARPA 策划的"网络超级挑战赛（Cyber Grand Challenge，CGC）"，图 9-15 所示为竞赛现场。

1. Mayhem 的自动化分析能力

Mayhem（见图 9-16）的研究工作始于一个最基本的安全前提：人们需要一种可以确保

软件安全的方法。当然，可以找到多种软件安全技术，利用各种工具对软件进行黑白盒检测，识别可能存在的安全漏洞。但因为过程中会产生很多误报，又需要安排专业人员对检测结果进行仔细核验。为了提高故障发现率，有些公司发起众测或"漏洞奖励计划"，依靠白帽黑客进行一次性分析，或者参与"故障奖励"计划，这需要支付极高的费用。随着代码生产率的提高与软件供应链的复杂化，这个问题也变得越来越具有挑战性。

• 图 9-15　CGC 竞赛现场

• 图 9-16　在 CGC 中胜出并在 DEFCON 上挑战人类战队的机器系统 Mayhem

CGC 要求参赛系统（包括 Mayhem）能够自动完成白帽黑客的漏洞挖掘工作，不仅能够发现可能的漏洞，还要通过验证漏洞的可利用性找出真实存在的软件漏洞。CGC 将漏洞利用证明作为主要得分规则。

为了完成上述任务，Mayhem 首先被设计为一台可以扩展到数百或数千个节点的机器，以实现人类无法企及的分析速度。其次，需要构建高效的软件分析系统。Mayhem 以程序形式化分析作为能力基础创建数学方程式，以表示软件程序可能执行的每一条路径，从而生成一棵不断分支的分析树。系统进一步采用符号执行的分析方法设立方程以表示程序中的所有逻辑，如 $x+5=7$，然后对 x 求解。Mayhem 也引进了"模糊测试"技术，将约束条件下随机排列的数据作为程序的输入，触发软件的处理异常，以发现潜在漏洞的位置，研究被恶意攻击利用的可能性。模糊测试自动生成、提交随机数据，直到某个特定的数据形式使前述方程成立，最后确定 $x=2$。

两种方法各有利弊。模糊测试有点像暴力猜测，符号执行则是严格的数学演算。对有些软件来说,前者表现得更高效,其他情况则适合后者。因此,Mayhem 同时使用了这两种方法,对其进行了完美的组合。符号执行会对程序的一部分进行深入推算,算出哪一个输入数据会触发该区域代码。然后,系统可以将该输入数据传递给模糊测试程序,快速尝试同一区域代码并找到漏洞。

Mayhem 的另一个特点是具有二进制代码分析能力,无须依赖源代码。因为很多场景下(如包含第三方程序的组件),不可能获取所有源代码。但是二进制代码的分析远比源代码困难,其函数调用与局部变量都离开了可读的数据结构抽象。

Mayhem 发现某个可能的漏洞后,会自动生成并运行一段漏洞利用代码,尝试获得对操作系统的特权访问或根访问,以判断漏洞的可利用性。2014 年,Mayhem 对 Debian 发行版包含的所有软件组件进行了一次安全性测试,结果发现了近 1.4 万个可能的漏洞,最终输出了一份包含 250 个风险级别较高的漏洞清单。

2. CGC 的人机对抗

CGC 的核心赛程为 CQE(Challenge Qualification Event)与 CFE(CGC Final Event)。

(1)CQE

CQE 重点考察参赛团队挖掘漏洞与修复漏洞的能力。在 CQE 中,参赛的 CRS 会被放置在独立隔离的环境中做评估,不与其他队伍的 CRS 互联。在这个赛程里,CRS 接收自动分析任务——二进制程序 CB(Challenge Banary),生成打好补丁的 CB 以及 PoV(Proof of Vulnerability),PoV 相当于针对该 CB 的攻击代码,因此 PoV 必须能触发 CB 的处理错误,如将程序 EIP 改成不合法的值。CQE 阶段,主办方给参赛的 CRS 总共下发了 113 个 CB。

CQE 的计分方式有点类似 CTF 的"一血"。每题不设固定分数,根据各队解题后的结果动态计分。若某个 CB 被所有团队解出/没有解出,这些题目分值就会降低。只有部分队伍解出的题目,才会得到比较高的分数。这种计分方式有利于鼓励参赛团队使用与众不同的程序分析技术。

(2)CFE

CFE 和 CQE 的最大区别是在于各队的 CRS 会置于互通的环境下,各队提交 PoV 给主办方,主办方会再将这些 PoV 和正常的服务流量混合,重新分配给各队的 CRS,从而形成混合攻防模式。此外,增加了网络入侵检测的要求,参赛队要自动找出攻击流量中的特征码,在网络防御时就阻断这些攻击,也就是表 9-2 所示的五大"卓越领域(Areas of Excellence,AoE)"的第五项。

表 9-2 CQE 与 CFE 的能力要求

序 号	卓越领域(Areas of Excellence,AoE)	CQE	CFE
1	自主分析(Autonomous Analysis): 通过竞争框架实现对计算机软件(如 CB)的自动理解	√	√
2	自主修复(Autonomous Patching): 通过竞争框架自动修补 CB 的安全漏洞	√	√
3	自主漏洞扫描(Autonomous Vulnerability Scanning): 针对参赛对手运营的 CB,要具有自动构造输入数据的能力,以证明其存在安全缺陷。这些输入将被认定为漏洞证据	√	√

（续）

序　号	卓越领域（Areas of Excellence，AoE）	CQE	CFE
4	自主服务弹性（Autonomous Service Resiliency）： 通过竞争框架维护 CB 的可用性和预期功能的能力	√	√
5	自主网络防御（Autonomous Network Defense）： 从网络安全设备的角度发现和缓解 CB 中包含的安全缺陷的能力		√

在 CFE 阶段对赛队生成的 PoV 也增加了如下限制。

1）让程序在特定位置产生错误，并设定特定寄存器的取值。例如，让 EIP 跳转到特定的位置，并且该位置不能执行让程序出错，而与此同时要将程序 EAX 设定为 0xdeadbeef。

2）取得特定内存位置的数据内容。

图 9-17 所示为 CFE 阶段的评分方式流程图。

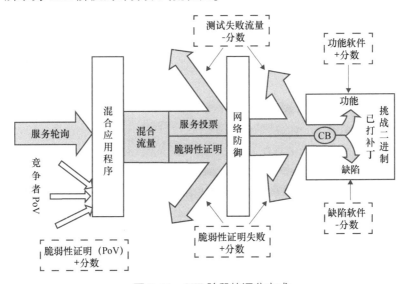

● 图 9-17　CFE 阶段的评分方式

首先，参赛队伍通过分析生成 PoV，如果 PoV 验证成功便可获得部分积分。之后 Mixing Appliance 将主办方提供的 PoV 与其他队伍的 PoV 混入正常的服务流量（Service Poller）发送给各队。各队伍从网络防御系统接收到流量，并可以执行过滤操作，如能成功将 PoV 过滤掉，可以获得分数；反之，如果错误过滤掉正常流量则会扣分。未经过滤的流量进入到 Patch CB 中，再进行一轮过滤操作，进行同样的得分与扣分规则。最后确认程序的状态，如果程序可接受正常流量并正常运行则可以获得分数，否则进行扣分。图 9-18 所示为参加 CFE 环节 7 个 CRS 系统的最终积分排行榜。

● 图 9-18　CGC 第 95 轮积分排行榜

3. 对 CGC 的评价

某平台的一篇文章曾对 CGC 进行过较为中肯的评价：

"CGC 相比现实世界的程序是差得很远的。CGC 只支持 32 位 x86 架构，一共只支持 7 个系统调用，可以认为 CGC 是现实程序的一个极端简化后的 sandbox，设计目标就是用来参加 CTF 比赛。CGC 的运行环境里几乎什么都没有：不能创建新进程/线程，不能访问文件系统，不能创建网络连接，不能创建共享内存；mitigations 方面连最基本的 NX 和 ASLR 也没有。"

DARPA 设计这样一个极端简化的环境可能是为了让自动化程序分析更专注于分析程序本身，而不用去关心太多其与外界的交互。这个出发点作者认为是正确的，这样可以简化自动化程序分析工具的设计，并且把重心更多放在程序的核心部分上。而且这样的 sandbox 的设计可以杜绝很多 Attack-Defense 模式的 CTF 中后门滥用的情况。再者由于没有 NX 和 ASLR，漏洞利用的难度会降低很多，自动化漏洞利用似乎也成了可能。

理想是很美好，但现实情况却差远了……以目前的自动化程序分析方法，如果分析精度要达到能找出程序漏洞的级别，其效率是比较堪忧的，并行也许可以提速，但作者觉得效果有限。对于一些逻辑很简单的程序用自动化工具确实可以找出其中的漏洞，但最终生成 exploit 的速度并不一定会比一个熟练的人类更快；对于一些稍微复杂点的程序作者就不看好自动化工具能在可接受的时间内精准地找到其中的漏洞了，更何况还要自动生成 exploit，人一眼就扫过去的一个循环用符号执行可能一运行就导致路径"爆炸"了；而对于类似 chrome 这样现实世界工业级复杂度的程序就更不用想了。这种情况下作者觉得用 AFL 这类 fuzzer 去运行可能效果都要好很多……

因此，作者认为 CGC 的价值在于提出了一个明确的目标让大家来突破，以促进前沿的程序分析技术及自动化漏洞利用技术的发展。哪一个新兴领域不是这样一步一步发展过来的？作者相信在可见的未来一定会有成熟且实际可用的自动化漏洞挖掘+利用的工具出现。

9.3.2　自动化安全防护能力评估

攻防演练过程中，演习防守单位信息化体系面临安全能力评估问题：一方面，靶场通过模拟高级网络威胁，实战检验演习防守单位安全防护体系，检测和统计存在的攻击防护弱点，为安全防护体系优化提供基础；另一方面，靶场将上述评估过程自动化，构建标准化、常态化和体系化的云端安全评估服务，可为演习防守单位的安全能力改进提供支撑。其技术原理如图 9-19 所示。

1）对演习防守单位的信息化体系进行扫描与探测，评估其安全防护体系的脆弱程度。根据探测到的防守单位服务器和终端的操作系统信息，在虚拟环境中进行分析，判断其可被利用漏洞。

2）基于防守单位安全防护体系的脆弱信息，构建网络攻击技战方案，进而基于高级网络威胁知识对演习防守单位信息化体系发出高保真复现攻击过程，并收集演习防守单位信息化体系反馈的安全防护结果。

3）基于攻击方战果和防守方反馈信息的比对，给出演习防守单位信息化体系安全防护能力的综合评估结果，并提出产品完善和方案调优等方面的安全防护能力优化建议。

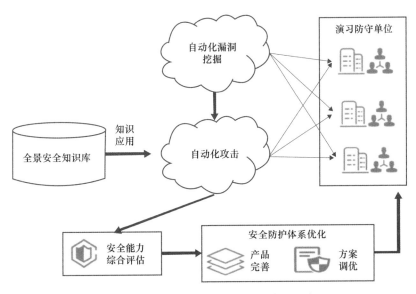

● 图 9-19　自动化安全能力检测原理图

9.3.3　自动化漏洞挖掘

CGC 人机对抗挑战赛的核心内容就是软件漏洞挖掘。"漏洞无处不在"是软件世界的一条基本定律。对于网络安全攻防对抗双方来说，掌握漏洞的多少、时间的先后、利用能力的高低，相当于掌控了战争中的情报与武器的双重优势，很大程度上决定了胜败的格局。与渗透攻击技术一样，漏洞挖掘也是网络安全领域中的特殊技能，没有通用的技巧，需要组合实用的分析技术，以获得效率和质量的平衡。

在讨论自动化漏洞挖掘技术之前，先回顾一下常见的漏洞挖掘技术都有哪些。

1. 常见的漏洞挖掘技术

（1）人工分析

这是一种灰盒分析技术，针对被分析目标程序，手工构造特殊输入条件，观察输出情况与目标状态的变化等，以判断分析对象是否存在安全漏洞。一般来说，非正常输出是软件存在漏洞的前提，或者就是目标程序的漏洞。另外，目标状态的异常变化也是发现漏洞的预兆，是深入挖掘的方向。人工分析的特点是高度依赖于分析人员的经验和技巧，经常应用于具有人机交互界面的目标程序，如 Web 系统。

（2）模糊测试

与人工分析不同，模糊测试（Fuzzing）技术是一种基于缺陷注入的自动软件测试技术，它利用黑盒分析技术方法，使用大量半有效的数据作为应用程序的输入，以程序是否出现异常为标识，来发现应用程序中可能存在的安全漏洞。半有效数据是指被测目标程序的必要标识部分和大部分数据是有效的，有意构造的数据部分是无效的，应用程序在处理该数据时就有可能发生错误，从而导致应用程序的崩溃或者触发相应的安全漏洞。根据分析目标的特点，常用的 Fuzzing 可以分为以下三类。

- 动态 Web 页面 Fuzzing：针对 ASP、PHP、Java 和 Perl 等编写的网页程序，也包括使用这类技术构建的 B/S 架构应用程序，典型应用软件为 HTTP Fuzz。
- 文件格式 Fuzzing：针对各种文档格式，典型应用软件为 PDF Fuzz。
- 协议 Fuzzing：针对网络协议，典型应用软件为针对微软 RPC（远程过程调用）的 Fuzz。

Fuzzer 软件输入的构造方法与黑盒测试软件的构造相似，边界值、字符串、文件头和文件尾的附加字符串等均可以作为基本的构造条件。Fuzzer 软件可以用于检测多种安全漏洞，包括缓冲区溢出漏洞、整型溢出漏洞、格式化字符串和特殊字符漏洞、竞争条件和死锁漏洞、SQL 注入、跨站脚本、RPC 漏洞攻击、文件系统攻击和信息泄露等。

与其他技术相比，Fuzzing 技术具有思想简单、容易理解、从发现漏洞到漏洞重现容易、不存在误报等优点。同时它也存在黑盒分析的全部缺点，而且具有不通用、构造测试周期长等问题。常用的 Fuzzer 软件包括 SPIKE Proxy、Peach Fuzzer Framework、Acunetix Web Vulnerability Scanner 的 HTTP Fuzzer、OWASP JBroFuzz 和 WebScarab 等。

（3）补丁比对

补丁比对技术主要用于黑客或竞争对手找出软件发布者已修正但尚未公开的漏洞，是黑客利用漏洞前经常使用的技术手段。

安全公告或补丁发布说明书中一般不指明漏洞的准确位置和原因，黑客很难仅根据该声明利用漏洞。黑客可以通过比较打补丁前后的二进制文件，确定漏洞的位置，再结合其他漏洞挖掘技术来了解漏洞的细节，最后可以得到漏洞利用的攻击代码。

简单的比较方法有二进制字节和字符串比较、对目标程序逆向工程后的比较两种。第一种方法适用于补丁前后有少量变化的比较，常用于因字符串变化、边界值变化等情况导致漏洞的分析；第二种方法适用于程序可被反编译，并且可根据反编译找到函数参数变化导致漏洞的分析。这两种方法都不适合文件修改较多的情况。

复杂的比较方法有 Tobb Sabin 提出的基于指令相似性的图形化比较和 Halvar Flake 提出的结构化二进制比较，可以发现文件中一些非结构化的变化，如缓冲区大小的改变，并且以图形化的方式进行显示。

常用的补丁比对工具有 Beyond Compare、IDACompare、Binary Diffing Suite（EBDS）、BinDiff 和 NIPC Binary Differ（NBD）。此外，大量的高级文字编辑工具也有相似的功能，如 Ultra Edit、HexEdit 等。这些补丁比对工具软件是基于字符串比较或二进制比较技术开发的。

（4）静态分析

静态分析技术对被分析目标的源程序进行分析检测，发现程序中存在的安全漏洞或隐患，是一种典型的白盒分析技术。它的方法主要包括静态字符串搜索、上下文搜索。静态分析过程主要是找到不正确的函数调用及返回状态，特别是可能未进行边界检查或边界检查不正确的函数调用，如可能造成缓冲区溢出的函数、外部调用函数、共享内存函数及函数指针等。

对开放源代码的程序，通过检测程序中不符合安全规则的文件结构、命名规则、函数和堆栈指针可以发现程序中存在的安全缺陷。被分析目标没有附带源程序时，就需要对程序进行逆向工程，获取类似于源代码的逆向工程代码，然后再进行搜索。使用与源代码相似的方法，也可以发现程序中的漏洞，这类静态分析方法叫作反汇编扫描。由于采用了底层的汇编语言进行漏洞分析，在理论上可以发现所有计算机可运行的漏洞，对于不公开源代码的程序来说往往是最有效的发现安全漏洞的办法。

但这种方法也存在很大的局限性，不断扩充的特征库或词典将造成检测的结果集大、误报率高。同时此方法重点是分析代码的"特征"，而不关心程序的功能，不会有针对功能及程序结构的分析检查。

（5）动态分析

动态分析技术起源于软件调试技术，是用调试器作为动态分析工具，但不同于软件调试技术的是它往往处理没有源代码的被分析程序，或是被逆向工程过的被分析程序。

动态分析需要在调试器中运行目标程序，通过观察执行过程中程序的运行状态、内存使用状况及寄存器的值等以发现漏洞。一般分析过程分为代码流分析和数据流分析。代码流分析主要是通过设置断点动态跟踪目标程序代码流，以检测有缺陷的函数调用及其参数。数据流分析是通过构造特殊数据触发潜在错误。

比较特殊的一点是，在动态分析过程中可以采用动态代码替换技术，破坏程序运行流程、替换函数入口、函数参数，相当于构造半有效数据，从而找到隐藏在系统中的缺陷。常见的动态分析工具有 SoftIce、OllyDbg 和 WinDbg 等。

2. 漏洞挖掘的自动化

漏洞挖掘的自动化有助于降低漏洞挖掘的成本，提高挖掘效率与覆盖率。当前主流的自动化漏洞挖掘技术主要基于 Fuzzing，或者动态、静态分析方法的自动化。近年也逐步在漏洞挖掘技术中引入人工智能方法，以改进局部方法的使用效果。下面通过两类不同的自动化漏洞挖掘实现路径来加深对该领域技术的理解。

（1）基于 Fuzzing 的自动化软件漏洞挖掘

对于 Fuzzing 测试与自动化漏洞挖掘来说，有一个共通的重要概念——代码空间（见图 9-20）。代码空间由所有程序代码构成，可用源代码的模块、函数和代码行等表示，也可用二进制的基本块、指令序列等表示。代码空间覆盖程度（即"代码覆盖率"）是模糊测试的一项主要性能评价指标，同时，提高代码覆盖率也是通过模糊测试挖掘更多软件漏洞的必要条件。

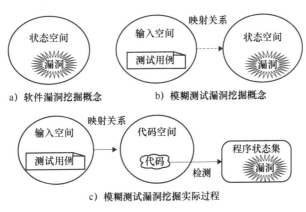

● 图 9-20　软件漏洞挖掘与模糊测试技术概念的融合

除了代码覆盖率之外，还有一些模糊测试的性能指标对于漏洞挖掘来说也非常重要，如态覆盖与计算资源等。图 9-21 所示为一种先进的模糊测试技术框架，重点对这些指标进行了优化，其主要组件说明如下。

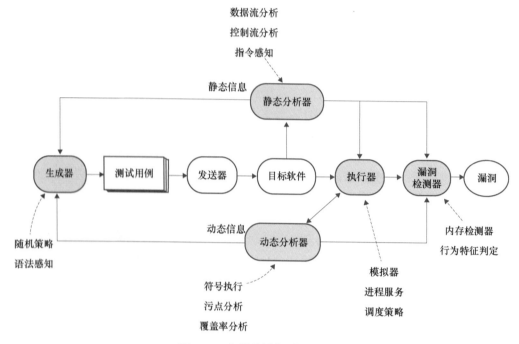

● 图 9-21　先进的模糊测试技术框架

1）生成器。模糊测试通过生成大量测试用例驱动软件测试，其测试结果取决于所生成测试用例质量的高低。生成器根据由静态分析器、动态分析器等提供的辅助信息，利用基于随机、语法感知、启发式调度、启发式变异、启发式生成等多种策略，不断生成正常的、畸形的测试用例，对目标软件进行测试。

2）发送器。将生成的测试用例输送给目标软件。对于文件读取类软件，发送器可直接把测试用例输送给目标软件；对于协议交互类程序，发送器需对测试用例进行处理，模拟协议交互的过程，才能将测试用例输送给目标软件。

3）目标软件为可执行二进制程序，包括应用服务、网络程序、编译器、二进制库与浏览器等。目标软件源代码并非必需的（但源代码可降低分析工作的难度，提高效率）。

4）执行器为目标软件执行测试用例提供运行环境。其可为真实系统，也可为模拟器（如 QEMU）、沙箱（如 Cuckoo）等。研究者陆续提出进程孵化、持续测试等技术，以提高执行器运行效率。

5）动态分析器。用于收集运行动态信息，指导生成器生成高质量测试用例的同时，也可对执行器与检测器提供指导信息。目前，常用动态信息包括代码覆盖信息、路径符号表达式和污点标识等。

6）静态分析器。用于分析目标软件并提取重要静态信息，可指导生成器生成高质量测试用例，也可对执行器与检测器提供指导信息。目前，常用静态信息包括控制流图、数据流图和高危代码位置等。

7）漏洞检测器验证程序行为是否违反系统安全策略。程序执行测试用例即产生一种程序行为, 漏洞检测器根据程序行为特征确定其是否违反系统安全策略, 从而判断当前测试用例是否触发软件漏洞。由于漏洞具有多样性, 业界采用多种程序行为特征进行检测, 如越界访问、内存保护和悬挂指针标识等。

(2) Windows 内核漏洞自动化检测工具

相比于 Fuzzing 的通用性, 下面要介绍的 Digtool 是一种更为专用的针对 Windows 操作系统内核和驱动程序漏洞自动化检测的工具。它分为两大子系统: 一是基于硬件虚拟化的错误检测子系统; 二是基于 Intel PT 硬件及进化算法的路径探测子系统。两者都属于领域前沿的技术研究与工程实现, 因此同时具有学术性和实用性。

1) 错误检测子系统。利用硬件虚拟化技术将原操作系统装入客户虚拟机中, 然后以 Hypervisor 的形式监控客户操作系统中的内存访问、线程调度和特定函数调用等事件来捕获内核中的动态行为特征。若事件发生时刻的信息量不足, 则会基于客户操作系统的状态模拟执行事件发生地点的前后部分代码, 以获取更多的信息, 从而针对系统调用、内存访问等操作捕获潜在的内核漏洞。

2) 路径探测子系统。利用 Intel PT 硬件记录并分析出目标程序的执行路径、计算出路径覆盖率, 结合进化算法 (改进 AFL 所用遗传算法实现) 以发现更多的目标程序路径。

实现 Digtool 上述两大功能的子系统与逻辑模块分布在虚拟化环境的用户层、内核层和虚拟机监控器层 (见图 9-22), 详情说明如下。

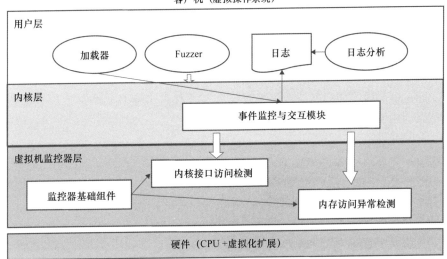

● 图 9-22 检测方法原理图

(1) 虚拟机监控器层

虚拟机监控器层主要包含 3 个重要的模块: 监控器基础组件、内核接口访问检测和内存访问异常检测。监控器初始化模块负责检测环境并设置 Hypervisor, 进而把原操作系统置入客户虚拟机中; 内核接口访问检测子系统利用 Hypervisor 层的能力, 监控在应用程序访问系统调用过程中操作系统对应用层数据的安全检查和使用的情况, 以发现这个过程中是否存在安全风险与漏洞; 内存访问异常检测子系统对 GUEST 操作系统内核态的内存页面使用情况进行监测, 以发现违规的内存操作。

（2）内核层

内核层主要由事件监控与交互模块来完成，负责衔接用户层的应用程序和 Hypervisor 的检测程序，提供需要在内核层面捕获的事件数据。

（3）用户层

用户层主要包含 3 个模块：加载器、Fuzzer 和日志分析程序。加载器负责加载要监控的目标程序，同时设定监控的范围，如指定线程的指定系统调用号范围；Fuzzer 则对在监控范围内的系统函数进行测试，尽可能地进入函数的每一条分支路径，从而更全面地记录动态行为特征；日志分析则对事件监控与交互模块输出的日志进行分析，以从记录的动态特征中发现可能隐藏的软件漏洞。

Digtool 利用虚拟化技术可以有效检测 Windows 操作系统内核和驱动程序的 6 类漏洞：OOB 越界访问漏洞、UAF 释放后使用漏洞、TOCTTOU 漏洞、参数未检查漏洞、信息泄露漏洞和竞争条件型漏洞。其检测方法具有一定的优势，如设置检测范围使得检测结果更具针对性，记录所有可能的异常行为来同时检测多个漏洞，在触发内存错误的第一时刻中断操作系统等。同时，Digtool 把不同的组件布置在虚拟机监控器层、内核层和用户层，可以很容易进行扩展和移植，也有助于挖掘不同类型的漏洞。例如，在移植到其他类型的操作系统中时，主要修改内核层的组件即可；在检测 TOCTTOU 和 UNPROBE 两类漏洞时，只需要更换日志分析程序即可。

9.3.4　全攻击链复现技术

针对 APT 等高级网络威胁的攻击链模拟，采用了层次性多步骤的网络攻击场景式模拟方法。其中，分两个层面进行攻击模拟，一个层面是对特定攻击步骤的模拟，如探测、提权和横移等；另一个层面是面向网络攻击场景组合各类攻击步骤，从而完成整个攻击链的模拟和实施。

1. 攻击步骤模拟

基于攻防知识库可构建"战略 & 战术 & 技术模拟模型"（见图 9-23）。该模型用于刻画特定攻击步骤的构建，描述了入侵者为达到特定战略目的和目标效果所需的环境、战略和战术等各类技术信息，以及脚本、工具、模拟器和行为周期等各类行为信息。基于该模型，入侵者模拟模块在相应的环境下执行攻击脚本，调用相关工具，针对目标实施攻击行为。

2. 攻击链编排

在构建各类攻击步骤的基础上，需要进一步依据攻击知识库组合相应的攻击链，以模拟对现

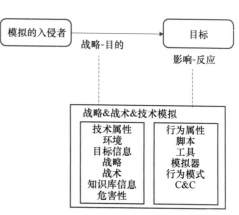

• 图 9-23　战略 & 战术 & 技术模拟模型

实高级网络威胁的整个过程。面向网络攻击场景，可采用一种矩阵式攻击链配置与组合方法，如图 9-24 所示。其中，横坐标维度是高级网络威胁在场景中实施的各战略阶段，纵坐标维度是基于"战略 & 战术 & 技术模拟模型"的各类攻击步骤，每个战略阶段可以涉及多

个攻击步骤，同时攻击步骤的顺序关系通过字母顺序表示。例如，阶段 2 的攻击过程是攻击步骤 2→攻击步骤 1→攻击步骤 3，而矩阵中攻击步骤 1~3 在阶段 2 的配置分别为 B、A和 C。

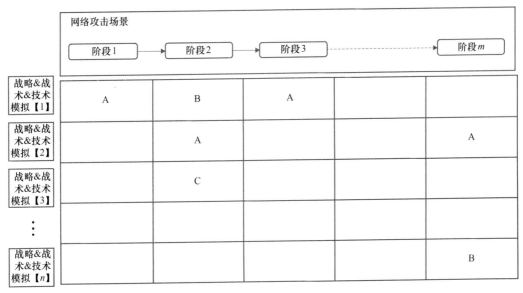

● 图 9-24　面向攻击场景的矩阵式攻击链配置与组合

3. 攻击智能代理

构建具备网络空间行为能力的虚拟红队，相较基于模拟流量的用户行为模拟，具备更加真实的网络攻防动态属性，为模拟需要攻击人员参与的复杂攻击场景提供基础。基于智能代理的虚拟红队构建技术，通过虚拟红队的行为模拟提供攻击阵地操作实体，可以更加真实地复现所模拟的攻击方行为和相关系统及网络影响效果（如系统资源消耗和间接触发的其他网络流量等）。其中，关键技术点如下。

1）多终端智能代理管理。实现不同终端的智能代理的行为模式配置、部署、运行、监测、行为调整和回收等生命周期相关管理业务，保障各智能代理的稳定运行和业务实时控制。

2）智能代理终端行为实施。基于 API 和 Service 接口构建终端调度功能模块，支撑智能代理在以 PC 和手机为主的各类反终端环境下完成网络浏览器、关键应用软件、常用操作系统功能模块和业务场景下主要业务系统的操作行为实施。

3）多智能代理业务协同。针对业务协同场景下多用户间网络行为背后存在线下业务协同和触发关系，构建智能代理间协同机制，为组织间复杂攻防业务协同提供基础。

基于上述安全能力评估方法，可开发实现相应的入侵者模拟云服务，面向行业开展创新应用。入侵者模拟云服务在云端构建模拟攻防平台，提供自动化模拟攻击与安全评估，产生的模拟攻击使用自研无损用例，将红蓝对抗的一次性操作转变成日常工作。入侵者模拟云服务支持根据用户需求的安全能力插件式补充，可以开展基于 ATT&CK 的自上而下安全防护体系评估和基于应急响应的自下而上安全设备评估。

入侵者模拟云服务的具体应用流程如下。

1）在客户端配置界面选择安全场景或者自定义安全场景。

2）等待被测安全设备响应。

3）入侵者模拟云服务自动读取和分析安全设备响应结果并生成报告。

4）用户根据生成的报告加固其安全防护体系。

其中，入侵者模拟云服务支持云计算、AI、边缘计算、网关、个人计算和企业网等多种安全防护体系元素进行模拟攻击检验，采取不同类型的攻击手段可以充分检验实战效果，见表9-3。

表9-3　入侵者模拟云服务检验范围

入侵检测/防御系统	模拟综合性的各种网络攻击
云计算	针对云服务提供各种模拟攻击
企业网	模拟综合性的各种企业网边界和内部的网络攻击
AI	模拟攻击 AI 模型
网关	模拟恶意的出和入两个方向的流量攻击
边缘计算设备	模拟各种针对边缘计算设备的攻击
个人计算	模拟基于特征和行为的恶意文件攻击
移动设备	模拟针对移动设备的恶意软件攻击

相关案例显示入侵者模拟云服务可以全面检验用户信息应用体系的安全防护能力，检测出的问题也有效帮助用户改进了安全防护机制。